本书由贵州大学东盟研究院提供出版资助

国家社会科学基金重大项目"长江上游生态大保护政策可持续性与机制构建研究"（批准号:20&ZD095）；

国家社会科学基金青年项目"西江流域生态产品的富民效应及提升策略研究"（批准号:21CJY044）；

重庆市社科联社会组织课题一般项目"重庆生态大保护与高质量发展协调推进的理论逻辑与实现路径研究"（批准号：2020SZ02）；

贵州省哲学社会科学规划课题重点项目"贵州生态产品价值实现的市场化路径及政策保障机制研究"（批准号:21GZZD60）。

重庆生态大保护
与经济高质量发展研究

张智勇　崔海洋　文传浩　著

知识产权出版社

全国百佳图书出版单位

——北京——

图书在版编目（CIP）数据

重庆生态大保护与经济高质量发展研究 / 张智勇，崔海洋，文传浩著 . -- 北京：知识产权出版社 , 2024.3
ISBN 978-7-5130-9309-5

Ⅰ . ①重… Ⅱ . ①张… ②崔… ③文… Ⅲ . ①生态环境保护—研究—重庆②区域经济发展—研究—重庆 Ⅳ . ① X321.271.9 ② F127.719

中国国家版本馆 CIP 数据核字 (2024) 第 038442 号

内容提要

本书从全方位、全地域、全产业、全链条、全要素、全过程"六全"维度深入剖析生态大保护理论基础，基于新发展理念阐释经济高质量发展内涵，科学识别了重庆"三生空间"，全面分析其经济高质量发展的变化与挑战。同时，结合经济发展范式转换等特征，测度了重庆生态大保护与经济高质量发展的耦合协调度。最后，基于理论和实际情况，提出了促进重庆推进生态大保护与经济高质量协调发展的理论支持和实践路径。

本书适合政府决策者、政策研究者、企业家、商界人士、环保组织和人士、学术研究人员、高校师生以及对重庆发展感兴趣的公众阅读。

责任编辑：王　辉　　　　　　责任印制：孙婷婷

重庆生态大保护与经济高质量发展研究
CHONGQING SHENGTAI DA BAOHU YU JINGJI GAOZHILIANG FAZHAN YANJIU

张智勇　崔海洋　文传浩　著

出版发行：知识产权出版社有限责任公司		网　　址：http : //www. ipph. cn	
电　　话：010-82004826		http : //www.laichushu.com	
社　　址：北京市海淀区气象路50号院		邮　　编：100081	
责编电话：010-82000860转8381		责编邮箱：wanghui@cnipr.com	
发行电话：010-82000860转8101		发行传真：010-82000893	
印　　刷：北京中献拓方科技发展有限公司		经　　销：新华书店、各大网上书店及相关专业书店	
开　　本：720mm×1000 mm　1/16		印　　张：15.5	
版　　次：2024年3月第1版		印　　次：2024年3月第1次印刷	
字　　数：250千字		定　　价：92.00元	

ISBN 978-7-5130-9309-5

前　言

　　世界文明诞生于流域，大江大河流域孕育了大国文明，是人类生存和发展的基础。2016 年 1 月，习近平总书记在重庆主持召开推动长江经济带发展座谈会时强调，长江是中华民族的母亲河，也是中华民族发展的重要支撑。长江拥有独特的生态系统，是我国重要的生态宝库，要把修复长江生态环境摆在压倒性位置，共抓大保护，不搞大开发。推动长江经济带发展必须从中华民族长远利益考虑，走生态优先、绿色发展之路，使绿水青山产生巨大生态效益、经济效益、社会效益，使母亲河永葆生机活力。基于此，"生态优先、绿色发展""共抓大保护、不搞大开发"理念是"生态大保护"概念的主要来源。

　　党的二十大报告中指出，"大自然是人类赖以生存发展的基本条件。尊重自然、顺应自然、保护自然，是全面建设社会主义现代化国家的内在要求。必须牢固树立和践行绿水青山就是金山银山的理念，站在人与自然和谐共生的高度谋划发展"。自 2017 年开始，我国经济已由高速增长阶段转向高质量发展阶段，正处在转变发展方式、优化经济结构、转换增长动力的跨越关口。重庆位于中国西南部、长江上游地区，地跨东经 105°11'~110°11'、北纬 28°10'~32°13' 之间的青藏高原与长江中下游平原的过渡地带，处于中国地理第二阶梯与第三阶梯的过渡地带，生态资源既丰富，又脆弱，是长江上游生态屏障的最后一道关口。重庆东邻湖北、湖南，南靠贵州，西接四川，北连陕西；辖区东西长 470 千米，南北宽 450 千米，辖区面积 8.24 万平方千米。重庆作为构建西部大开发新格局的战略引擎，从"共抓大保护、不搞大开发""建设长江上游重要生态屏障"到"筑牢长江上游重要生态屏障"，从"构建山清水秀美丽之地"到"加快建设山清水秀美丽之地"再到"在推进长江经济带绿色发展中发挥示范作用"，习近平总书记对重庆生态大保护和经济高质量发展提出了更高要求，寄予了更多期盼。重庆生态环境好不好，生态屏障是否筑牢，关系着全国 35% 的淡水资源涵养和长江中下游 3 亿多人的饮水安全。如何让重庆生态大保护和经济高质量发展实现有效协调，探索构建重庆生态大保护与经济高质量发展的多元化实现路径，已成为一个值得深思的时代性、现实性议题。

然而，当前正处于开启社会主义现代化建设的关键时期，经济正在从高速度发展全面转向高质量发展阶段，道阻且长，任重道远。不仅因为旧有的经济发展模式存在巨大惯性，更在于当前阶段推动重庆经济全面高质量发展上还面临不平衡、不充分等一系列亟待解决的重点问题，其中生态环境的"大保护"是重中之重。亟须从生产空间、生活空间、生态空间"三生空间"和全方位、全地域、全产业、全链条、全要素、全过程"六全"维度去构建生态大保护可持续机制，准确把握重庆市生态大保护的阶段性特征，以及时优化调整经济发展模式、策略、机制和重点，探索重庆经济高标准要求、高水平开放、高质量发展的理论逻辑和实现路径，为实现习近平总书记的殷殷嘱托，强化"上游意识"，担起"上游责任"，体现"上游水平"，示范长江经济带生态优先、绿色发展为导向的高质量发展新路子，切实推动重庆"十四五"期间的经济高质量发展。

基于此，本书尝试从以下几个方面去探索重庆生态大保护与经济高质量协调推进的理论逻辑和实现路径。一是从全方位、全地域、全产业、全链条、全要素、全过程"六全"维度去阐释生态大保护的理论基础，同时，基于习近平生态文明思想和创新、协调、绿色、开放、共享的新发展理念，从更加低碳、更有效率、更加公平、更可持续、更为安全维度去阐释了经济高质量发展的内涵。二是以生产空间、生活空间、生态空间"三生空间"作为研究载体，对国家和重庆市、区县的"生态大保护"政策体系进行可持续性综合评价。然后从重庆市生态资源、绿色经济、绿色生态文化、绿色生活、环保政策"五大方面"分析重庆市经济高质量发展变化，从而了解到重庆市经济发展基础条件、现实困难、发展重点等现状。三是按照国家战略从主体功能区、国土空间规划、"三生空间"的渗透推进逻辑，聚焦生产空间、生活空间、生态空间"三生空间"，按照"生产空间集约高效、生活空间宜居适度、生态空间山清水秀"标准，对重庆"三生空间"进行科学识别。根据我国经济转变发展方式、优化产业结构及转换增长动力的特征，构建了符合重庆生态大保护与经济高质量发展的指标体系，并进行耦合协调测度和评价。四是从国际上兼顾生态大保护与经济高质量发展的经验来看，几乎所有从欠发达到发达的国家和地区发展过程中，都会经历经济高增长之后转入高质量发展的过程，这是客观经济规律。对美国（利用庞大的国内市场实现创新驱动发展）、德国（构建完备的教育体系保持经济独特优势）、日本（依托动态的产业政策推动产业链高端化）、韩国（从政府主导到市场主导跨越中等收入陷阱）等经济高质量发展典型案例进行跟踪分析，以此为重庆推动经济高质量发展提供国际经验借鉴。五是在生态大保护理论和经济高质量发展理论指导下，基于重庆生态大保护条件和经济发展现状，按照重庆生态大保护与经济高质量发展的设计模式，在深刻总结绿色发展典型案例经验的基础上，从共建共治共享等方面探索了重庆经济高质量发展的实现路径和对策建议。

目　录

第一章 绪论

一、推进生态与经济协调发展的重要意蕴

我国经济已从高速增长阶段转向高质量发展阶段，正处于转变经济发展方式、优化产业经济结构、转换经济增长动力的重要跨越关口。重庆作为新时代西部大开发新格局的战略引擎、长江经济带战略上的重要节点、西部陆海新通道的"牵头人"，在经济高质量发展上兼具多重身份。然而，重庆也是长江上游流域重要的生态安全屏障和水源涵养区，是长江上游生态安全屏障的最后一道关口，在全国生态格局中肩负着重大责任。❶从"共抓大保护、不搞大开发"到"筑牢长江上游重要生态屏障"，从"加快建设山清水秀美丽之地"到"在推进长江经济带绿色发展中发挥示范作用"，对于重庆的生态大保护和经济高质量发展，习近平总书记提出了更高的要求，寄予了更多的期盼。然而，当前正处在社会主义现代化建设的关键时期，经济从高速发展全面转向高质量发展的道路任重道远，不仅因为旧有的经济发展存在巨大惯性，更在于当前阶段在推动重庆经济全面高质量发展上还面临不平衡不充分等一系列亟待解决的重点问题。需从生产空间、生活空间、生态空间"三生空间"和全方位、全地域、全产业、全链条、全要素、全过程"六全"维度去建立生态大保护可持续机制❷，探索重庆经济高标准要求、高水平开放、高质量发

---

❶ 陈敏尔.沿着习近平总书记指引的方向坚定前行　推动高质量发展　创造高品质生活　奋力书写重庆全面建设社会主义现代化新篇章——在中国共产党重庆市第六次代表大会上的报告［J］.当代党员，2022（12）：4-17.

❷ 文传浩，张智勇，曹心蕊.长江上游生态大保护的内涵、策略与路径［J］.区域经济评论，2021（1）：123-130.

展的理论逻辑和实现路径，实现党和国家的殷切嘱托，强化"上游意识"，担起"上游责任"，体现"上游水平"，示范长江经济带生态优先、绿色发展为导向的高质量发展新路子。

（一）贯彻落实新发展理念的内在选择

党的十八大以来，以习近平同志为核心的党中央把握时代大势，鲜明提出要坚定不移贯彻创新、协调、绿色、开放、共享的新发展理念。❶2020 年12 月 12 日，习近平总书记在气候雄心峰会上的讲话中指出，"将以新发展理念为引领，在推动高质量发展中促进经济社会发展全面绿色转型"❷。绿色转型成为实现经济高质量发展与生态环境保护有效协同的战略选择，绿色治理能力成为实现治理体系和治理能力现代化的重要基石。对重庆而言，加强国家治理体系和治理能力现代化建设，也是"十四五"时期的一项重要任务，亟须在历史发展大势中深入推进绿色治理变革，通过绿色治理行动，加快转变经济发展方式，倡导绿色低碳生活方式，提升减污降碳治理水平，推动产业转型升级发展，协同推进高水平生态大保护和经济高质量发展，对既有绿色治理规则进行建设性接纳与制度性突破，在绿色治理体系的变革和重构中构建绿色价值链，在现代化治理能力的塑造中凸显重庆价值，探索推进治理体系和治理能力现代化的重庆实践，这些为重庆"十四五"时期绿色转型发展拓展了新的空间，提出了新的要求。

为什么说重庆经济的高质量发展必须贯彻新发展理念，并走绿色转型发展之路呢？这是因为当前阶段，重庆生态环境还比较脆弱，生态环境治理体系和治理能力仍有较大提升空间。❸生态环境治理主体较为单一，更多强调运用行政手段，市场参与有限。投融资体系、市场交易体系、生态补偿体系等市场化政策机制还不健全，绿色发展制度相关政策比较零散，尚未形成系统推动力。生态环境保护权责边界划分不清、政府事权和支出责任不匹配的问题仍然存在，跨区域合作机制和跨部门协作机制仍不健全，基层生态环境监

---

❶ 习近平. 深入理解新发展理念 [J]. 求是, 2019（10）: 1-6.

❷ 习近平. 继往开来，开启全球应对气候变化新征程——在气候雄心峰会上的讲话 [J]. 中华人民共和国国务院公报, 2020（35）: 7.

❸ 唐良智. 重庆市人民政府工作报告 [N]. 重庆日报, 2021-01-28（01）.

管执法能力不足。企业治污主体责任意识不强，缺乏治污的内生动力，依赖政府监管被动开展污染治理的现象比较普遍。社会组织与公众参与制度不完善，参与渠道不够畅通。环境基础设施建设仍存在短板，城乡生活污水收集处理、垃圾焚烧等能力不足。生态环境监测网络覆盖不全面，生态监测评估等基础制度与能力较为薄弱。物联网、大数据、云计算、人工智能等现代信息技术在生态环境监管中的应用处于起步阶段。生产空间、生活空间、生态空间还未全面实现科学合理的发展格局，依然存在旅游开发、城镇开发建设活动挤占生态空间、水土流失及"四岛"消落带耕种等问题，自然保护地还有很多历史问题亟须解决。因此，重庆亟须积极贯彻新发展理念，坚持生态优先、绿色发展的战略定力，在深入打好污染防治攻坚战、持续改善环境质量的同时，更加注重把绿色低碳融入经济社会发展的各个方面，探索形成推动经济社会发展全面绿色转型的强大合力，这些为重庆在"十四五"时期赓续经济社会的全面绿色转型发展提出了新要求。

立足新发展阶段，完整、准确、全面贯彻新发展理念，积极服务和融入新发展格局，用新发展理念推动传统产业绿色转型升级是实现高质量发展的内在选择。通过对传统产业的绿色转型升级，构建以产业生态化和生态产业化为主体的生态经济体系，是重庆落实"双碳"目标任务的自觉行动，是推动经济高质量发展、创造高品质生活的战略选择，是重庆市建设内陆开放高地、山清水秀美丽之地的有力支撑。[1]虽然重庆市生态本底良好，产业基础扎实，市场潜力广阔，重大政策叠加，但汽车、摩托车及零配件等传统制造业占比重较大，从而导致资源能源消耗量较高、污染物排放量增多；生物医药、人工智能和新能源汽车等战略性新兴产业支撑作用较弱、产业能级较低，仍聚集一批传统低效的"小散乱"企业，传统"两高一低"（高能耗、高排放、低水平）产业仍占较高比例，对高碳发展的路径依赖惯性依然较大；传统产业绿色转型升级面临自主创新能力不足、智能制造能力偏弱等困境。推动传统产业绿色转型升级有基础、有优势、有机遇，其方向和路径就是要坚持学好用好"两山论"、走深走实"两化路"，扎实推动产业绿色发展，加快构建

---

❶ 重庆市生态环境局.重庆市水生态环境保护"十四五"规划（2021—2025年）[EB/OL].（2022-01-27）[2022-02-20].http://www.cq.gov.cn/zwgk/zfxxgkml/szfwj/qtgw/202202/t20220208_10375209.html.

绿色低碳循环发展经济体系，因地制宜、因势利导发展生态利用型、循环高效型、低碳清洁型、环境治理型产业，促进经济社会发展全面绿色转型，为实现碳达峰碳中和目标贡献重庆力量。❶

（二）科学推进经济高质量发展的客观需要

2016年1月5日，习近平总书记在重庆召开推动长江经济带发展座谈会并发表重要讲话，明确提出重庆要贯彻"共抓大保护、不搞大开发"理念，要"团结一致、沉心静气，加快建设内陆开放高地、山清水秀美丽之地，努力推动高质量发展、创造高品质生活，让重庆各项工作迈上新台阶"。2019年4月17日，习近平总书记在重庆考察时指出："重庆要更加注重从全局谋划一域、以一域服务全局，努力在推进新时代西部大开发中发挥支撑作用、在推进共建'一带一路'中发挥带动作用、在推进长江经济带绿色发展中发挥示范作用。"❷ "三个作用"充分反映出党中央对重庆如何引领区域协调发展寄予了厚望，并站在历史和全局的高度，从国家层面就如何推动重庆实现"生态优先、绿色发展"进行把脉定向。重庆作为西部地区唯一直辖市，理应服从于国家战略，服务于国家战略，发挥好"三个作用"，绘就好国家顶层设计规划的蓝图，统筹协调域内和域外资源，不仅要在生态大保护方面作出重庆贡献，而且要在经济高质量发展上作出重庆表率，不负国家期盼。本书结合国内外典型流域经济绿色发展的经验启示，按照国家对长江经济带绿色发展的新要求，梳理自身基础条件，以此提升重庆在推进长江经济带绿色发展中发挥示范作用的内涵、目标体系及战略路径，具有重要的现实意义。

2021年以来，国家层面先后印发了《成渝地区双城经济圈建设规划纲要》《关于完整准确全面贯彻新发展理念做好碳达峰碳中和工作的意见》和《2030年前碳达峰行动方案》等文件，要求各地区要结合区域重大战略、区域协调发展战略和主体功能区战略，把碳达峰碳中和纳入经济社会发展整体布局，从实际出发推进本地区绿色低碳发展。2022年2月15日，重庆市人民政府办

❶ 杨帆，张玥，王翔.构建绿色低碳循环发展经济体系 加快经济社会发展全面绿色转型［N］.重庆日报，2022-04-23（01）.

❷ 王斌来，蒋云龙，刘新吾.在发挥"三个作用"上展现更大作为［N］.人民日报：海外版，2022-06-18（01）.

公厅、四川省人民政府办公厅联合印发《成渝地区双城经济圈碳达峰碳中和联合行动方案》，明确了各领域、各行业推进碳达峰的具体任务部署，以及经济社会发展全面绿色转型的战略方向和目标要求，这是新发展理念指导下做好碳达峰碳中和工作的系统部署。使命呼唤担当，托付源于责任。重庆肩负着"长江上游地区生态安全屏障"的使命担当，承载着传统产业集聚区绿色转型发展的历史托付。党中央制定出推动成渝地区双城经济圈建设的重大决策部署，强调推动两地生态共建、环境共保和人与自然和谐共生；重庆市委、市政府提出"一区两群"协调发展，"望得见山看得见水"的目标。党的十九届五中全会通过的《中共中央关于制定国民经济和社会发展第十四个五年规划和二〇三五年远景目标的建议》明确指出，要加快构建"以国内大循环为主体，国内国际双循环相互促进的新发展格局"，为重庆全面绿色转型带来了全新的发展机遇。重庆市第五届人民代表大会第四次会议批准印发的《中共重庆市委关于制定重庆市国民经济和社会发展第十四个五年规划和二〇三五年远景目标的建议》，明确提出"今后五年，要以建成高质量发展高品质生活新范例为统领，在全面建成小康社会基础上实现新的更大发展，努力在推进新时代西部大开发中发挥支撑作用，在共建'一带一路'中发挥带动作用，在推进长江经济带绿色发展中发挥示范作用。成渝地区双城经济圈经济实力、发展活力、国际影响力大幅提升，支撑全国高质量发展的作用显著增强"，以此明确了"十四五"时期重庆市经济社会发展主要目标。同时，还明确提出"坚决贯彻'共抓大保护、不搞大开发'方针，强化'上游意识'，担起'上游责任'，保护好长江母亲河。以三峡库区生态保护为重心，以生态保护红线、自然保护地为重点，优化生态安全格局"，以此筑牢长江上游重要生态屏障。

"十四五"时期是重庆协同推进高质量发展和生态环境高水平保护的重要机遇期。为了科学推进生态大保护与经济高质量协调发展，重庆市生态环境局依据《重庆市国民经济和社会发展第十四个五年规划和二〇三五年远景目标纲要》，组织编制了《重庆市生态环境保护"十四五"规划》，把修复长江生态环境摆在压倒性位置，以改善生态环境质量为核心，以减污降碳协同增效为主线，以深化生态文明体制改革为动力，广泛形成绿色生产生活方式，环境安全得到有效保障，生态环境治理体系和治理能力现代化水平明显提升，协同推进高质量发展和生态环境高水平保护，彰显重庆山水自然之美、人文精神之美、城乡特色之美、产业素质之美，全面开启山清水秀美丽之地建设新征程，使重庆成为美丽中国建设的样板，人民群众获得感、幸福感、安全感显著增强，实现人与自然和谐共生。科学系统地制定本规划对解决资源环境瓶颈约束，建立"一区五城"战略格局、优化"三片一区"空间格局，助力推动绿色低碳高质量发展，持续改善生态环境质量，打造东部生态之城，创造高品质生活，筑建和巩固长江上游和重庆主城都市区重要生态屏障，彰显重庆市生态之美与历史人文之美具有重要意义，也体现了重庆经济高质量发展的客观需要，为重庆市经济高质量发展带来政策红利，为加强生态大保护提供了更优质的政策条件，赋予了更强大的内生动力，带来了难能可贵的机遇，明确了高质量发展的现实需求。

（三）有效促进生态文明建设的应有之义

生态文明建设是我国人民对传统工业化的深刻反思，孕育着继工业文明之后对人类文明新形态的认知与追求。生态文明建设的核心是协调好人与自然的关系，本质是构建人与自然的命运共同体的过程，目的是推动经济发展与生态环境同步提升，创造出生态文明的经济价值、社会价值和生态价值。在习近平总书记关于碳达峰碳中和的重要论述中，强调应把"双碳"工作纳入生态文明建设整体布局和经济社会发展全局，推进产业结构绿色化、生产方式绿色化、生活方式绿色化、空间格局绿色化，坚定不移走生态优先、绿色低碳的高质量发展之路，确保党中央决策部署落地见效。❶2021 年 4 月 30 日中共中央政治局定调：实现碳达峰碳中和是我国向世界作出的庄严承诺，也是一场广泛而深刻的经济社会变革，绝不是轻轻松松就能实现的。生态文明建设是中国特色社会主义"五位一体"总体布局和"四个全面"战略布局的重要内容，也是"十四五"时期全面推进社会主义现代化建设中的明确指标。

习近平生态文明思想为生态环境保护提供了强有力的思想保障和根本遵循，重庆市委、市政府高度重视生态环境保护和经济的高质量发展。生态环境保护是关乎民生的重大社会问题，是重庆市委、市政府高度关注和刻意强

---

❶ 习近平在中共中央政治局第三十六次集体学习时强调 深入分析推进碳达峰碳中和工作面临的形势任务 扎扎实实把党中央决策部署落到实处［J］.旗帜，2022（2）：9-10.

调的"国之大者"。"十四五"时期，重庆市面对的区域形势更加复杂、更加困难，经济社会发展不确定性明显增加，生态环境保护机遇与挑战并存，整体上看机遇大于挑战。所以必须坚持以人民为中心，坚持目标导向和问题导向相统一、相结合，坚持底线思维、保持战略定力，以提高生态环境质量为主要核心，深入打好且打赢污染防治攻坚战，让重庆市生态环境质量持续稳定向好，推动生态文明建设实现新进步。在"十四五"直至今后更长的一段时期，人民日益增长的美好生活需要和不平衡不充分的发展之间的矛盾没有改变，建设山清水秀美丽之地的目标没有改变，坚持生态优先、绿色发展的战略导向没有改变，围绕生态环境根本好转、继续深入打好污染防治攻坚战的路径举措没有改变。这些为坚定不移推进生态环境保护提供了强大的力量源泉。重庆市在"十四五"规划纲要中也明确提出，"推进国家'绿水青山就是金山银山'实践创新基地建设，推动创建国家生态文明建设示范区县，打造生态文明示范样板"。因此，重庆必须以更大的力度、更实的措施推进生态文明建设，推动生产方式、生活方式和价值观念的有序革新，着力解决突出环境问题，使重庆的天更蓝、山更绿、水更清、环境更优美，让"绿水青山就是金山银山"的理念在重庆大地上更加充分地展示出来。这些为重庆"十四五"时期加快绿色转型发展提出了新的需求。

（四）满足人民美好生活需要的迫切要求

美好生活寄予了绿色发展的内生需求。2016年1月5日，习近平总书记在重庆主持召开推动长江经济带发展座谈会时指出："当前和今后相当长一个时期，要把修复长江生态环境摆在压倒性位置，共抓大保护，不搞大开发。"[1]"要增强系统思维，统筹各地改革发展、各项区际政策、各领域建设、各种资源要素，使沿江各省市协同作用更明显，促进长江经济带实现上中下游协同发展、东中西部互动合作，把长江经济带建设成为我国生态文明建设的先行示范带、创新驱动带、协调发展带。"要用"快思维"、做加法。如果一时看不透，或者认识不统一，则要用"慢思维"，有时就要做减法。近年

---

[1] 中共中央文献研究室.习近平关于社会主义生态文明建设论述摘编［M］.北京：中央文献出版社，2017：69.

来，长江经济带推进"共抓大保护、不搞大开发"力度之大、规模之广、影响之深，前所未有。长江保护修复"八大专项行动"❶、全流域消除劣 V 类水质断面、实施长江"十年禁渔"、破解"重化围江"、构建长江绿色生态廊道、《中华人民共和国长江保护法》的通过与实施，这些对长江经济带、对重庆市"生态优先绿色发展"的重大举措和成效，都为大河流域和大河文明建设推进提供了的世界方案和中国智慧，寄予了人民对美好生活的期许。

当前阶段，重庆市生态环境基础设施建设仍存在短板，仍滞后于经济社会发展，尤其农村地区环境基础设施仍有不少欠账，存在设施建设和运维资金难落实、管护人员不足、运维能力不够等问题。并且存在着典型的城乡二元结构特点，各地方的发展差异较大，城乡一体发展压力较大，城乡污水管网缺失、雨污分流不彻底等问题仍然存在，部分县城老旧城区、城中村、城乡接合部污水管网建设滞后，乡镇污水处理厂二三级配套管网也存在污水管道管径偏小、破损、接入困难等问题，满足不了人口增长带来的生活污水收集、治理要求。此外，由于农村环保工作起步较晚、欠债量多，地方财力能力有限，生活垃圾配套处理设施欠缺、布局不合理，污水处理设施新建、技改项目进度较为迟缓，导致农村畜禽养殖污染、农村面源污染等问题没有得到有效控制，已经建成的部分治理设施运行和管理上仍存在着诸多困难，农村污水难收集、处理设施未能全覆盖，农村公共环保服务供给能力仍然不足。在乡村振兴战略行动计划和实施农村连片整治工程等措施的背景下，亟待巩固完善生态环境基础设施和公共服务向农村极大延伸。在生态环境治理体系的构建与落实方面，重庆市生态环境治理主体比较单一，仍以政府主导为主，市场参与部分较少，更多的是运用行政手段去推进生态保护和环境治理。所以依然存在各部门生态环境保护权责边界划分不清，部门之间协作机制仍不完善的状况。社会组织与公众参与沟通渠道还有待畅通，有的地方甚至存在利益纠缠和矛盾纷争。基层生态环境监管、环境监管责任履行、环境治理主体责任落实等情形还有待提升。在生态环境治理能力培养和提升方面，企业

---

❶ 八大专项行动：长江流域劣 V 类国控断面整治专项行动、长江入河排污口排查整治专项行动、长江自然保护区监督检查专项行动、长江"三磷"专项排查整治专项行动、打击固体废物环境违法行业专项行动、长江经济带饮用水水源地专项行动、长江经济带城市黑臭水体治理专项行动、长江经济带工业园区污水处理设施整治专项行动。

治污主体责任意识不够，缺少治污的内生动力，过度依赖政府监管被动开展污染治理的现象比较普遍。生态环境监测网络覆盖不全面，生态监测评估能力较弱，物联网、大数据、云计算、人工智能等现代信息技术在生态环境监管中的应用处于起步阶段。

（五）加快实现可持续发展的长久之策

推动生态大保护与经济高质量发展是实现经济社会可持续发展的长久之策。《中共重庆市委关于制定重庆市国民经济和社会发展第十四个五年规划和二〇三五年远景目标的建议》中指出，统一环保标准，加强跨界水体环境治理，深化大气污染联防联控，加强土壤污染及固废危废协同治理，共同打造国家绿色产业示范基地。从顶层设计上强调了重庆要巩固长江上游重要生态屏障，打好污染防治攻坚战，落实"两岸青山·千里林带"等生态治理工程，探索绿色转型发展路径，从而推动经济社会实现可持续发展。持续释放"一区两群"空间布局优化效应，协同推进城市更新和乡村振兴同步同质发展。还提出要全面落实区域协调发展战略、主体功能区战略，加快形成主体功能明显、优势互补、高质量发展的国土空间开发保护新格局，统筹推进乡村振兴和城市提升，努力实现城市让生活更美好、乡村让人们更向往。着力提升主城都市区发展能级和综合竞争力，梯次推动中心城区和主城新区功能互补和同城化发展，加快打造产业升级引领区、科技创新策源地、改革开放试验田、高品质生活宜居区，更好地发挥在双城经济圈建设中的极核作用。❶

与此同时，重庆市所辖区县从发展规划上都明确了加快实现可持续发展的战略目标，在印发的生态环境保护"十四五"规划中，基本原则是坚持绿色发展，源头管控；坚持质量核心，系统治理；坚持制度创新，落实责任细化；坚持社会共治，合力共进。在大部分地区到2025年的总体目标中明确写道，要努力推动人与自然和谐共生的高品质生活宜居区建设取得重大进展，具体包括产业结构调整深入推进，生产生活方式绿色转型成效显著，环境质量持续改善，主要污染物排放总量持续减少，环境风险有效管控，生态系统

---

❶ 中共重庆市委关于制定重庆市国民经济和社会发展第十四个五年规划和二〇三五年远景目标的建议［N］.重庆日报，2020-12-03（1）.

质量和稳定性逐步提高，城乡人居环境得到改善，生态环境治理体系和治理能力现代化水平显著提高。同时，远景规划到 2035 年，全面建成人与自然和谐共生的高品质生活宜居区，打造绿色生产生活方式，碳排放达到峰值后稳中有降，生态环境达到根本性好转。基本上明确了以下具体重点任务：一是高质量发展。增添绿色发展新动能，优化产业布局和结构、深化环保领域"放管服"改革、控制温室气体和污染物排放、加强资源集约节约利用、推动区域绿色协同发展。二是高水平保护。保障生态品质得到新提升，维护重要生态空间与生态系统、重点提升城市生态品质、加强水土流失预防和综合治理。三是高标准治理实现环境质量新改善。加强大气污染综合防治、提高水生态环境保护能力、强化土壤和地下水污染协同防治、加强噪声污染综合治理、固体废物环境风险防范以及防范环境风险。四是高效能监管。推动治理能力和体系的新突破，建立健全生态环境治理责任体系、加强生态环境综合监督执法、构建智慧化生态环境监测监管体系、加快生态环境市场体系建设、推动全民行动共建共享。这些规划和政策的制定出台，重庆市走深走实"绿水青山就是金山银山""生态产业化和产业生态化"提供了强劲动力，为生态环境质量改善注入了新动力。

二、国内外生态大保护与经济高质量发展的研究综述

（一）国内外生态大保护的研究综述

1. 国外生态大保护研究综述

从最初的荒野与文明冲突，到生态系统论发展，再到人与自然和谐共生、可持续发展、生态经济理论的形成，生态大保护思想的内涵和外延愈加丰富。美国自然保护主义的鼻祖梭罗（Thoreau）从审美角度提出要保护荒野，认为应从整体性和自然性角度去看待自然，实现人与自然间的一致与和谐。❶缪尔（Muir）进一步从生态学和美学的角度出发，主张保留荒野，强调自然保护的唯一目的是保护自然本身，建议政府采取保护森林的政策。卡森（Carson）在《寂静的春天》一书中呼吁人们认真思考人类社会的发展问题，直接推动

---

❶ 朱利华."生态大我"与生态批评的构建［D］.北京：北京大学，2013.

了现代环保主义的发展❶。工业革命以来，资源的过度开发、滥用导致 35 万种化学品的滥用对欧洲淡水系统的污染、工业废气排放造成空气中各项指数超标、城市卫生建设落后导致卫生环境恶劣等环境污染问题愈加严重。波特（Porter）和安贝克（Ambec）等认为不能简单地把生态环境保护政策与经济发展的关系对立起来❷❸。在生态环境治理的具体机制和主体方面，西方的很多学者也一直在寻求良方。彼特·托尔斯海姆（Peter Thorsheim）从经济学的角度对英国的环境污染问题进行了研究，认为环境问题是由于市场在环境资源配置上的失灵所导致❹。而后，经济学家将这一政策方法继续完善并逐步实施，现已经成为一种治理环境污染的有效机制。除政府干预外，还可以通过明确环境资源的产权消除外部性，利用市场交易达到"帕累托最优"❺。产权理论为生态环保政策提供了新路径，如自然资源产权理论在隐性资源中的应用、排污权交易机制的设立❻。

在西方国家工业革命的驱动下，尤其是英国、美国、德国、日本等发达国家的生态环境恶化问题愈加严重，英国伦敦的"烟雾"事件、洛杉矶"光化学烟雾"事件以及日本的"水俣病"等事件对人类的生存和可持续发展产生了巨大的威胁，生态环境保护逐渐引起社会重视。同时也有学者对东南亚拥挤城区 PM2.5 的光化学烟雾对健康的影响进行了评估❼，对越南胡志明市光

---

❶ CARSON R. Silent Spring［M］.Boston：Houghton Mifflin Harcourt，1962.

❷ PORTER M E. Towards a dynamic theory of strategy［J］. Strat Mgmt J，1991，12（2）：95-117.

❸ AMBEC S，BARLA P. A theoretical foundation of the Porter hypothesis［J］. Economics Letters，2002，75（3）：355-60.

❹ PETER THORSHEIM. Acid Rain and the Rise of the Environmental Chemist in Nineteenth-Century Britain：The Life and Work of Robert Angus Smith by Peter Reed，and：The River Pollution Dilemma in Victorian England：Nuisance Law versus Economic Efficiency by Leslie Rosenthal（review）［J］. Victorian Studies，2016，58（4）：779-782.

❺ COASE R H. The Problem of the Social Cost［J］. Journal of Law and Economics，1960，56（4）：1-44.

❻ EHRMAN MONIKA. Application of Natural Resources Property Theory to Hidden Resources［J］. International Journal of the Commons，2020，14（1）：627-637.

❼ Nguyen Nhat H C，Oanh N T. Photochemical smog modeling of PM2.5 for assessment of associated health impacts in crowded urban area of Southeast Asia［J］. Environmental Technology & Innovation，2020，21（11）.

化学烟雾模拟使用空气污染化学传输模型（Tapm-Ctm）进行了研究❶。通过确立健全的价值观、加强参与型基层民主建设以及弘扬合作与社群精神，可建设一个生态绿色的社会❷。因此各国逐渐将生态保护、绿色发展理念融入国家发展战略中，各国生态保护政策体系逐渐成形。许多国家立足自身生态困境，制定了一系列自然生态环境、经济生态活动和公共生态服务的保护政策，如英国、美国、德国等。但在政策执行中都存在着碎片化、割裂化的痛点，与长江上游流域现行的生态保护政策有着较强的相似性。尤其是英国、美国、德国、日本等发达国家制定的生态保护政策都经历了从重发展轻生态、抓治理疏防范到强循环、优生态、谋全局的重大转变❸。

一是英国生态保护政策演进情况。工业革命带动英国经济发展，同时也严重危害了生态环境，集中体现在空气污染、水污染、资源滥用以及过度开发等方面❹。英国的生态环保政策从前期的命令控制型到后期结合市场激励型、自愿型的多元生态环保政策，利用多元政策工具之间的协同和配合，逐步建构起与制度环境变化相适应的生态环保政策机制，为长江上游流域生态文明建设提供准确有力之"矢"❺。18 世纪中叶到 20 世纪初英国政府制定的环境规制政策特点是针对某特定的环境问题颁布法律，倾向于控制污染以及污染的末端治理，出台了《公共卫生法》（1848 年）、《化学碱法》（1863 年）、《公共卫生法》（1907 年）等法律文件。几个世纪以来，英国一直存在空气污染问题，在20 世纪中期，空气污染损害了英国国内生产总值的 1.0%~1.5%，虽然这些强烈的局部烟雾污染已大大减少，但是污染物的总排放量及其在远距离上的扩散却有所增加，尤其是在偏远的农村地区有所增加❻，对社会造成巨大的危害，因此，英国的生态环境政策逐渐转向空气污染治理。1956 年英国议会通过了

❶ HO QUOC BANG, et al. Photochemical Smog Modelling Using the Air Pollution Chemical Transport Model（TAPM-CTM）in Ho Chi Minh City, Vietnam［J］. Environmental Modeling & Assessment, 2019, 24（3）: 295-310.

❷ 李鸣.生态文明与绿色幸福社会［J］.改革与开放, 2017（13）: 65-66.

❸ 徐常萍.环境规制对制造业产业结构升级的影响及机制研究［D］.南京: 东南大学, 2016.

❹ 克利斯蒂娜·科顿.伦敦雾［M］.张春晓, 译.北京: 中信出版社, 2017.

❺ 卢洪友等.外国环境公共治理——理论、制度与模式［M］.北京: 中国社会科学出版社, 2014: 184-186.

❻ WOODIN S J. Environmental Effects of Air Pollution in Britain［J］. Journal of Applied Ecology, 1989, 26（3）: 749-761.

《净化空气法》，这是世界上第一部综合性的空气污染防治法规。1988年，英国政府宣布将采纳可持续发展原则施政，通过政策支持加快了对能源结构的调整，降低煤炭使用量，加强清洁能源的应用。1996年英国成立英国环境署，坚定地支持循环经济的发展，在政府预算中引入促进大气质量目标实现的经济激励政策。2003年英国政府发布了《我们能源的未来——创建低碳经济》白皮书，成为世界上最早将"碳经济"（Low Carbon Economy）定为基本国策的国家。2005年，英国政府确立了生态可持续性的指导原则。2009年，英国颁布《英国低碳经济转换计划》，标志着英国成为世界上第一个设立碳排放管理规划的国家。从英国的生态环境政策演进情况，以及产生的效果中不难反映出，没有一项干预措施能够带来所有的环境成果。单一政策的影响效应各不相同，因为行业风险和行业特征因政策领域而异，更好的监管旨在以减轻相关行为者的负担来扩展现有的政策和监管结果，共同监管方法带来的效果可能更为明显 ❶。

二是美国生态保护政策演进情况。19世纪后期，美国的工业化取得巨大进展，矿物资源逐渐广泛成为生产、生活的主要能源，使得生态环境逐步进入恶化状态 ❷，美国政府开始运用公共政策进行环境保护和污染治理。美国早期的生态保护政策明显呈现出政域性、分散性、功利性的特征，其国内各州际部分生态保护政策存在着矛盾互斥的情况。后期由联邦政府主导，以"绿色发展、生态多样性"为核心理念进行政策制定，保证了生态保护政策的可持续性以及为其长效机制的形成奠定了基础，对长江上游流域的生态政策研究有着重要的借鉴意义。1899年，美国国会出于保障港口经济活动的目的，出台了《河流和港口法》。该时期的保护政策带有强烈的以追求效率为宗旨的功利主义色彩，旨在更加高效且合理地利用开发资源。20世纪30年代，肆虐于美国中西部的尘暴严重危害了生态环境和民众生命安全，联邦政府出台的政策带有明显的应急性。1936年美国国会通过《土壤保护和国内配额法》，有效地将土壤保护和控制生产相结合。1970年出台《国家环境政策法》，首

---

❶ TAYLOR C M, POLLARD S J, ANGUS A J, ROCKS S A. Better by design: rethinking interventions for better environmental regulation [J]. Sci Total Environ. 2013, 447（1）: 488-499.

❷ MARTIN V, MELOSI. Pollution and Reform in American Cities（1870—1930）[M]. Austin: University of Texas Press, 1981: 47-48.

次将生态环境保护确立为基本国策，确立了以防为主、防治结合的生态环境保护新原则。20世纪80年代初，经济的低迷使得污染企业无法承担环境管制带来的巨额经济开支，里根政府采用"成本—收益分析"方法作为制定环保政策的主要原则，尽可能运用自由市场体制分配资源。1990年，美国通过《污染防治法》，标志着美国正式进入污染预防时代❶，从综合视角和影响因素分析《美国污染预防法》的实施情况，系列政策组合有助于或减损环境污染❷。1994年，美国国家科学技术委员会发表了《面向可持续发展的未来的技术》报告，确定了国家发展和新商业化技术的新政策。对于保护野生动物的立法方面美国有着悠久的历史，从1900年的《莱西法案》开始，现在有170多项联邦法律规范可能影响野生动物的环境活动。两项重要的法律是1937年颁布的《皮特曼—罗伯逊法案》（Pittman-Robertson Act），该法案授权对野生动物管理征税，以及1958年通过的《鱼类和野生动物协调法案》，其主要目的是保护鱼类和野生动物，这两项法律都继续为野生动物管理提供大量资金。现代环境法规始于1969年通过的《国家环境政策法》，随后是《清洁水法》，而后的《超级基金法》和其他法律的出台以规范农药和有毒物质并清理受污染的场地。国际公约对有毒物质的销售、使用和处置以及海洋倾倒作了规定。这些法律和公约应保护野生动植物免受全球工业化的意外后果❸。近年来，美国的生态环保政策围绕着经济复苏、能源安全、气候变化发展。政府将新能源环境政策作为新的经济增长点，大力推行能源创新，通过系统方法制定环境政策，开启了国际合作新局面。

三是德国生态保护政策演进情况。1871年德意志的统一加速了德国的工业化进程，制造业的迅速发展导致资源和生态环境不断受到破坏。现今德国逐步进入以循环经济为导向的可持续发展阶段，特别是莱茵河流域的治理经验为我国长江上游流域的生态保护带来了有益启发。20世纪初期，德国缺少综合性环境保护政策和专门的环境管理机构。1950年，为解决莱茵河

---

❶ BURNETT M L. The Pollution Prevention Act of 1990：A Policy Whose Time Has Come or Symbolic Legislation？[J]. Environ Manage, 1998, 22（2）：213-224.

❷ BAYRAKAL S. The U.S. Pollution Prevention Act：A policy implementation analysis[J]. The Social Science Journal, 2006, 43（1）：127-145.

❸ FAIRBROTHER A. Federal environmental legislation in the U.S. for protection of wildlife and regulation of environmental contaminants [J]. Ecotoxicology, 2009, 18（7）：784-790.

日益严重的污染问题，瑞士、法国、卢森堡、德国和荷兰五国联合成立了保护莱茵河国际委员会，并于 1963 年签订《莱茵河保护公约》，制定了污水排放标准。1969 年被公认为德国环境政策诞生元年，德国政府成立了联邦环境委员会等公共机构，建立并完善了环境保护立法。20 世纪 70 年代后期，酸雨使得森林遭到破坏、河流湖泊水质受到影响，绿党以"公平、可持续和共享"为理念制定了一系列生态环保政策。90 年代德国进入循环生态时期，其生态保护政策以水土治理、资源循环为主，核心在于提高资源利用效率和开发可再生能源技术。在水土治理方面，1996 年德国修订了《水资源管理法》，强调经济调控对保护和控制水环境的重要性，采用征收生态税和排污费等经济手段。在资源循环方面，1994 年颁布了《循环经济和废物管理法》，标志着德国逐步进入以循环经济为导向的可持续发展阶段。2001 年，"莱茵河 2020 计划"发布，明确了实施莱茵河生态总体规划，制订了生境斑块连通计划、莱茵河洄游鱼类总体规划、微型污染物战略等一系列的行动计划。21 世纪以来，德国关注更高层面、更广领域的环保治理合作法规政策，人们的环保态度水平越来越高，积极参与欧盟及全球领域的生态保护政策的制定❶。

四是日本生态保护政策演进情况。日本的生态保护源于 20 世纪中期。明治维新后日本开始走上工业化道路，但由于忽视环境保护，污染问题日趋严重。为治理以"产业公害型"为主环境问题❷，日本政府出台了一系列生态保护政策。1950 年颁布《国土综合开发法》，旨在谋求产业用地选择的合理化、综合利用、开发和保护国土资源；1961 年的《水资源开发促进法》，为河川水资源的综合开发利用提供了法律依据；1971 年日本在中央层面设置了环境厅，统筹管理日本的环境问题，保证环境问题的重视、解决和监督。1994 年日本开始实施第一个环境计划，提出"循环""共生"和"参与国际环境事务"的理念，引导环保型生产，鼓励生态保护；2000 年日本开始第二个环境计划，此次计划重在"执行"和"有效"，旨在利用高精尖科技来推动环保

---

❶ VOGLER J，STEPHAN H R. The European Union in global environmental governance：Leadership in the making？［J］．International Environmental Agreements：Politics，Law and Economics，2007，7（4）：389-413.

❷ 倉阪秀史．環境政策論［M］．东京：信山社，2014.

计划的发展；2006 年日本政府公布第三个环境计划，这一阶段日本政府对生态管理不再单纯以"治理环境"为理念，而是将生态管理与国家发展融为一体。2007 年以来，重点生态建设为"构建低碳社会"和"形成区域循环圈"。❶至今为止，日本政府逐渐建立了一整套较为完善的包括中央、地方和企业在内的环境治理体制，成为高速度经济和高质量环境相互协调发展的经济强国。虽然日本是最早实施碳税的亚洲国家之一，但是它的碳税率也是发达经济体中最低的国家之一❷。

　　通过对上述国家生态保护政策的梳理和研究，可分析出导致生态保护政策不可持续的动因，评估各国环保政策的变化，揭示其发展趋势，同时汲取各国在生态保护政策制定和执行过程中的经验和教训，对于我国长江上游生态保护政策执行研究及其机制构建有着相当强的应用价值，具有较强的借鉴意义。英国生态环保政策利用命令控制型、市场激励型、自愿型的多元生态环保政策间的协同和配合，逐步建构起与制度环境变化相适应的生态环境保护政策机制；美国联邦政府对生态环境保护政策的统一整合，规避了生态保护政策"政域性、分散性"问题，"绿色发展、生态多样性"的核心理念保证了生态保护政策的可持续性；德国对莱茵河流域的治理采取国际合作、综合治理的模式，体现了共建共治的有效性；日本生态保护政策具有绿色发展、循环共生的特征，"生态管理与国家发展融为一体"的战略思维有助于高速度经济和高质量环境的协同发展。

2. 国内生态大保护研究综述

　　2021 年 1 月 15 日，基于 CNKI 数据库，以"长江上游"为关键词共检索到 2220 篇 SCI、EI、CSSCI、CSCD、北大核心文章，剔除编者按、信息等无效文章后有 2177 篇，采用 Citespace 软件对 2177 篇文章进行知识图谱结构可视化聚类分析，以 Timeline 方式呈现。发现关于长江上游的研究中，主要集中在长江上游、航道整治、植物生长、"长治"工程、长江上游地区、径流、长江经济带、城乡统筹发展、遗传多样性、环境监测中心、地理探测器、侵蚀模数、南水北调工程、分洪区、水能资源、水土保持法、回水影响、选育、

---

❶ 南川秀树，等.日本环境问题：改善与经验［M］.北京：社会科学文献出版社，2017.

❷ SUGIYAMA M，FUJIMORI S，WADA K，et al. Japan's long-term climate mitigation policy：Multi-model assessment and sectoral challenges［J］.Energy，2019，167（1）：1120-1131.

三峡水利枢纽、三系杂交稻、四川盆地、人才开发战略、凋落物分解23个共引群，这些集群由 Citer 中的索引项进行了标记，充分体现了许多研究者从不同角度、不同学科出发，开展长江上游有关研究，共同为长江上游经济社会发展建言献策。本书主要从流域生态环境问题、评价及其影响因素，以及流域生态保护政策演进和绩效评价进行综述。

改革开放以来，随着经济社会的快速发展，生态污染、资源过度消耗等问题日益突出，污染防治与产业结构调整亟须解决的问题。对此，我国政府积极采取不同侧重点的生态大保护政策，出台了一系列政策文件，采取了一揽子措施手段，以促进人与自然和谐共生，发展绿色生态。总体来看，我国生态大保护政策经历了下列几个方面的历史性演变：一是生态大保护政策的指导理念地位先后经历了"保护环境"基本国策—可持续发展战略—科学发展观—生态文明的历史性转型。二是生态大保护政策的实施手段从以行政命令为主导到以法律、经济手段为主导。三是生态大保护政策的关注重点从"重经济、轻环境"的偏重污染控制倾向到"污染控制与生态保护并重"。鼓励"防治结合"和"综合利用"，通过产业结构调整和加强环境保护，坚持节约发展、清洁发展、安全发展，实现可持续发展。四是生态大保护方法上从末端治理重点转到源头控制。五是生态保护治理范围从点源治理转到流域和区域治理。❶

对于生态大保护政策的评价。回顾我国生态环境治理的发展历程，我国生态环境保护工作取得了历史性成就，生态治理力度不断强化，但我国生态保护还面临着巨大压力，现行的生态保护政策还需要很好地适应环境保护的要求，凸显发展的可持续性。有学者认为过去一段时间内，我国生态保护政策目标不清晰，缺乏量化指标，政策影响不明确，产出复杂多样，投入混合交叉，政策资源不稳定，评估信息短缺，数据质量差，评估结果被忽略，缺乏绩效评估❷。王丽萍认为我国环境技术创新政策存在政策制定不及时、体系不完善、执行力度差、标准较低、公众参与缺失等问题和困境，软政权现

❶ 李明华，陈真亮，文黎照.生态文明与中国环境政策的转型［J］.浙江社会科学，2008（11）：82-86，128.

❷ 宋国君，马中，姜妮.环境政策评估及对中国环境保护的意义［J］.环境保护，2003（12）：34-37，57.

象是生态环保政策不能够准确执行的原因，法律、制度，条例等都未成为硬性准则❶。对于生态大保护政策在执行过程中存在的困境和问题，张伟伟认为地市级环保部门在执行生态保护政策时，存在多重权威关系的控制，横向受地级政府行政领导，纵向上受省级环保部门的职能指导，这样的情况会对生态保护目标产生极大的冲突❷。政策目标模糊、政策内容混乱、政策标准不合理、政策缺乏历时性调整等，都是造成我国环境政策的执行偏差的原因，所以在对生态功能区政府绩效考评时，必须充分考虑生态功能区的异质化特征❸。

党的十八大以来，流域生态环境问题成为关注的重点，也逐渐成为学者们关注和研究的重点，学者们主要围绕生态、生产、生活的生态环境问题展开。在流域自然生态环境方面，水资源短缺、水环境污染、水土流失、土壤盐碱化等是流域生态环境存在的主要问题❹❺❻，且各生态问题之间有关联性、积累性等特点❼。杨丽雯等认为流域存在的生态环境问题虽然呈现出多种形式，但占主导地位的生态环境问题是逆自然规律建设水利工程、急剧扩大的人工绿洲面积、肆意的水资源浪费、人为加剧的天然绿洲萎缩等❽。段学军等表示长江干支流面临着滨岸水体浮游植物多样性较低、水生动物多样性下降、湿地生态功能退化等生态环境问题❾。柳梅英指出玛纳斯河流域大规模开发引发林木超量采伐、草场过度放牧，草场退化、野生动物急剧减少，生物多样性

❶ 王丽萍.中国环境技术创新政策体系研究［J］.理论月刊，2013（12）：176-179.

❷ 张伟伟.基于循环经济的城市生态系统健康评价研究［D］.兰州：兰州大学，2011.

❸ 宁国良，杨晓军.生态功能区政府绩效差异化考评的模式构建［J］.湖湘论坛，2018，31（6）：133-141.

❹ 高彦春，王晗，龙笛.白洋淀流域水文条件变化和面临的生态环境问题［J］.资源科学，2009，31（9）：1506-1513.

❺ 李思悦，刘文治，顾胜，等.南水北调中线水源地汉江上游流域主要生态环境问题及对策［J］.长江流域资源与环境，2009，18（3）：275-280.

❻ 蓝永超，丁永建，刘进琪，等.全球气候变暖情景下黑河山区流域水资源的变化［J］.中国沙漠，2005（6）：71-76.

❼ 杨海乐，陈家宽.集合生态系统研究15年回顾与展望［J］.生态学报，2018，38（13）：4537-4555.

❽ 杨丽雯，何秉宇，张力猛.基于ESV对塔里木河流域生态环境问题成因的重新认识［J］.干旱区资源与环境，2004（5）：24-28.

❾ 段学军，王晓龙，徐昔保，等.长江岸线生态保护的重大问题及对策建议［J］.长江流域资源与环境，2019，28（11）：2641-2648.

受到威胁等生态环境问题❶。

在我国流域生态环境政策的演进历程方面，有关流域生态保护政策的发展历程是较短的。从 1996 年我国把"三河"（淮河、海河、辽河）、"三湖"（太湖、巢湖、滇池）、"两区"（二氧化硫控制区、酸雨控制区）、一市（北京市）、一海（渤海）及三峡库区和长江上游的污染防治工作等纳入重点治理领域，把工业污染防治与产业结构调整结合起来，实现了从点源到流域和区域环境治理的转变开始，流域生态保护政策逐渐受到重视。❷随着生态政策的不断推进与强化，我国开展了黄河、长江等七大流域水土流失综合治理、退田还湖还湿工程、生态转移支付等一系列生态保护项目。2016 年，《关于全面推行河长制的意见》更是为我国流域生态保护政策的发展提供了新的实践路径，是落实绿色发展理念、推进生态文明建设的内在要求，是解决我国复杂水问题、维护河湖健康生命的有效举措，是完善水治理体系、保障国家水安全的制度创新。❸2014年 9 月，《国务院关于依托黄金水道推动长江经济带发展的指导意见》提出，要将长江经济带建设成为具有全球影响力的内河经济带、东中西互动合作的协调发展带、沿海沿江沿边全面推进的对内对外开放带和生态文明建设的先行示范带。❹自 2016 年 1 月 5 日，习近平总书记在重庆召开推动长江经济带发展座谈会以来，多次提出长江流域要"共抓大保护、不搞大开发"，走"生态优先、绿色发展"之路。2016 年 9 月，《长江经济带发展规划纲要》正式印发，将长江经济带上中下游 11 个省市经济发展的交通建设、环境保护、基本公共服务等统一规划部署，主要是解决生态环境状况形势严峻、长江水道存在瓶颈制约、区域发展不平衡问题突出、产业转型升级任务艰巨、区域合作机制尚不健全等问题和困境，重点围绕"生态优先、绿色发展"的基本思路，已确立起

---

❶ 柳梅英，包安明，陈曦，等.近30年玛纳斯河流域土地利用/覆被变化对植被碳储量的影响［J］.自然资源学报，2010，25（6）：926-938.

❷ 关于印发《国家环境保护"十五"计划》的通知［J］.中华人民共和国国务院公报，2002（30）：32-45.

❸ 中共中央办公厅　国务院办公厅印发《关于全面推行河长制的意见》［J］.中华人民共和国国务院公报，2017（1）：14-16.

❹ 国务院关于依托黄金水道推动长江经济带发展的指导意见［J］.中国水运，2014（10）：15-20.

"一轴、两翼、三极、多点"❶ 的发展新格局。❷ 2021 年 10 月 8 日，中共中央、国务院印发的《黄河流域生态保护和高质量发展规划纲要》发布，提出要共同抓好大保护，协同推进大治理，着力加强生态保护治理、保障黄河长治久安、促进全流域高质量发展、改善人民群众生活、保护传承弘扬黄河文化，让黄河成为造福人民的幸福河。❸ 抓好黄河流域生态保护和高质量发展等指导意见，将我国流域生态保护政策的演进推向了一个新的顶点。

在流域生态保护政策绩效评价方面，少数学者进行了定量分析。张家瑞等采用数据包络分析法（DEA）的 C2R 模型和 BC2 模型对 2001—2002 年滇池流域的水污染防治财政投资政策进行绩效评估❹。随后又采用相同方法对滇池流域的水污染防治收费政策，如排污收费制度、污水处理制度和阶梯水价政策的实施绩效展开评估❺。操小娟以 1978—2018 年的 976 份环保领域中央部门联合行文政策为数据基础，以国务院七次机构改革为时间节点，研究我国环境治理跨部门协同的演进❻。邢华等基于政策文献外部属性与内部结构两个维度，构建了"时间—主体—目标—工具—机制"的政策"差异—协同"分析框架，量化研究了京津冀及周边地区大气污染治理政策❼。通过有效协调政策执行主体和受众关系并合理运用经济、环境、社会、政治等资源参与生态保护政策，有助于提升生态保护政策实施的成功度。❽ 龙凤等从政策目的、

---

❶ "一轴、两翼、三极、多点"："一轴"是指以长江黄金水道为依托，发挥上海、武汉、重庆的核心作用，以沿江主要城镇为节点，构建沿江绿色发展轴。"两翼"是指发挥长江主轴线的辐射带动作用，向南北两侧腹地延伸拓展，提升南北两翼支撑力。"三极"是指以长江三角洲城市群、长江中游城市群、成渝城市群为主体，发挥辐射带动作用，打造长江经济带三大增长极。"多点"是指发挥三大城市群以外地级城市的支撑作用，以资源环境承载力为基础，不断完善城市功能，发展优势产业，建设特色城市，加强与中心城市的经济联系与互动，带动地区经济发展。

❷ 顾阳.长江经济带发展战略全面破题［N］.经济日报，2016-12-30（04）.

❸ 中共中央 国务院印发《黄河流域生态保护和高质量发展规划纲要》［J］.中华人民共和国国务院公报，2021（30）：15-35.

❹ 张家瑞，杨逢乐，曾维华，等.滇池流域水污染防治财政投资政策绩效评估［J］.环境科学学报，2015，35（2）：596-601.

❺ 张家瑞，王金南，曾维华，等.滇池流域水污染防治收费政策实施绩效评估［J］.中国环境科学，2015，35（2）：634-640.

❻ 操小娟，龙新梅.从地方分治到协同共治：流域治理的经验及思考——以湘渝黔交界地区清水江水污染治理为例［J］.广西社会科学，2019（12）：54-58.

❼ 邢华，邢普耀.大气污染纵向嵌入式治理的政策工具选择——以京津冀大气污染综合治理攻坚行动为例［J］.中国特色社会主义研究，2018（3）：77-84.

❽ 周柏春，孔凡瑜.公共政策理论与实务［M］.北京：新华出版社，2014：284.

政策投入、政策产出等维度出发，结合经济、环境等资源参与度，利用逻辑框架法和层次分析法能够有效开展政策成功度评估。❶

在生态大保护政策的路径优化方面。为了优化生态大保护政策，当前国内主要围绕区域协同治理、完善生态补偿机制、强化公众参与、促进法律体系完善、加大技术支撑等路径展开研究。一是区域协同治理。丘水林、靳乐山以河长制改革为视角，指出明晰流域治理层级责权分摊、加强跨区域跨部门协调整合、打通流域府际治理信息壁垒以及拓宽流域公私信任合作治理，是生态环境善治的实现路径。❷彭本利、李爱年认为应该构建流域内各级政府及其有关职能部门在流域生态环境治理领域跨区域协同决策、协同执法、协同司法、执法与司法相衔接等协同治理体系。❸操小娟等认为建立政府主导、多元参与的跨域协同治理机制是污染治理的必然选择。葛丽婷基于协同治理视角，以引滦入津工程水污染防治为例，构建了政府和其他社会主体多方联动、共同参与的流域跨界水污染防治的模式。❹滕祥河、文传浩构建了政府生态环境治理意志向度的绝对指数和相对指数，并运用SYS-GMM模型进行了实证检验，认为应以系统性思维开展流域环境综合治理，构建政府为主导、企业为主体、社会组织和公众共同参与的环境治理体系，推进建立跨部门、跨区域的长江流域生态环境综合治理合作机制。❺

二是完善生态补偿机制。蒋毓琪、陈珂认为生态补偿机制是在生态补偿理论基础上的延伸，它以某种资源为载体，解决流域内不同地区经济损益变化导致的补偿问题，协调流域内上下游利益相关者由于实践活动引发的区域间利益关系失衡的重要经济手段。❻冉光和等针对长江流域，提出以货币补偿

❶ 龙凤，高树婷，葛察忠，等.基于逻辑框架法的水排污收费政策成功度评估［J］.中国人口·资源与环境，2011，21（S2）：405-408.
❷ 丘水林，靳乐山.整体性治理：流域生态环境善治的新旨向——以河长制改革为视角［J］.经济体制改革，2020（3）：18-23.
❸ 彭本利，李爱年.流域生态环境协同治理的困境与对策［J］.中州学刊，2019（9）：93-97.
❹ 葛丽婷.协同治理视角下流域跨界水污染防治模式的构建——以引滦入津工程水污染防治为例［J］.中国农村水利水电，2018（2）：60-63.
❺ 滕祥河，文传浩.政府生态环境治理意志向度词频的引致效应研究［J］.软科学，2018，32（6）：34-38.
❻ 蒋毓琪，陈珂.流域生态补偿研究综述［J］.生态经济，2016，32（4）：175-180.

为主，以非货币补偿为辅的生态补偿路径。❶欧阳志云等提出不同地区的 GEP 与构成存在地域差异，明确生态产品与服务净提供地区与净消费地区，可为生态补偿提供定量的科学依据。❷李昌峰等在流域生态补偿演化博弈模型中引入上级监督部门约束因子，基于"上游保护，下游补偿"的演化稳定策略，反推出流域政府应制定的惩罚金范围。❸王金南等基于合作博弈理论，分析了如何确定流域内各地区的跨界流域生态补偿费用，同时分析了流域内各地区以这些补偿费用自愿开展跨界流域生态补偿的稳定性，认为应该加快建立生态环境损害赔偿制度体系。❹吴乐、靳乐山指出完善市场化生态保护补偿机制，要拓宽补偿资金来源，促进实践进程相对落后的领域和区域积极展开实践探索，并积极完善生态保护补偿立法。❺曾刚等认为推进上中下游生态保护与修复的协同互动是长江经济带"共抓大保护、不搞大开发"、高质量发展的重要实现方式，提出完善地区横向生态补偿机制应充分认识环境问题区域色彩浓厚、邻近溢出效应，建立区域生态环境共治系统。❻

三是强化公众参与。由于流域治理的广泛性和复杂性，现今我国在流域治理上存在一定缺陷，因而引入公众参与机制可以使流域管理符合公众利益，实现水资源的可持续发展和利用。❼李环从政府与公众的互动关系入手，提出可以建立政府与公众之间的合作机制，通过互动、协商与合作等方式更好地处理流域治理的问题，主张构建我国流域治理的公众参与机制。❽张远等认为在我国流域水污染防治规划中应该完善水资源和水环境管理体制，加强建立

❶ 冉光和，徐继龙，于法稳.政府主导型的长江流域生态补偿机制研究［J］.生态经济（学术版），2009（2）：372-374，381.

❷ 欧阳志云，郑华，岳平.建立我国生态补偿机制的思路与措施［J］.生态学报，2013，33（3）：686-692.

❸ 李昌峰，张娈英，赵广川，莫李娟.基于演化博弈理论的流域生态补偿研究——以太湖流域为例［J］.中国人口·资源与环境，2014，24（1）：171-176.

❹ 王金南，刘倩，齐霁，於方.加快建立生态环境损害赔偿制度体系［J］.环境保护，2016，44（2）：26-29.

❺ 吴乐，靳乐山.贫困地区不同方式生态补偿减贫效果研究——以云南省两贫困县为例［J］.农村经济，2019（10）：70-77.

❻ 曾刚，石庆玲，王丰龙.长江经济带城市生态保护能力格局与提升策略初探［J］.华中师范大学学报（自然科学版），2020，54（4）：503-510.

❼ 孙雯雯.我国流域管理中公众参与机制的创新［C］//环境法治与建设和谐社会——2007年全国环境资源法学研讨会（年会）论文集（第四册）.［出版者不详］，2007：100-104.

❽ 李环.流域管理中的公众参与机制探讨［J］.环境科学与管理，2006（5）：4-6.

水污染防治规划制定中的部门协调机制和公民参与模式。❶ 熊晓波等提出了我国流域治理的参与式方法，认为参与式方法强调参与主体积极、全面地介入发展的全过程，能更好地提高项目效益，增强项目实施效果。❷ 许源源、尹淑凡认为社会组织能够将公众、个人按照一定的形式聚集起来，集合力量参与流域治理。❸ 王勇等认为可由沿河居民来组成监督团监督执法情况以及流域治理过程中出现的问题，通过监督团的反映不断完善决策中的不足之处。❹ 周鑫指出可通过加强宣传动员、促进信息公开、畅通诉求表达、完善法律保障以及加大能力扶持等途径，促进公众依法有效参与生态环境治理。❺

四是促进法律体系完善。除了区域协同治理、生态补偿机制和公众参与的探索，学者们也积极地探索着其他优化路径。在法律方面，吕忠梅提出了打破现行行政边界的流域立法草案。❻ 易志斌和马晓明认为可通过完善国家相关机制，通过行政、法律手段的直接管制来解决跨界水事纠纷问题。❼ 陈坤提出建立长三角流域跨界水污染治理体制和长三角跨界水污染防治法律协调机制的构建等内容。❽ 郑晓等指出要创新与完善流域相关立法，创新流域规划体系，加强流域的科学论证和综合治理。❾ 胡静、段雨鹏提出综合运用横向协商、纵向协商和司法诉讼机制的建议，解决流域跨界污染纠纷协作关系的处理机制。❿ 杨开忠等指出要加强流域管理和水资源利用立法，为开展流域综合管理、

❶ 张远，张明，王西琴.中国流域水污染防治规划问题与对策研究［J］.环境污染与防治，2007（11）：870-875.

❷ 熊晓波，梁剑辉，董仁才，邓红兵.参与式方法在小流域治理中的应用［J］.中国水土保持科学，2009，7（3）：108-113.

❸ 许源源，尹菽凡.流域治理中的社会组织：角色定位与行动原则［J］.天府新论，2013（6）：86-89.

❹ 王勇，罗保宝，申爱君.跨界流域治理中地方府际协作机制研究——以菇溪河为例［J］.学理论，2017（10）：24-26.

❺ 周鑫.中国共产党领导生态文明建设的理论品格与光辉成就［J］.新视野，2021（4）：16-21.

❻ 吕忠梅.水污染的流域控制立法研究［J］.法商研究，2005（5）：97-105.

❼ 易志斌，马晓明.论流域跨界水污染的府际合作治理机制［J］.社会科学，2009（3）：20-25，187.

❽ 陈坤.长江流域跨界水污染防治协商机制的构建探讨［J］.安徽农业科学，2011，39（11）：6643-6646.

❾ 郑晓，郑垂勇，冯云飞.基于生态文明的流域治理模式与路径研究［J］.南京社会科学，2014（4）：75-79，101.

❿ 胡静，段雨鹏.流域跨界污染纠纷怎么调处？［J］.环境经济，2015（Z7）：25.

公平利用和合理分配水资源等奠定法律基础。❶

五是加大技术支撑。在流域综合治理中，适用性技术、前瞻性技术的综合集成与协调能够实现新旧技术的优势互补，为流域综合治理发挥长效提供技术支撑，促进流域人水和谐与生态文明建设。❷陈进、李青云建议建立适合流域特点的水环境实时监测体系，构建动态的流域水环境数据库和共享发布平台，形成基于流域环境基准的水环境安全预警机制和建立应对突发水污染事件的应急响应体系。❸罗海江对环境的管理过程中重要的环境监测进行详细深入的研究，初步提出建构"生态环境立体监测体系"❹张迪等建议集成水环境多元数据采集传输、融合共享及动态表征技术，构建"数据中心—业务系统—信息发布"为主线的综合管理平台，为流域管理提供相关技术服务。❺杨开忠等指出要完善流域生态环境监测网络，强化现代化信息技术手段在流域综合管理中的应用，建立覆盖全流域的综合监测网络和大数据动态管理平台，提升流域综合管理效率。❻

（二）国内外经济高质量发展的研究综述

1.国外经济高质量发展研究综述

高质量发展的本质是提高发展的"质量"，所以在开展经济高质量发展的学术史梳理时，有必要从提高经济"质量"的角度去挖掘它的历史背景和发展逻辑。因此从这个角度去理解经济发展质量的相关概念，可以把"可持续发展"概念作为"经济高质量发展"最早概述❼。"可持续发展"一词最早可

---

❶ 杨开忠，单菁菁，彭文英，等.加快推进流域的生态文明建设［J］.今日国土，2020（8）：29-30.

❷ 褚俊英，王浩，周祖昊，等.流域综合治理方案制定的基本理论及技术框架［J］.水资源保护，2020，36（1）：18-24.

❸ 陈进，李青云.长江流域水环境综合治理的技术支撑体系探讨［J］.人民长江，2011，42（2）：94-97.

❹ 罗海江.我国环境监测信息化建设发展方向及建议［J］.环境保护，2015，43（20）：30-35.

❺ 张迪，嵇晓燕，宫正宇，等.滇池流域水环境综合管理技术支撑平台构建研究［J］.中国环境监测，2016，32（6）：118-122.

❻ 杨开忠，董亚宁.黄河流域生态保护和高质量发展制约因素与对策——基于"要素—空间—时间"三维分析框架［J］.水利学报，2020，51（9）：1038-1047.

❼ 袁晓玲，李彩娟，李朝鹏.中国经济高质量发展研究现状、困惑与展望［J］.西安交通大学学报（社会科学版），2019，39（6）：30-38.

追溯到《世界自然保护大纲》（国际自然保护同盟，1980），用于描述自然生态环境的一种状态。1987年，世界环境与发展委员会颁布的《我们共同的未来》，首次将"可持续发展"概念用于描述社会经济发展，并且重点是指人与自然的和谐共生。托马斯（Thomas V）等在《超越增长——可持续发展经济学》书中，从构成维度探索经济质量型可持续发展模式❶。蒙特福特（Montfort M）等在探索撒哈拉以南非洲地区经济高质量发展原因时，将经济高质量发展阐释为"强劲、稳定、可持续的增长，提高生产力并带来社会期望的结果"❷。巴罗（Barro R）认为经济增长质量是与其经济增长有关的社会、政治及宗教等各个方面的因素，涵盖受教育水平程度、预期寿命长短、健康情况、法律及秩序发展的程度以及收入公平程度等❸。安德烈·格里莫（Grimaud A）和吕克·鲁热（Rouge L）总结出发展中国家经济增长质量的指数，指数涵盖经济增长的内生性质，经济增长的社会层面也在其中，他们更深层次的探讨了影响经济增长质量的各种因素，通过增长基本面和社会成果来测量经济增长质量，增长基本面以增长强度、增长稳定性、增长外向性、增长多样性为衡量的指标❹。

2. 国内经济高质量发展研究综述

任保平等认为高质量发展主要包括经济发展高质量、改革开放高质量、城乡建设高质量、生态环境高质量、人民生活高质量等指标事项❺。刘志彪则认为高质量发展的基本职能不仅兼具良好发展环境和坚实发展底线经济职能，更应该增加其民生、文化、生态和社会职能等❻。茹少峰和魏博阳提出由技术进步增长率、技术效率增长率和规模效率增长率共同组成全要素生产率增长

❶ THOMAS V, et al. The quality of growth [M]. New York：Oxford University Press, 2000：102-125.
❷ MONTFORT M, et al. A Quality of Growth Index for Developing Countries：A Proposal [J]. Social Indicators Research, 2017, 134（2）：675-710.
❸ BARRO R. Quantity and Quality of Economic Growth [J]. Journal Economía Chilena（The Chilean Economy）, 2002,（5）：17-36.
❹ GRIMAUD A, ROUGE L. Pollution non-renewable resources, innovation and growth：welfare and environmental policy [J]. Resource and Energy Economics, 2005, 27（2）：109-129.
❺ 任保平, 李禹墨. 新时代我国高质量发展评判体系的构建及其转型路径 [J]. 陕西师范大学学报（哲学社会科学版）, 2018（3）：105-113.
❻ 刘志彪. 强化实体经济 推动高质量发展 [J]. 产业经济评论, 2018（2）：5-9.

率❶。王群勇等以全要素生产率（TFP）作为经济高质量发展的代理变量，研究环境规制能否助推中国经济高质量发展❷；孙豪等以新发展理念为基础，从创新、协调、绿色、开放、共享5个方面对我国省域经济高质量发展进行了分析❸。马茹等依据经济高质量发展内涵，建立了我国经济高质量发展评价指标体系，还分析了我国区域经济高质量发展总体概况及在高质量供给、高质量需求、发展效率、经济运行和对外开放的表现。得出高质量发展即高效率供给、高质量需求、协调且公平、绿色可持续发展、经济良好运行和对外开放程度高❹。秦放鸣和唐娟基于经济高质量发展的前景、过程、结构和结果等方面研究，建立经济发展水平、创新驱动、结构优化、投入产出效率、消费结构、消费高级化、城乡协调能力、公平共享、节能减排、生态保护、资源节约、体系合理性、安全稳定性等13个方面的指标体系❺。直到现在，经济高质量发展的主要是国内学者在研究，由于经济高质量发展的概念涉及内容和研究范围十分广泛，所以经济高质量发展还未形成统一的概念，相信未来会随着研究的深入越来越清晰。

（三）生态大保护与经济高质量发展的协调推进研究

国内外学者对生态大保护的内涵要求、绩效评估与策略路径及经济高质量发展研究成果丰硕，值得学习和借鉴。从人类社会发展历程来看，经济与环境的关系研究是一个曲折式前进和螺旋式上升的认识过程。生态经济协调度（Eco-economic Harmony，EEH）评价是定量反映区域生态状况与经济发展的协调程度的评价方法，该研究最早可追溯至英国经济学家博尔丁

---

❶ 茹少峰，魏博阳.新时代中国经济高质量发展的潜在增长率变化的生产率解释及其短期预测［J］.西北大学学报（哲学社会科学版），2018，48（4）：17-26.

❷ 王群勇，陆凤芝.环境规制能否助推中国经济高质量发展？——基于省际面板数据的实证检验［J］.郑州大学学报（哲学社会科学版），2018，51（6）：64-70.

❸ 孙豪，桂河清，杨冬.中国省域经济高质量发展的测度与评价［J］.浙江社会科学，2020（8）：4-14，155.

❹ 马茹，王宏伟.中国区域人才资本与经济高质量发展耦合关系研究［J］.华东经济管理，2021，35（4）：1-10.

❺ 秦放鸣，唐娟.经济高质量发展：理论阐释及实现路径［J］.西北大学学报（哲学社会科学版），2020，50（3）：138-143.

（Boulding K E）❶，此后，威廉·鲍莫尔（Willian J Baumol）等认为经济发展与环境保护协调是一个多要素的复杂过程，强调在社会经济发展和生态环境系统之间建立反馈循环中介，便于实现协调发展❷。之后越来越多的学者开始重视并不断倡导经济社会发展与生态环境保护系统之间的协调问题❸。影响高质量发展的因素众多，其中的内生要素是生态环境，主要途径是绿色发展，然而良好的生态环境是检验高质量发展的一个关键指标❹。根据"绿水青山就是金山银山"理念，当资源环境对经济社会发展的制约不断增强、变为刚性约束时，生态环境就成为稀缺资源和有价值的自然资本，像土地、劳动力、资本、技术等生产要素一样，成为影响经济、社会发展的内部因素❺。从上述学者的观点中不难发现，倘若经济、社会在不断前进发展的过程中，使我们赖以生存的生态环境受到污染和破坏，那就不是高质量发展，换句话说，生态大保护贯彻执行的效果如何，以及良好的生态环境是检验是否属于高质量发展的重要参考指标。

同时，在学科融合大趋势下，学者们运用政治学、生态学、经济学的整合综合模型或从政策网络的角度进行政策工具研究，以期优化生态环境保护政策路径。当前阶段，把"共抓大保护、不搞大开发"理念纳入经济高质量发展的全过程，把"生态优先、绿色发展"作为经济高质量发展的实质内涵，明晰生态大保护与经济高质量发展之间的关系是非常有必要的❻。伴随着学者对生态大保护和高质量发展认识的不断更新，相关研究大致从纳入环境变量的经济增长模型构建、环境库兹涅茨曲线检验、环境与经济耦合协调度测算等方面展开研究，进而分析了揭示生态大保护与经济高质量增长之间的动态

---

❶ BOULDING K E. The economics of the coming spaceship earth［M］. Environmental Quality in a Growing Economy，NewYork，Freeman，1960.

❷ BAUMOL W J，et al. Theory of environmental policy［M］. Cambridge：Cambridge University Press，1988.

❸ NORGAARD R R. Economic indivators of resource scarcity：a critical essay［J］. Journal of Environment Economics and Management，1990：19（1）：19-25.

❹ 王育宝，陆扬，王玮华.经济高质量发展与生态环境保护协调耦合研究新进展［J］.北京工业大学学报（社会科学版），2019，19（5）：84-94.

❺ 张文明，张孝德.生态资源资本化：一个框架性阐述［J］.改革，2019（1）：122-131.

❻ 文传浩，林彩云.长江经济带生态大保护政策——演变、特征与战略探索［J］.河北经贸大学学报，2021，42（5）：70-77.

关系。生态大保护的目的是在保证自身生存与发展得以存续的情况下，尽一切可以实现的方式方法去降低人类对自然生态环境的污染和破坏，在保证这一前提之下才能去科学利用自然和发展经济，从而实现经济的高质量发展。

（四）对已有研究的述评

近年来，国内外学界关于生态大保护和经济高质量发展的研究取得诸多成果，学者们对生态大保护可持续发展的理论基础、内涵要求、历史发展等做了大量的研究，构建了生态保护实施效率评价指标体系、政策可持续发展效益评价指标体系来衡量生态大保护可持续发展水平。在推动区域经济高质量发展和推动中国特色生态文明建设方面发挥了积极作用，为本书提供了丰富的资料和学术价值，提供了大量有益参考与借鉴，具有重要的基础性意义。但针对重庆生态大保护与经济高质量发展的研究仍有诸多需要深化和拓展的地方，重庆的生态大保护对于长江流域乃至全国有着重要的生态、经济、社会价值和意义，但过去和当前一段时间内，其面临着许多困难挑战和突出问题，对发展战略认识片面，生态环境形势严峻，生态大保护协同机制亟待健全，流域发展不平衡不协调问题突出。总体来看，前人的研究成果较少涉及"区域协调性、视角多元化、政策持续性、学科交叉性"等方面，受关注的领域不够深入和系统，一些关键问题始终未能达到理论和实践上的突破。主要表现在以下几个方面。

1. 生态大保护研究详于"政域视角"而缺乏"全流域维度"

虽有学者总体构建了省级生态保护政策可持续发展指标体系来测评各省份的生态补偿政策、生态治理政策等生态保护政策实施效果，但大多是以行政辖区为基本单位，侧重于省级等相对孤立的地理区域单元，较少从全流域视角出发，选择某一典型区域或流域来研究其生态保护政策可持续发展的质量，并以多流域、跨区域的流域生态保护政策作为一个项目整体，对其综合效益进行全面系统评估的研究。从已有的研究中不难看出，各地区各部门从各自分管的范围和利益出发，孤立地基于当地优势采用各自认为合适的方式和类型进行规划和检核，在保护目标上缺少整体性认知和设计，保护方式上缺少地区之间的协调。就长江上游生态大保护而言，本书将尝试从全流域、全空间、全行业、全链条、全要素、全过程去研究其生态大保护政策的可持续性，并构建与之适应的生态大保护机制。

2. 生态保护政策研究视角详于"保护视角"须深入"三生空间"研究

既有研究虽然就生态环境保护的重要性进行了深度阐释，也阐释只有保护好生态才能实现人类的可持续发展。受制于可得数据、政策主导者和政策目标等多种因素的影响，当前对生态保护政策的研究多从农民、牧民、移民视角出发对包括经济、社会、生态在内的综合性收益和政策实施效果进行定性或定量评价，但对农户、牧民、移民政策收益的研究也只是从收入出发，内容较为单一，较少学者从"三生空间"和"六全"维度上对生态大保护政策进行效果评价和系统性研究。习近平总书记提出的"绿水青山就是金山银山""共抓大保护、不搞大开发"等思想为生态大保护政策可持续发展提出了具体要求，这为我们探索生态大保护政策可持续发展提供了思路。因此，本书中的"生态大保护"不等于传统意义的"生态保护"，是对"共抓大保护、不搞大开发"的理论升华和实践指引，生态大保护的首要在生态保护，基础在科学发展，重点在有序发展，核心在高质量发展。本书从"三生空间"和"六全"维度开展生态大保护政策可持续研究，有助于切实地推动长江上游生态大保护政策可持续的理论探索，为适应我国经济已经进入高质量发展、满足人民日益增长的美好生活需要而构建的可持续机制。

3. 生态保护政策研究详于"阶段性"须聚焦"可持续性"

纵观学者对已有生态保护政策演进历程的研究，充分反映出生态大保护政策的制定多以问题为导向，注重解决某一时段的困境，疏于对政策可持续性的解读和研究，难以形成系统性的生态治理体系。此外，国内外学者针对不同类型的生态大保护政策多停留在阶段性执行效果研究上，部分研究成果缺乏长远性的生态全局观，难以对长江上游生态大保护政策构建长效机制提供有效的借鉴。然而，本书关于生态大保护政策的研究，将重点探索政策的顶层设计与跨流域协同执行的长效路径，从系统性角度出发，明晰生态大保护政策执行力的影响因素，高度重视研究其相互联系、相互作用的发展过程，以实现长江上游生态保护政策共建共治共享的长效机制。

4. 生态保护政策执行评价研究详于"单一性研究"而缺乏"交叉性融合研究"

流域作为由经济、自然、社会、文化各子系统复合而成的巨大生态系统，其可持续发展受到多重因素的影响，内部矛盾的复杂性需要以多学科、多视角方法进行综合研究。现有研究多集中于单一的经济视角、社会视角和政治视角，但是随着生态问题层出不穷，环境日益复杂，单一的区块、政治与制度视角，单一地运用经济效率的评价标准已无法满足生态大保护的实践需要。目前对长江上游生态大保护政策可持续性还缺乏科学、深入和系统的交叉性研究，理论上欠缺对长江上游生态大保护政策可持续性的系统研究，实践上缺乏对实现长江上游生态大保护政策可持续性的评价体系和路径探讨。然而生态大保护政策的制定与实施需要借助生态学、经济学、管理学、社会学和地理学等多学科的研究方法，才能有效地推进生态大保护理论研究的政策性和学理性的统一。

5. 经济发展的逻辑理路亟须从"规模和增速"转向"质量和效益"阶段

既有研究多停留在从"规模和增速"转向"质量和效益"阶段，过于强调绿色转型之路。就当前重庆的经济发展状况来看，高质量发展是必须要探索的重要路径，但是如何在贯彻落实好"共抓大保护、不搞大开发"的前提下，探索一条"生态优先、绿色发展"的新路子，这是一个不能绕开的重要课题。在当前所处的新时代阶段，重庆也与全国一样面临着高质量发展阶段、社会主要矛盾变化、新发展理念确立及现代经济体系建设同步出现的几大特征，亟须厘清经济高质量发展的逻辑理路，找准推动经济向更高质量、更有效率、更加公平、更可持续、更为安全发展的科学路径。

6. 亟须探索重庆生态大保护与经济高质量发展协调推进的实践路径

既有研究主要有"重庆如何发挥绿色发展示范作用""重庆如何实现生态优先绿色发展""重庆如何建设山清水秀美丽之地"，也分别对"绿色发展"和"生态保护"进行了研究和探索。然而，就如何协调推进重庆生态大保护与经济高质量发展，重庆在长江经济带高质量发展中的重要地位和实证依据研究不足，亟须探索重庆如何在贯彻落实好"生态大保护"中实现经济高质量发展的实践路径，实现习近平总书记对重庆寄予的厚望。因此当前阶段，调和生态和经济之间的矛盾已经成为一项重要的工作，实施生态大保护成为推动高质量发展的重要途径。

三、研究内容和研究价值

（一）研究内容

基于流域经济学理论，以"三生空间"为基本视角，通过对重庆大生态空间格局的边界范围的识别、历史演变与现状评价，科学构建定性定量评估模型，对重庆大生态格局演化进行重点研究。通过运用多源遥感数据，如土地利用数据、卫星遥感数据、DEM 高程数据、MODIS 数据、降雨量与气温数据、土壤数据及研究区矢量数据等，综合 3S 技术与评价方法，实现重庆大生态格局的可视化。本书内容主要分为以下几个部分。

第一部分：绪论。首先，介绍了推进生态与经济协调发展的重要意蕴，阐明推进生态与经济协调发展研究是贯彻落实新发展理念的内在选择，是科学推进经济高质量发展的客观需要，是有效促进生态文明建设的应有之义，是满足人民美好生活需要的迫切要求，是加快实现可持续发展的长久之策。其次，从国内外研究现状，对生态文明研究缘起和研究进展进行理论文献梳理，并基于国土空间开发规划和产业空间布局两个方面，进行"三生空间"应用文献梳理，分别对生态大保护、经济高质量发展进行了学术史梳理和研究综述，并对已有研究进行了述评。最后，阐述了本书的研究内容和研究价值，以及研究方法和技术路线。

第二部分：理论基础和发展内涵。首先，从"两山"理论、生态承载力理论、协同学理论、可持续发展理论、复合生态系统理论，阐述了生态大保护和经济高质量发展的理论基础。其次，阐释了生态大保护和经济高质量发展的科学内涵。对重庆生态大保护的核心概念进行界定，厘清具体研究对象的内涵。主要从全方位、全地域、全产业、全链条、全要素、全过程"六全"维度去阐释生态大保护的理论基础，同时，基于创新、协调、绿色、开放、共享的新发展理念与可持续发展、习近平生态文明思想，按照经济更加低碳、更有效率、更加公平、更可持续、更为安全的高质量发展内涵。最后，厘清了推进重庆生态大保护与经济高质量协调发展的基本思路、基本原则和基本任务。

第三部分：重庆生态大保护和经济高质量发展的现状分析。首先，站在长江经济带的角度对重庆生态大保护的生态重要性、特殊性、紧迫性、必要性等进行阐述，简要梳理了实地调查研究情况，以及三峡库区生态与经济协调发展情况。其次，以"三生空间"作为研究载体，分别从山地保护政策、水环境保护政策、森林保护政策、田土保护政策、湖泊保护政策、草地保护政策等领域，梳理并分析了重庆生态大保护政策。最后，分别从生态本底、绿色经济、绿色生活、生态安全产业、绿色政策支持度等维度，梳理并分析了重庆经济高质量发展的现状，以此了解重庆市经济发展基础条件、现实困难及发展重点。

第四部分：重庆生态大保护和经济高质量发展的空间识别。首先，结合生态保护红线与自然保护边界，在"3S"技术（遥感技术 RS、地理信息系统 GIS、全球定位系统 GPS）支撑下，依托 ArcGIS 平台，厘清重庆生态大保护的生产空间、生活空间、生态空间，界定重庆生态大保护的自然地理布局。其次，厘清"三生空间"与生态大保护和经济高质量发展的关系，"三生空间"与生态大保护的关系，以及"三生空间"与经济高质量发展的关系。最后，按照国家战略从主体功能区、国土空间规划、"三生空间"的渗透推进逻辑，聚焦生产空间—生活空间—生态空间"三生空间"，按照"生产空间集约高效、生活空间宜居适度、生态空间山清水秀"标准，根据我国经济转变发展方式、优化产业结构及转换增长动力的特征，从而构建符合重庆生态大保护与经济高质量发展的理论模式，对重庆"三生空间"进行科学识别。

第五部分：重庆生态大保护和经济高质量发展的耦合协调评价。首先，简要阐述了本书所用到的熵权法和耦合度模型，并构建了重庆生态大保护和经济高质量发展指标体系，从而测度出重庆生态环境发展水平和重庆经济高质量发展水平的现状。其次，测度出生态环境与经济高质量发展耦合度，分析重庆生态保护与经济高质量发展指数，重庆生态环境与经济高质量发展耦合度指数分析。再次，分析重庆生态大保护与经济高质量协调发展的成效，从而检视重庆的生态安全屏障建设、城镇污水管网建设、乡村生态环境保护、船舶码头污染问题、绿色农肥发展等情况。最后，分析重庆生态大保护和高质量发展面临的瓶颈与挑战，以期对重庆生态大保护的现实状况形成宏观把握及认识。

第六部分：推动生态保护与经济高质量协调发展的国内外典型案例。首先，对于国外可以借鉴的经验，分析了德国构建教育体系的融通机制保持经济独特优势，日本依托动态的产业政策推动产业链高端化的经验，韩国从经济独大到协调发展跨越中等收入陷阱的经验，以及新加坡独树一帜的绿色发展模式。其次，对于国内可以借鉴的经验，分析了福建省龙岩市紫金山的生态恢复治理型模式，浙江省丽水市的全域生态旅游型模式，广东省深圳市社会主义现代化建设试点样板，以及浙江省杭州市富阳区新型绿色产业型模式，以期为重庆生态大保护和经济高质量发展提供参考借鉴。

第七部分：重庆生态大保护与经济高质量发展的协调机制。首先，探索了"三生空间"可持续发展机制，分别是生态空间高标准要求机制、生产空间高质量发展机制和生活空间高品质治理机制。其次，探索了重庆生态大保护与经济高质量发展的协调推进机制，分别是产业置换与生态置换供求对接机制，生态消费与多元经营需求驱动机制，生态补偿与利益驱动制度保障机制，信息技术传递与多元主体参与机制，以及区域联动与精准适配合作创新机制。最后，尝试提出了重庆生态大保护与经济高质量发展的协调推进模式，分别是高效型生态农业经济模式，低碳型生态工业经济模式，以及循环型生态服务业经济模式。

第八部分：重庆生态大保护与经济高质量发展的路径探索。首先，阐述了路径设计原则，分析了高质量发展的新目标是生态富民，高质量发展的总路径是绿色发展。其次，重庆生态大保护与经济高质量协调推进的逻辑进路，分别阐释了更高质量是为了实现对美好生活的向往，更有效率是为了实现对资源配置的优化，更加公平是为了推动共同富裕的实现，更可持续是为了实现对代际平衡的保障，更为安全是为了实现对绿色屏障的需求。再次，重庆生态大保护与经济高质量协调发展的重点任务，分别是推进流域水污染统防统治，统筹水资源开发利用与保护，加强生态保护与修复治理，切实改善城乡环境质量，严格实施环境风险管控，构建生态环境大保护机制。最后，分别从生态农业、生态工业、生态旅游三个方面，去探索了重庆生态大保护与经济高质量协调发展的基础之路、主导之路和富民之路。

第九部分：重庆生态大保护与经济高质量发展的对策建议。首先，尝试提出重庆生态大保护与经济高质量发展的协同策略，分别从微观层面探索了驱动微观主体绿色转型策略，从中观层面探索了推进产业行业绿色转型策略，从宏观层面探索了深化制度体系绿色转型策略。其次，尝试提出重庆生态大保护与经济高质量协调发展的对策建议，分别是打造以习近平生态文明思想引领重庆建成"山清水秀美丽之地"，构筑重庆生态大保护与经济高质量协调发展的长效机制，不断提升全社会对绿色发展的科学认识和行动自觉。

第十部分：结论与展望。在对重庆生态大保护的边界范围进行界定的基础上，讨论重庆生态大保护演变的历史脉络与空间分布情况，并进一步从生态环境效应、生态系统服务价值评估、生态风险等角度对其进行综合评价，分析其具体影响因素。最后对本书内容进行归纳，提炼本书的创新点并指出不足之处，进一步简述下一阶段的研究展望。

（二）研究价值

重庆生态大保护与经济高质量发展协调发展的本质是尊重自然规律，强调在对自然资源开发利用过程中以资源环境承载力为依据，体现人与自然资源的和谐。"三生空间"作为生态大保护与经济高质量发展协调发展的空间载体，功能的强弱既可作为优化生产效率、生活质量和生态环境的依据和必要条件，也是生态文明建设的基本要求。因此科学界定重庆生态大保护的边界、范围和演变过程，科学评价生态大保护与经济高质量发展的协调程度，对于促进重庆实现"生态优先、绿色发展"具有重大的理论价值和现实价值。

1. 学术价值

一是拓展"发展经济学"的理论内涵。深入贯彻"创新发展、协调发展、绿色发展、开放发展、共享发展"五大新发展理念，以生产空间、生活空间、生态空间"三生空间"为主要载体，去尝试拓展和丰富"发展经济学"在理论层面的具体内涵。二是发展"生态经济学"的研究维度。把"共抓大保护、不搞大开发"发展理念添加到生态经济学的研究范围，用全方位、全地域、全产业、全链条、全要素、全过程"六全"维度来丰富和拓展生态经济学的研究维度。

二是有利于对重庆生态大保护政策可持续性理论研究的系统推进。本书从生态大保护政策可持续性的内涵和新时代特征着手，通过对生态大保护格局演变相关文献的梳理与归纳，对生态大保护政策可持续性进行重新梳理，清晰界定了生态大保护的定义，进一步厘清长江上游生态大保护的内涵，重构生态大保护政策可持续性评价体系及共建共治共享的理论框架。有助于明确生态大保护的研究边界。从地理单元出发，界定清楚"生态兴则文明兴"的深邃历史观、"人与自然和谐共生"的科学自然观、"绿水青山就是金山银山"的绿色发展观、"山水林田湖草是生命共同体"的整体系统观和"共同建设美丽中国"的全民行动观等方面的生态大保护研究边界。

三是有利于构建适宜于长江上游的生态大保护政策可持续性评价体系。本书从重构长江上游生态大保护政策可持续性评价体系进行研究，以"绿水青山就是金山银山"为基本理念，涵盖自然资源、生态环境、产业经济、人居条件等维度，融合生态环境与经济社会双重因素，以"生产空间集约高效、生活空间宜居适度、生态空间山清水秀"为评价目标，全面辨析长江上游生态大保护政策可续性内在机理，并丰富现有政策体系，有助于进一步丰富完善区域可持续发展理论评价体系。经济高质量发展是理念、制度和行动的综合，须通过科学理念指引制度设计，通过制度设计规范和引导行动，从而有助于构建重庆生态大保护与经济高质量发展综合评价体系。通过构建耦合系统综合评价指标体系，利用层次分析法及熵值法，在整体把握重庆生态大保护与经济高质量发展时空演变格局的基础上，对二者的协调耦合特征进行剖析与评价，有助于进一步量化生态大保护和经济高质量发展之间的耦合指标。

四是有助于构建一个基于流域生态文明的国际话语体系。本书通过深入分析重庆生态大保护格局的逻辑演变，阐述了其本质要求及主要形态的演化规律。通过全面考虑"六全"维度（全方位、全地域、全产业、全链条、全要素、全过程）以及"三生空间"（生产空间、生态空间、生活空间）之间的交互共生关系，尝试构建了一个基于流域生态文明的生态大保护的理论基础，以期为破解全球流域生态安全挑战和寻求可持续发展路径提供了一个解释框架。这不仅拓展和深化了经济学、生态学、地理学等相关学科的理论体系，而且为流域经济高质量发展和构建生态大保护机制提供了新的视角，从而为全球生态环境保护和可持续发展贡献中国的智慧和经验。

2.应用价值

一是为重庆经济高质量发展提供价值参考。应本着"共抓大保护、不搞大开发"发展要求，探索经济发展从规模和增速向质量和效益的转变，再向系统、科学、精细化发展的实践路径，构建出重庆生态大保护可持续机制，为重庆经济高质量、高要求发展实现道路提供参考模板。二是尝试提出重庆生态大保护与经济高质量发展协调推进的实现路径，为贯彻落实习近平总书记对重庆提出的"在新时代西部大开发中发挥支撑作用、在推进共建'一带一路'中发挥带动作用、在长江经济带绿色发展进程中发挥示范作用"的重要指示和要求。

二是有利于探索适合中国国情的流域生态大保护的政策路径。路径本身具有时代性、区域性和阶段性，而设计发展模式之前的机制设计与沟通过程值得考究，共识与合力是其中的关键。生产空间、生活空间、生态空间共同形成了人类生活世界的整体面貌。在很多历史条件的影响下，造成环境大面积污染、灾害频频发生、能源资源过度开发利用、生态环境系统功能弱化退化的重要原因是"三生空间"的不平衡。通过对典型生态安全屏障区和水源涵养区生态大保护典型案例的分析，找到生态大保护政策可持续性的影响因素和驱动机制，探索推动生态空间、生产空间、生活空间共生发展路径，为国内外流域生态大保护提供参考，对促进流域生态大保护等都有启发价值与实践意义。

三是有利于推动重庆实现跨区域的流域生态大保护政策机制。重庆"三生空间"协调发展不仅关系着重庆自身生态系统的发展，而且影响着整个三峡库区与长江流域经济社会的发展走向。以"三生空间"为切入点，通过科学界定重庆生态大保护格局地理范围、生态功能范围、经济发展范围等，对重庆生态大保护演变的历史与现状进行分析，深度分析重庆生态大保护政策可持续性，将政策研究精细化，目标微观化、具体化，政策系统化，并在此基础上进一步评价其生态安全程度，力图搭建一个系统科学的生态大保护政策机制，为重庆进一步推进长江上游生态大保护提供借鉴。

四是有利于将重庆生态大保护模式系统地推向国际上其他流域。本书现实意义主要为了提出重庆经济高质量发展的具体实现路径。探索构建"1+2+3"生态大保护与经济高质量发展的多元化实现路径，即：1套创新政策体系（重庆生态大保护可持续政策体系），2个目标范式区（将重庆建设成为国家级"生态大保护示范区"和"长江经济带经济高质量发展综合改革试验区"），3大空间可持续发展机制（生态空间高标准要求机制、生产空间高质量发展机制、生活空间高品质治理机制），以此总结提炼出流域生态大保护机制构建模式，不仅可以对现有生态环境进行全面保护，改善我国目前环境问题，提升公众的生活质量，还可以达到促进"两化"快速进展，增强经济可持续和高质量发展的能力，同时为其他发展中国家提供生态大保护可持续性实践路径。

四、研究方法和技术路线

（一）研究方法

1. 文献综述与调查研究相结合

根据已有生态大保护的研究资料，通过经济学、生态学、地理学等相关理论，对重庆生态大保护的非空间和空间数据等数据库进行解析，以总结现有研究的不足之处，提出未来的研究方向及重点。运用横断历史元分析法分析生态大保护演进历程，理解新时代高质量绿色发展的现实需求和背景；运用文献分析法整理绿色发展与高质量发展相关的研究文献、政策文件及重要会议等文本内容，准确把握高质量绿色发展的理论内涵。此外，通过实地访谈的方法调研重庆生态大保护和经济高质量发展现状，通过面对面的交流可以最直观地了解重庆对生态大保护和经济高质量发展的现实需求和困难；通过问卷调研的方法准确把握重庆生态大保护和经济高质量发展的基本条件。

2. 定性研究与定量方法相结合

本书拟从定性的角度对重庆生态大保护的生态系统服务指标、生境状况指标和生境质量的演变特征、规律及原因进行描述和总结，通过选用模型和建立评价体系定量描述各指标在数量、物质量上的现状及变化程度，定性与定量的方法相结合以探索重庆生态大保护格局演变特征与规律。基于已有基础数据和计算所得数据，分别对重庆生态大保护范围内各指标随时间和空间的分布特征和变化规律进行研究，同时选取遥感数据、统计数据等对其时空演化特征进行可视化分析，具有时空分析与可视化相结合的特点。从"六全"维度"三生空间"中选取典型案例进行分析，并跟踪分析实践典型的发展情况；采用归纳总结法总结"三生空间"高质量发展典型案例的经验，为重庆实现经济高质量发展提供现实参考。

3. 数学模型与理论推导相结合

本书选取相关指标构建了重庆生态大保护与经济高质量发展的综合指标体系，运用生态系统服务和权衡的综合评估工具（即 InVEST 模型）以实施定量化分析，这一模型旨在模拟重庆市不同土地覆盖情况下生态服务系统的物质量和价值量的变化，为决策者在权衡人类活动的效益与影响方面提供科学的依据。这一方法的核心在于实现生态系统服务功能价值的空间化表达，从而解决了传统生态系统服务功能评估中文字描述不够直观的问题。同时，本书也借鉴了亚里士多德的"三段论推理"方法，即通过"大前提、小前提、结论"的逻辑结构，将对问题的认知提升到理论层次。这一方法意在深入阐述生态大保护与经济高质量发展的内在逻辑关系，从而增强其理论推导的说服力。总体而言，通过将数学模型与理论推导相结合，本书提供了一种富有洞察力和有效性的分析框架，有助于更深入地理解和推动重庆生态大保护与经济高质量发展的目标。

（二）技术路线

本书围绕生态大保护与经济高质量发展协调推进的"理论逻辑"和"实现路径"两大核心主题，将理论分析与实证分析相结合，总结协调推进的理论逻辑，揭示其现状与问题、时空演变特征以及协调发展格局，提出符合重庆市的实现路径。

第二章　理论基础和发展内涵

　　"生态大保护"不等于传统意义的"生态保护"，生态大保护的首要在生态保护，基础在科学发展，重点在有序发展，核心在高质量发展。生态大保护是对"共抓大保护、不搞大开发"的理论升华和实践指引，为适应中国经济已经进入高质量发展、满足人民日益增长的美好生活需要而构建的可持续机制。既有研究多停留在从"规模和增速"转向"质量和效益"阶段，过于强调绿色转型之路。中国进入高质量发展阶段与社会主要矛盾变化、新发展理念确立及现代经济体系建设同步发生，亟须厘清经济高质量绿色发展的逻辑理路，找准推动经济向更高质量、更有效率、更加公平、更可持续、更为安全发展的科学路径。既有研究主要有"重庆如何发挥绿色发展示范作用""重庆如何实现生态优先绿色发展""重庆如何建设'山清水秀美丽之地'"，重庆在长江经济带高质量发展中的重要地位和实证依据研究不够，亟须探索其经济高质量发展的实践路径，实现习近平总书记对重庆的厚望。

一、生态大保护和经济高质量发展的理论基础

（一）"两山"理论

　　"两山"理论，即"绿水青山就是金山银山"，"两山"理论的内容是丰富

多彩的，且富有辩证的哲学智慧的理论❶。它包含着三个层次，即"既要绿水青山，也要金山银山""绿水青山和金山银山绝不是对立的"和"绿水青山就是金山银山"，从不同角度诠释了经济发展与环境保护之间的辩证统一关系。"两山"理论辩证地剖析了经济建设和生态文明建设之间的关系，是对人类发展的重要思考，也是体现出了近年来人类在不断自我发展的同时对环境的不断重视的事实。发展经济不一定就是与保持良好的生态环境是背道而驰的，两者是可以相辅相成、相互促进的。

"两山"理论不仅蕴含着保护好良好的生态环境这一客观要求，而且还蕴含着实现经济高质量发展的新发展理念。既不同于单纯保护生态环境下的发展，也区别于不计生态环境成本代价，而单纯对资源进行开发利用的发展模式。"两山"理论已经将生态大保护和生态优先、减贫发展、环境保护、资源利用和经济发展等一系列生态经济进行了有机的统一，更加强调将生态资源转化为生态资产，再将生态资产转化为生态资本，再将生态资本转化为富民财富的有机统一和价值实现。通过上述有效转换途径实现生态资源转化为生态资产、生态资本转化为生态财富这一美好愿景，最终实现可持续发展的目标。同时，也更加强调通过生态资源、生态资产到生态资本再到生态财富的增值效果，从而实现生态资源的价值确认、实现、保值升值，进而实现人类的可持续发展目标。"两山"理论有别于传统的单纯开发式发展中基于增量收益发展的做法，更加强调生态资源的资产性收益，强调生态资源的增量收益与存量收益并重的发展路径。

（二）生态承载力理论

随着工业革命的兴起，全球性环境污染问题频发，使人口、资源和环境这一复合生态系统的关系越来越突显。此背景催生了一系列有关生态承载力的研究，如人口承载力、自然资源承载力、水资源承载力和矿产资源承载力等❷。1921年，罗伯特·帕克从种群数量角度出发，首次将"承载力"概念引

---

❶ 尹怀斌，刘剑虹."两山"理念的伦理价值及其实践维度［J］.浙江社会科学，2018（7）：82-88，66，158.

❷ 封志明，李鹏.承载力概念的源起与发展：基于资源环境视角的讨论［J］.自然资源学报，2018，33（9）：1475-1489.

入生态学领域，认为承载力是指在不损害生态环境的前提下，一个区域能够支持的最大生物种群数量❶。随着时间的推进，经济发展引发的人口、环境和资源问题日渐突出，促使学者们针对不同的需求和侧重点进行更加深入的承载力研究❷。1990年，威廉·里斯提出了"生态足迹"理论，标志着承载力研究从单一因素分析向综合生态系统研究转变❸。里斯明确指出，生态承载力是基于生态学的系统集成，其中资源承载力是基础，环境承载力是核心❹。生态承载力，也称为生态环境承受力或生态环境忍耐力，通常指的是在一定时期和一定环境状态下，区域生态环境对人类和自然和谐共生的经济社会活动支持能力的载荷量❺。这里的"一定时期和一定环境状态"是指在不发生明显不利于人类生存的环境结构改变的前提条件下。近年来，许多国家开始更加重视生态承载力的研究和评估，使其成为量化生态环境系统阈值的一个重要工具。这种趋势反映了全球对于可持续发展和生态保护的重视和投入，预示着未来可能会有更多关于生态承载力的理论创新和实践探索。

众所周知，生态环境的承载能力是有限的，人类的经济活动必须保持在地球承载力的限度之内。当人类的经济活动对资源环境的索取程度超过一定的限值时，就会对生态环境产生显著的反向胁迫效应，此时生态环境系统的结构和功能相对经济增长就会发生质的变化，它将反过来阻碍人类生存与可持续发展。一般情况下，当生态环境承载力的值大于1时，表明经济发展对生态环境的索取超出生态环境对经济活动的支持限度，此时环境系统"严重超载"，生态环境会对经济发展产生明显反作用；当生态环境承载力的值等于1时，表明环境处于基本满负荷状态，生态环境受到的压力较大；当生态环境承载力的值小于1时，表明经济发展对生态环境的索取程度在生态环境承载

❶ PARK R E. Sociology and the Social Sciences [J]. The American Journal of Sociology, 1921, 26 (4): 401-424.

❷ PARK E P, WATSON B E. Introduction to the Science of Sociology [M]. Chicago: The University of Chicago Press, 1970: 1-12.

❸ REES W. The ecology of sustainable development [J]. Ecologist, 1990, 20 (1): 18-23.

❹ REES W, WACKERNAGEL M. Urban ecological footprints: Why cities cannot be sustainable——And why they are a key to sustainability [J]. Environmental Impact Assessment Review, 1996, 16 (4): 223-248.

❺ WACKERNAGEL M, YOUNT J D. The Ecological Footprint: an Indicator of Progress Toward Regional Sustainability [J]. Environmental Monitoring and Assessment, 1998, 51 (1): 511-529.

能力内，经济社会发展与生态环境实现了相互协调。

传统经济思想在发展政策中的主导地位，以及替代发展范式的缺失导致可持续发展目标与实施之间的脱节。不可否认的事实是，我们对物质主义事物的永不满足的渴望及其高消费威胁着我们生态系统的生存，所以进行更简单、最简约的消费生活方式，可以成为持续努力降低温室气体排放和个人碳足迹的催化剂●。虽然说生态环境承载力具有弹性和可控性，人类可通过科技进步和强化环境管理，不断地改善提升生态环境质量，提高环境承载力，满足经济社会的持续发展。但是一般情况而言，人类通过科技进步和环境治理对环境质量的提升作用速度远低于人类经济社会发展对资源环境的索取速率，人类通过自身努力对环境承载力的提升程度是有限的，经济社会发展必须控制在环境的承受能力范围内，保持经济发展的持续性和稳健性。可持续发展理论正是基于生态环境承载力的有限性而提出的，生态环境承载力理论是可持续发展理论重要的理论根基，二者结合紧密，共同指导人类实现"三生空间"复合生态系统的耦合协调发展。

（三）协同理论

所谓"协同"，就是指两个或者两个以上的个体相互配合实现一个共同目标的过程或能力。● 协同理论（Synergetics）也称为"协同学"或"协和学"，由赫尔曼·哈肯创立，是一个跨学科的研究领域，它涉及由许多独立部分组成的开放系统，这些部分彼此相互作用，可以通过自组织形成空间、时间或功能结构●。它关注的是远离平衡的开放系统如何在与外部世界进行物质或能量交换的情况下，通过自身的内部协同作用自发形成时间、空间和功能有序结构●。"协同"就是同心协力，协调共同，互相配合。"协同发展"，是不同的发展主体或区域之间，以及其内部各个子系统、各种要素之间，在发展过程中协作互动、优势互补、协调发力，达到互利共赢、协调发展、协同发展

● SARKAR A. Minimalonomics: A novel economic model to address environmental sustainability and earth's carrying capacity [J]. Journal of Cleaner Production, 2022, 371 (10).

● 吴迪. 煤矿区国土资源利用规划协调度评价研究 [D]. 北京：中国矿业大学，2014.

● HAKEN H. Visions of Synergetics[J]. Journal of the Franklin Institute, 1997, 334(5): 759-792.

● 李汉卿. 协同治理理论探析 [J]. 理论月刊，2014，385 (1): 138-142.

的结果。目前，世界上的许多国家或地区政府高度重视协同发展论，并且把它作为实现当地可持续发展的基础。

耦合度是指两个或两个以上系统之间的相互作用程度和协调发展关系，可以反映系统之间的相互依赖相互制约程度❶。协调度是协调状况好坏程度的定量指标，指度量系统或系统内部要素之间在发展过程中彼此和谐一致的程度。耦合协调度模型主要用于衡量不同系统间的协调发展水平，是本书研究重庆生态大保护与经济高质量发展的重要方法之一。肖华堂和薛蕾先采用熵权法来计算我国各地区农业绿色发展水平，后基于 Undersirable output 模型测算和分析四个地区的农业绿色发展效率，最后考察农业绿色发展水平与发展效率的耦合协调性❷；金毓基于2008—2017年长三角地区面板数据建立了耦合协调度模型，探索绿色生产与绿色消费之间的耦合关系，结果发现绿色生产与绿色消费之间的耦合协调度呈上升趋势，但仍处于较低水平❸；黄磊和吴传清基于2011—2016年长江经济带省级面板数据，采用全局超效率 SBM 模型和耦合协调度模型分别测度长江工业绿色发展效率、创新发展效率、绿色创新协同效应❹。

从自然界对人类生态大保护的要求，以及人类社会自身高质量发展的要求来看，长江上游的复合生态系统正在迈向更高的目标，逐步将原有的单点治理、区域治理、区域合作等形式升级为上下游治理协同、干支流要素协同、左右岸理念协同的生态协同，同时也涵盖了战略规划、生态资源和治理能力上的多方位协同。长江上游实施生态大保护，并不是只保护不开发，而是要走上生态优先绿色发展的新路子，也就是说长江上游生态大保护的重要方式就是实现上下游治理协同、干支流要素协同、左右岸理念协同。基于此，特别需要推动长江上游在生态大保护方式上实现"三大协同"。一是成立基于流域上下游的生态大保护指挥部，统筹长江流域生态大保护相关的规划、建设、

❶ 耿娜娜，邵秀英.黄河流域生态环境—旅游产业—城镇化耦合协调研究［J］.经济问题，2022（3）：13-19.

❷ 肖华堂，薛蕾.我国农业绿色发展水平与效率耦合协调性研究［J］.农村经济，2021（3）：128-134.

❸ 肖华堂，薛蕾.我国农业绿色发展水平与效率耦合协调性研究［J］.农村经济，2021（3）：128-134.

❹ 金毓.绿色生产与绿色消费的耦合协调发展研究——以长三角区域为例［J］.商业经济研究，2021（2）：42-45.

治理、协调、监督、补偿等重大问题，从地理、经济、社会、政治和文化五个方面实现有效联动，构筑起"大协同、大生态"的治理格局，以提升长江上游生态大保护的效率与效能，实现指挥系统与运行系统的机制协同。二是建立基于干支流的生态保护"大整治"系统，干支流如同人体动脉血管与毛细血管一样滋养着流域范围内各要素，实现山水林田湖草主要生态要素治理协同，有助于增加高质量的生态正资产，降低污染高耗的生态负债，激活长江上游生态大保护的内在驱动力。三是形成基于流域左右岸的共治共建共享空间协同，实现全流域在生态空间、生产空间、生活空间得到科学布局，实现市场化手段与行政手段的协同，破解生态大保护与经济高质量发展的二元对立难题，推动长江上游地区人民向"生态富民"进程迈进。

在实施大保护的过程中，打造开放、合作、共赢的多元复合生态系统，逐步构建一条适合在生态涵养区、生态屏障区实现经济高质量发展的路径。面对各类生态角色的不断扩展和多元化的诉求，以科技创新赋能长江上游守住发展和生态两条底线，解决生态大保护推进过程中经济发展不起来的困境和痛点，增强"绿色经济"的肥沃力和渗透力，助力长江上游生态大保护实现战略协同、资源协同和能力协同。总体来说，长江上游生态大保护的协同方式，主要是通过机制构建来促成山、水、林、田、湖、草六要素深度融合，推动在治理协同方面实现上下游联动，在要素协同方面实现干支流齐动；在空间协同方面实现左右岸互动，左右岸可以从生态空间、生产空间、生活空间"三生空间"上实现和谐互动。从而推动长江流域的上下游、干支流、左右岸实现生态协同保护❶。

生态大保护与经济高质量发展的耦合协同发展，就是指在经济高质量发展目标的情形下，多元主体共同参与生态环境保护与管理的活动，对多种生态大保护与经济高质量发展要素间的相互协调与联动保护，其内涵主要包括以下三个方面：第一，政府及其有关部门、企业事业单位、社会组织和公民个人等多元参与主体间的生态大保护协同。不可否认，由多元主体的积极参与、良性互动、积极回应构成的协同保护，有利于平等协商和民主决策，实

---

❶ 吴传清，黄磊.长江经济带绿色发展的难点与推进路径研究［J］.南开学报（哲学社会科学版），2017（3）：50-61.

现公共利益最大化的追求。❶第二，相邻不同行政区域间的协同。强调的是在不损害个体利益基础上各区域之间通过有序的分工合作，使得区域内所有协同主体围绕共同的目标，在优势互补中取得整体利益的最大化❷，推动区域内各利益主体之间共同应对生态环境问题，最终形成相对最优的集体效应❸。第三，生态大保护各要素间的一体化协同保护。也就是不仅要实现生态复合系统中多元生态要素的整体协同保护，而且要实现自然资源和环境保护、污染防治与生态修复间的一体化协同保护，目的是推动区域内的生态大保护与经济的绿色可持续发展，形成良好的生态资源优化配置机制❹。

（四）可持续发展理论

可持续发展是建立在社会、经济、人口、资源、环境相互协调和共同发展的基础上，高度概括了经济发展与人口、资源、环境关系，宗旨是既要相对满足当前的发展和需求，又不能对后代人的发展构成威胁。1987年，以布伦特兰为主席的世界与环境发展委员会向联合国提交了一份调查报告——《我们共同的未来》，正式提出可持续发展概念❺。该报告以可持续发展为基本纲领，以保护环境资源、满足当代和后代人的需要为出发点，系统研究了人类面临的重大经济、社会和环境问题，并提出了一系列政策目标和行动建议。在具体内容方面，可持续发展涉及经济、生态和社会三方面，是在经济增长方式没有得到根本性转变、资源环境压力巨大的背景下提出的，是从对大自然的掠夺型、征服型和污染型的工业文明转向环境友好型、协调型、恢复型的生态文明的明智之举，是我党生态文明执政思想从宏观经济发展方面做出的全局性、前瞻性重大决定，要求人类在发展中讲究经济效率、关注生态和谐和追求社会公平，最终达到人的全面发展。各国普遍接受了这一战略思想，

❶ 陶国根.协同治理：推进生态文明建设的路径选择 [J].中国发展观察，2014（2）：30-32.

❷ 许娟.长江经济带协同发展下的湖南经济高质量发展路径探讨 [J].湖南行政学院学报，2020（2）：114-122.

❸ 梁平.区域协同治理的现实张力与司法应对——以京津冀为例 [J].江西社会科学，2020，40（3）：168-175.

❹ 王坤岩，赵万明.加快生态一体化建设　推动京津冀协同发展 [J].求知，2019（7）：14-17.

❺ 世界环境与发展委员会.我们共同的未来 [M].王之佳，柯金良，译.吉林：吉林人民出版社，1997.

并在发展中开始付诸实践，这是人类在环境保护与可持续发展进程中迈出的重要一步，具有里程碑意义。

自可持续发展理念提出后不久，国外学者开始关注可持续发展的评价。学者们主要通过经济学理论来构建可持续发展评价指标体系进行评价，如理查德·埃斯蒂斯和约翰·摩根建立的社会进步指数❶，威廉·诺德豪斯（Nordhaus）和詹姆斯·托宾（Tobin）建立的经济福利测度指数❷，莫里斯·戴维建立的物质生活质量指数❸，赫尔曼·戴利和小约翰·科布建立的可持续经济福利指数等❹。这些学者们在进行可持续发展评价的时候，深刻意识到经济增长和社会可持续发展之间的差异，大部分学者都强调富裕并不等于真正能够带来社会的安康与幸福，不少学者在关注国家的经济发展现状时，也开始对社会、资源以及环境进行综合评估。到 20 世纪 90 年代以后，可持续发展的评价逐渐进入高峰时期，这些评价指标体系的侧重点各有不同，分别从不同的角度对社会的可持续发展进行了评估。联合国可持续发展委员会所提出的可持续发展指标体系❺、环境问题科学委员会所提出的关于推进全球可持续发展的指标体系❻、哥伦比亚大学国际地球科学信息网络中心从人类健康以及生态系统活力这一角度出发所提出的环境可持续发展指数等，都是在 20 世纪 90 年代以后，学者们基于不同的角度出发，所提出的可持续发展评价指标体系。除此以外，世界银行在对传统资本的理念加以分析以后，提出了新国家财富指标，该财富指标就是从环境、经济、制度以及社会等不同层面

---

❶ ESTES R J, MORGAN J S. World Social Welfare Analysis：A Theoretical Model［J］. International Social Work, 1976, 19（2）：29-41.

❷ NORDHAUS W D, TOBIN J. Is Growth Obsolete? The Measurement of Economic and Social Performance［M］. London：Cambridge University Press, 1973.

❸ MORRIS D. Measuring the Condition of the World's Poor：The Physical Quality of Life Index［M］. New York：Pergamon Press, 1979.

❹ DALY H E, COBB J B. For the Common Good：Redirecting the Economy towards the Community, the Environment and a Sustainable Future［M］.Boston：Beacon Press, 1989.

❺ 《〈2030 年可持续发展议程〉各项可持续发展目标和具体目标全球指标框架》［R/OL］.（2017-07-06）［2021-10-28］. https：//unstats.un.org/sdgs/indicators/Global%20Indicator%20Framework%20after%20 2023%20refinement_Chi.pdf.

❻ SCHMIDT-TRAUB G, KROLL C, TEKSOZ K, et al. National baselines for the Sustainable Development Goals assessed in the SDG Index and Dashboards［J］. Nature Geoscience, 2017, 10（8）：547-55.

出发挖掘出来的❶，马西斯·瓦克纳格尔和威廉·里斯在量化评估可持续发展程度时，分别从时间和空间这两个角度出发构建了生态足迹，在当时的社会中引起了广泛的轰动❷。英国环境部从国家战略层面提出了英国可持续发展指标体系，美国可持续发展总体委员会从全国层面构建了涵盖经济、社会、环境三个维度可持续发展指标体系。在进入 21 世纪以后，越来越多的学者开始研究可持续发展评价指标体系，并提出了日益成熟的研究结论。在这个时期内，学者们普遍是从社会、环境、经济等某个角度出发来构建的可持续发展评价指标体系，研究的是某个具体的对象。随后学术界开始从生态系统的服务价值和健康状态这两个层面出发构建可持续发展指标体系，希望能够找到社会经济发展和生态环境之间的关系，从而为政府推进社会的可持续发展提供指导。

国内的学者在研究可持续发展评价指标体系方面也得出了十分丰富的研究结论。1992 年，我国生态文明建设开始进入可持续发展阶段。从环境保护到可持续发展，党和国家对生态文明的认识和建设实践不断推进，促成可持续发展理念的形成与实践。党的十四大报告中提出"努力改善生态环境"，并继续强调把"加强环境保护"作为十大关系全局的战略任务。1994 年 3 月，我国发布的《中国 21 世纪议程》，制定了国民经济和社会发展中长期计划的指导性文件，明确走可持续发展之路是中国未来发展的自身需要和必然选择，确立可持续发展战略。在党的十四届五中全会上江泽民同志明确提出，现代化建设必须把实现可持续发展作为一个重大战略。1996 年 7 月举行的第四次全国环境保护会议明确指出，发展经济不仅要考虑当前的需要，还要为子孙后代着想，必须与人口、环境、资源统筹结合。决不能走浪费资源和先污染后治理的路子，更不能吃祖宗饭，断子孙路。经济发展必须为未来的发展创造更好的条件，保护环境的实质就是保护生产力。1997 年 9 月，党的十五大报告强调，我国的现实情况是人口众多、资源相对不足的国家，要正确处理经济发展同人口、资源、环境的关系，坚持计划生育和保护环境的基本国策。

❶ 王海燕.论世界银行衡量可持续发展的最新指标体系［J］.中国人口·资源与环境，1996（1）：43-48.

❷ WACKERNAGEL M,REES W. Our Ecological Footprint：Reducing Human Impact on the Earth［M］. Gabriola Island：New Society Publishers，1996.

在现代化建设中必须实施可持续发展战略。

中国科学院可持续发展研究组早在20世纪末，针对我国的可持续发展就提出了五个支持系统，分别是生存支持系统、环境支持系统、智力支持系统、社会支持系统、发展支持系统，这五个支持系统共同构成了我国可持续发展指标体系，在该指标体系中共计有208个具体指标❶。李晓西在分析人类发展指数时，认为生态资源环境可持续发展和社会经济可持续发展是同等重要的两个指标，在此基础之上，他又提出了人类绿色发展指数，在该指数中，主要涉及了12个元素指标❷。毛汉英在研究山东省的社会经济可持续发展时，主要从经济增长、资源环境支撑、社会进步和可持续发展能力这四个角度出发构建了山东省可持续发展指标体系，在该指标体系中主要包含了90个具体指标❸。张学文等为了分析黑龙江省区域可持续发展，主要构建了关于黑龙江省可持续发展的九大子系统，这九大子系统分别涉及环境、资源、社会、生态、区域关系、人口、世代关系，等等❹。赵多等构建浙江省的可持续发展评价指标体系中，主要包含了40个具体指标，分别涉及环境质量水平、生态环境建设、自然资源潜力、生态环境管理、生态环境保护等几个方面❺。乔家君等在研究可持续发展能力时，主要构建了可持续发展评估指标体系，对河南省的可持续发展能力进行了综合的评估，在该评估指标体系中，主要涉及人口、环境、科技、社会、资源和经济六大方面❻。曹凤中等在系统性分析了威海市的可持续发展能力时，对威海市可持续发展案例进行了系统而全面的剖析，并在剖析过程中构建了"压力－状态－响应"（PSR）模型❼。可以看出，国内关于可持续发展指标体系的构建主要参考了国际组织或学术机构所提出的关于可持续发展的相关理论，并且针对国内可持续发展的实际情况出发，提出了在我国社会中具备较强可操作性的可持续发展指标

❶ 中国科学院可持续发展研究组.1999中国可持续发展战略报告［M］.北京：科学出版社，1999.

❷ 李晓西，刘一萌，宋涛.人类绿色发展指数的测算［J］.中国社会科学，2014（6）：69-95.

❸ 毛汉英.山东省可持续发展指标体系初步研究［J］.地理研究，1996，15（4）：16-23.

❹ 张学文，叶元煦.黑龙江省区域可持续发展评价研究［J］.中国软科学，2002（5）：84-88.

❺ 赵多，卢剑波，阎怀.浙江省生态环境可持续发展评价指标体系的建立［J］.环境污染与防治，2003，25（6）：380-382.

❻ 乔家君.改进的熵值法在河南省可持续发展能力评估中的应用［J］.资源科学，2004（1）：113-119.

❼ 曹凤中，国冬梅.可持续发展城市判定指标体系［J］.中国环境科学，1998，18（5）：463-467.

体系。

（五）复合生态系统理论

20 世纪 70 年代，我国生态学家马世骏先生根据自己多年对生态学的研究，以及自己对人类社会所面临的人口、粮食、资源、环境等生态和经济问题的深入思考，提出了将自然系统、经济系统和社会系统复合到一起的构思。20 世纪 80 年代初，他正式提出了"自然—社会—经济"复合生态系统概念。而后，马世骏、王如松进一步阐释了复合生态系统概念，认为复合生态系统是由社会、经济和自然三个子系统组合构成，虽然社会、经济和自然是三个不同性质的子系统，各自结构、功能及其发展规律各异，但它们各自的存在和发展受其他子系统结构、功能的制约和影响。随后，在这概念基础上，众多专家学者展开了复合生态系统的相关研究，大家对复合生态系统的认识大同小异，都是围绕"生态（自然）与经济、社会"这一核心。袁旭梅、韩文秀认为复合生态系统由多个独立的子系统组成，各系统按一定方式存在，相互作用，复合系统不是各子系统的简单迭加，而是子系统的复合，复合系统包括自然、社会、经济三个系统[1]。郝欣、秦书生认为复合生态系统以人为主体，是社会经济系统和自然生态系统在特定空间内通过协同作用而形成的复合系统，即所谓的社会—经济—自然复合系统，可持续发展是由复合生态系统复杂性本质决定的[2]。

复合生态系统管理理论伴随着复合生态系统理论的发展而形成，源于自然生态系统管理理论，从自然资源管理到生态系统管理再到复合生态系统管理是人类经济社会发展和环境不断演进的历史必然[3]。复合生态系统管理就是在社会—经济—自然复合生态系统视角下进行的管理活动，与传统的自然资源管理有着本质区别[4]。自然资源管理重视资源经济价值和短期调控，而

---

[1] 袁旭梅，韩文秀.复合系统的协调与可持续发展 [J].中国人口·资源与环境，1998（2）：51-55.

[2] 郝欣，秦书生.复合生态系统的复杂性与可持续发展 [J].系统辩证学学报，2003（10）：23-26.

[3] 袁莉，申靖.从生态系统管理到复合生态系统管理的演进 [J].湖南工业大学学报（社会科学版），2012，17（6）：26-30.

[4] 李笑春，曹叶军，叶立国.生态系统管理研究综述 [J].内蒙古大学学报（哲学社会科学版），2009，41（4）：87-93.

复合生态系统管理考虑的是生态系统的长期可持续发展和良性循环。复合生态系统管理是全新概念，复合生态系统管理旨在倡导一种将决策方式从线性思维转向系统思维，生产方式从链式产业转向生态产业，生活方式从物质文明转向生态文明，思维方式从个体人转向生态人的方法论转型。复合生态管理将单一的生物环节、物理环节、经济环节和社会环节组装成一个有强大生命力的生态系统，从技术革新、体制改革和行为诱导入手，调节系统的主导性与多样性、开放性与自主性、灵活性与稳定性，使生态学的竞争、共生、再生和自生原理得到充分体现，资源得以高效利用，人与自然高度和谐[1]。

可以看出，关于复合生态系统管理理论中的三个子系统互相制约、互相协调的发展思想影响深远。同时，通过对照"三生空间"中对生产、生活和生态的表述不难发现，生产空间对应的是复合生态系统中的经济，生活空间对应的是复合生态系统中的社会，生态空间对应的是复合生态系统中的自然。所以，从某种意义上说，生产空间、生活空间和生态空间也可以称为经济空间、社会空间和自然空间[2]，生产空间、生活空间和生态空间分别是经济、社会、自然三个子系统在空间上的投影。

二、生态大保护和经济高质量发展的科学内涵

（一）生态大保护的科学内涵

1. 生态大保护的科学内涵

"生态大保护"不等于传统意义的"生态保护"，而是更加突出"大"的维度。生态大保护的首要在生态保护，基础在科学发展，重点在有序发展，核心在高质量发展。生态大保护是对"共抓大保护、不搞大开发"的理论升华和实践指引，更为强调"立个规矩"，给生态设立禁区，制定可持续的政策及体制机制。长江上游生态大保护是对复合系统的保护，要充分认识形成绿

---

[1] 王如松.资源、环境与产业转型的复合生态管理［J］.系统工程理论与实践，2003（2）：125-138.

[2] 刘星光，葛慧蓉，赵四东.生态文明背景下水岸线"三生空间"规划探索——以珠海市水岸线保护利用规划为例［J］.规划师，2016，32（S2）：142-145.

色发展方式和生活方式的重要性、紧迫性、艰巨性，加快构建生态功能保障基线、环境质量安全底线、自然资源利用上线三大红线。因此，可以从全方位、全地域、全产业、全链条、全要素、全过程"六全"维度来诠释生态大保护。一是全方位。按照"山水林田湖草"系统治理思路，打通"地上和地下""岸上和岸下""陆地和海洋""城市和农村"中生态治理的"肠梗阻"。二是全地域。生态大保护是跨政域的行动，各地区的自然地理条件、经济社会发展水平、面临的生态环境问题也不尽相同，因此必须构建有效推进长江上游跨政域的综合协同治理体系。三是全产业。探索构建长江上游生态经济产业体系，打通长江上游地区生态产业横跨初级生产部门、次级生产部门、终端服务部门之间的"断链层"。四是全链条。推动形成长江上游地区可持续发展的产业链和生态链，打通生产、分配、流通、消费各个环节中存在的短、小、散问题，助推产业链向上游延伸到基础产业环节和技术研发环节，向下游拓展到市场环节，实现供需协调、企业互联，让身处长江上游的各个成员共存共荣。五是全要素。探索构建协同共生的生物多样性治理体系，覆盖到长江上游地区的动物、植物、微生物、土地、矿物、海洋、河流、阳光、大气、水分等天然物质要素，以及地面、地下等人工物质要素。六是全过程。探索建立贯穿于经济建设、政治建设、文化建设、社会建设的生态大保护系统工程，以解决单独从某一个或几个方面推进的弊端，有效地把生态大保护贯穿于长江上游共建共治共享的全过程。

生态大保护是通过确立健全的价值观，以实现人与环境协同发展。为了达到生态大保护要求和目的，可以建立利益相关者协同机制促进环境与经济协同发展；构建流域内各级政府及其有关职能部门在流域生态大保护领域跨区域协同决策、协同执法、协同司法、执法与司法相衔接等协同治理体系；以系统性思维建立跨部门、跨区域的生态环境综合治理合作机制来实现生态环境综合治理。生态大保护评价主要包括两个方面：一是评价指标体系的构建。最具代表性的是经济合作与发展组织和联合国环境规划署开发的压力—状态—响应模型（PSR），PSR 模型被众多政府和组织认为是最有效的一个框架。❶为了更好地适应国内生态大保护的实际情况，董思宜等从生物丰度、植被覆盖、水网密度、土壤水分四个方面构建了适合小流域生态大保护评价的指标体系及综合指数评价方法❷；魏伟等在综合考虑自然资源—社会经济—环境状况的基础上，运用层次分析法和熵权法构建了生态大保护的综合评价指标❸。二是评价方法的选择。在 Lindblom 的倡导下，以量化分析为主导的评价方法取得迅速发展。然而，曲超认为涵盖了标准、计划、监控、评估、反馈、再决策等环节的生态大保护综合性评价方法才具有准确性和有效性。❹在国内，评估生态大保护的方法主要包括定性法和定量法，常用定量法的有指数法、层次分析法、生态足迹法、景观生态学法、图形叠置法等。

2. 重庆生态大保护的内涵价值

生态大保护的内涵价值前提是因为生态环境在过去一段时间内遭遇了严重的损伤。随着重庆市经济社会的快速发展，产业结构的优化调整，以及城镇化、都市圈进程带来的人口快速集聚，导致人口、资源、环境三者之间的矛盾越来越复杂多样。从近年来重庆市辖区的发展情况来看，城镇所在地区不仅成为人口聚集、政治决策、经济发展、文化辐射的中心，而且也日益成为对生态环境具有高强度破坏性的聚居区域，甚至在一定层面上还成为长江上游地区资源消耗、环境污染、生态退化较为凸显的一块"空间凹地"❺。水体黑臭、交通拥挤、大气污染、生活垃圾、生活污水等问题时有发生，严重影响着城市的发展及市民的生活品质❻。根据重庆市环境统计公报，2020年，重庆市废水排放总量为 15.26 亿吨，其中工业源排放 2.15 亿吨，占重庆市废水排放总量的 14.1%；生活源排放 13.09 亿吨，占重庆市废水排放总量

❶ 张红凤，周峰，杨慧，郭庆.环境保护与经济发展双赢的规制绩效实证分析［J］.经济研究，2009，（3）：14-26，67.
❷ 董思宜，杨熙，王秀兰，等.永定河流域生态环境质量评价［J］.中国人口·资源与环境，2013，（S2）：348-351.
❸ 魏伟，石培基，魏晓旭，等.中国陆地经济与生态环境协调发展的空间演变［J］.生态学报，2018，38（8）：2636-2648.
❹ 曲超.生态补偿绩效评价研究——以长江经济带为例［D］.北京：中国社会科学院研究生院，2020.
❺ 刘志峰，王斌，马颖忆，等.长江经济带人口与经济耦合的区域差异研究［J］.宏观经济管理，2018（6）：50-57.
❻ 田泽升，程莉，文传浩.城市生活空间生态化评价指标体系构建及水平测度研究——以长江上游地区为例［J］.重庆第二师范学院学报，2021，34（5）：24-29.

的 85.8%，集中式污染治理设施排放 187.43 万吨，占重庆市废水排放总量的 0.1%；废水主要污染物化学需氧量排放 32.06 万吨，氨氮排放 2.01 万吨，总氮排放 5.92 万吨，总磷排放 4639.19 吨（注：2020 年废水污染物排放统计包含农村生活源）。废气主要污染物二氧化硫排放 6.75 万吨，氮氧化物排放 16.70 万吨，颗粒物排放 8.47 万吨，挥发性有机物排放 11.10 万吨。重庆市一般工业固体废物产生量 2272.14 万吨，综合利用量 1909.50 万吨，综合利用率 83.9%；危险废物产生量 83.53 万吨，利用处置量 102.64 万吨（含利用处置往年贮存量），无倾倒丢弃量。通过重庆市近年来的环境统计年报可以发现，重庆市的废水、废气、一般工业固体废物均呈现逐年下降趋势，但是城镇生活废水、废气排放量总体占有绝大比重。在没有考虑工业、农业生产污染的情况下，仅仅由于人口的集聚带来的生活污染也是相当惊人的❶。在过去相当长的一段时间内，重庆市水污染、固体废弃物污染、大气污染等造成环境遭遇破坏的现实是十分严峻的。城市的发展带来了城乡的分工，乡村被赋予了农业生产的责任，所有非农的产业都被转移进入城市，随着大量年轻劳动力流向城市，乡村由曾经丰富的生活空间变成单一的农业生产空间❷，留守人群的幸福感得不到满足，从乡村流失出去的人口很难再次回流并长期生存下来，这对乡村生态的多元化保护和经济的可持续发展带来新的挑战。

　　作为集大城市、大农村、大山区、大库区于一体的重庆市，乡村地区大批青壮年劳力外出务工，留滞乡村的主要以老弱、妇幼、中小学生为主，导致乡村的生态大保护缺乏创新能力与文化活力，现代化的"绿水青山就是金山银山"理念与传统文化供需之间的矛盾十分突出。同时，随着生态大保护政策的不断加码和城市居民生态大保护意识的逐步提高，比如建筑垃圾在农村地区随意倾倒、污水废气流向农村地区、生活垃圾随意丢弃堆放等一些污染因素由城市向农村转移。加之，政府相关管理部门对农村环境保护重视程度有限、行政力量不足，环保意识淡薄，牲畜粪便胡乱倾倒、树枝秸秆燃烧就地焚烧等现象在农村地区随处可见，"行路难、如厕难、环境脏、村容村貌

---

❶　姚士谋，管驰明，王书国，等.我国城市化发展的新特点及其区域空间建设策略［J］.地球科学进展，2007（3）：271-280.

❷　王晓毅.再造生存空间：乡村振兴与环境治理［J］.北京师范大学学报（社会科学版），2018（6）：124-130.

差"的现实困境不仅严重影响了乡村居民的生活质量，而且这些都将成为影响重庆实施生态大保护的重要因素，成为影响筑牢长江上游地区生态安全屏障的重要隐患。

所以说，无论是城镇，还是乡村，都是具有一定资源环境承载能力、环境容量、规模大小和适度边界的空间界面❶，是生态化转型依赖的空间载体，亟须"把生态文明理念全面融入重庆市的生活空间，着力推进我市城乡生活空间生态化转型，有效协调社会进步与生态环境改善之间的关系，以宜居宜业和绿色低碳的生态理念构筑城乡生活空间。通过绿色发展、循环发展、低碳发展，节约集约利用土地、水、能源等资源，强化环境保护和生态修复，减少对自然的干扰和损害，推动形成绿色低碳的城乡生活方式和建设模式。重庆市生活空间绿色发展对于在长江上游流域生态屏障建设中起着至关重要的作用。生态屏障建设的本质就是把经济发展建立在生态可承受的基础之上，用发展经济的成果改善生态环境，同时依托良好的生态环境来促进经济的持续、高效、健康发展。因此，重庆实施生态大保护是当下无法回避的现实问题。

生态大保护是习近平总书记提出"共抓大保护、不搞大开发"的具体实践，是在政治、经济、社会、文化、生态等各个维度领域能够穷尽的手段和措施，其核心目标就是保护，而且是"大保护"。当前重庆生态环境形势严峻，发展与保护之间的矛盾突出，成为制约重庆流域高质量发展的瓶颈。如何走好重庆生态大保护的绿色发展之路，须把握好重庆生态大保护继承性、发展性、统筹性、系统性和可持续性等"五大特征"。一是继承性。重庆生态大保护理念的产生不是一蹴而就的，更不是凭空提出的。作为生态保护的"升级版"，重庆生态大保护遵循辩证唯物主义螺旋上升的事物发展规律，是以习近平同志为核心的党中央着眼党和国家发展全局，顺应人民群众对美好生活的期待作出的重大战略部署，提供了科学把握和正确处理人与自然关系的根本遵循，丰富和发展了马克思主义生产力思想，彰显了以习近平同志为核心的党中央对人类生存规律、自然变化规律、经济发展规律的最新认识。二是发展性。对于重庆生态大保护而言，其内涵、外延以及建设内容和体系，都没有现成成果可以参考和借鉴，是一个在政治、经济、文化、社会、环境

❶ 翟坤周.生态文明融入新型城镇化的空间整合与技术路径［J］.求实，2016（6）：47-57.

等领域都具有发展性特征的新体系。三是统筹性。重庆生态大保护统筹性体现在统筹协调人与人、人与自然、人与社会的相互关系上，统筹协调重庆生态大保护与物质文明、精神文明、政治文明的辩证关系上。重庆生态大保护是基础和根本，没有良好的生态环境，就不可能有高水平、高质量的物质享受、精神享受和政治享受，也就不可能有物质文明、精神文明、政治文明的建设与发展。故而，重庆生态大保护具有统筹性特征。四是系统性。生态文明分为生态意识、生态伦理、生态道德、生态行为、生态产业、生态制度、生态社会、生态管理、生态文化、生态经济、生态政治建设等若干个子系统，重庆生态大保护是生态文明的现实体现和决策路径，因此也涵盖了意识、伦理、道德、文化、行为、产业、制度、经济、政治等各个领域，是一种超越政域、区域、民族、阶级、国家的全方位、多领域的系统性大保护。五是可持续性。可持续性是重庆生态大保护的突出特征，也是重庆生态大保护有别于历史上其他生态保护形态的区别所在，还是人类经济、政治、文化等活动不超出自然资源与生态环境承载力的一种发展状态，强调的是全球或区域生态系统内部的生态平衡，以及国家或地区内部人类生态系统与自然生态系统之间一种动态发展平衡。"五大特征"赋予了重庆生态大保护独特的内涵特征，是生态文明在新时代的新体现，能够更加有力地推动人类与自然实现协调、健康和可持续发展[1]。

对于重庆生态大保护的内涵延展。从"治理长江""开发长江"到"保护长江"，长江的大保护体系发生了历史性、转折性、全局性变化，也是时代赋予中华民族的历史责任。长江的生态大保护关键在重庆，涉及开发与保护、发展与环境、建设与生态等多重关系，是一项复杂的系统工程，事关中华民族伟大复兴和永续发展的根和魂。开展好重庆生态大保护，须以流域为基础，突破行政区"一亩三分地"的思维定式，打开一体化的战略视野，以全流域谋一域、以一域服务全流域，共抓大保护，培育大平台，实施大开放。对于重庆的生态大保护及其可持续性发展，须以流域生态文化为灵魂，以流域生态经济为物质基础，以流域生态安全为重点，以生态目标责任管理为手段，

---

[1] 文传浩，张智勇，曹心蕊.长江上游生态大保护的内涵、策略与路径［J］.区域经济评论，2021（1）：123-130.

以流域生态文明制度为保障，以流域国土空间开发保护为支撑，正确把握整体推进和重点突破、环境保护和经济发展、总体谋划和久久为功、破除旧动能和培育新动能、自身发展和协同发展之间的关系，建立分层多元协调机制、政府引导与市场主导相结合、区域协作与产业分工相并重、生态补偿与环保联动相促进的流域协同机制，切实构建基于流域的重庆生态大保护政策机制。着眼中华民族伟大复兴战略全局和世界百年未有之大变局，实现更高质量、更有效率、更加公平、更为安全、更可持续的流域重庆生态大保护，为服务国家发展战略需求、实现经济高质量发展、促进国内国际双循环新发展格局、构建人与自然生命共同体奠定可持续基础❶。

（二）经济高质量发展的科学内涵

1. 经济高质量发展的科学内涵

高质量发展是 2017 年中国共产党第十九次全国代表大会首次提出的新表述，这表明中国经济由高速增长阶段转向高质量发展阶段❷。这是以习近平同志为核心的党中央根据国际国内环境变化作出的重大判断❸。由于社会生产力的快速增长对经济发展规律的认识也发生着变化。开始较多采用"效益"或"效率"来表达对经济发展质量的追求❹，紧接着到西方经济学中提出的技术进步是实现经济持续发展的决定性因素❺。因理论研究的不断更新，经济发展质量的研究也逐渐扩宽到制度体系❻、社会公平❼、环境保护❽等方面。从上述学

---

❶ 文传浩，张智勇，曹心蕊.长江上游生态大保护的内涵、策略与路径［J］.区域经济评论，2021（1）：123-130.

❷ 习近平.决胜全面建成小康社会　夺取新时代中国特色社会主义伟大胜利——在中国共产党第十九次全国代表大会上的报告［J］.党建，2017（11）：15-34.

❸ 洪银兴，刘伟，高培勇，等."习近平新时代中国特色社会主义经济思想"笔谈［J］.中国社会科学，2018（9）：4-73，204-205.

❹ 周久贺.新时代经济高质量发展的基本内涵、主要特征与实现路径——基于广西的分析［J］.南宁师范大学学报（哲学社会科学版），2020，41（4）：82-95.

❺ 荣兆梓.中国特色社会主义政治经济学纲要——以平等劳动及其生产力为主线［J］.中国浦东干部学院学报，2017，11（4）：16-45，73.

❻ 沈敏.现代化经济体系的双擎驱动：技术创新和制度创新［J］.财经科学，2018（8）：56-67.

❼ 李迎生.中国社会政策改革创新的价值基础——社会公平与社会政策［J］.社会科学，2019（3）：76-88.

❽ 王育宝，陆扬，王玮华.经济高质量发展与生态环境保护协调耦合研究新进展［J］.北京工业大学学报（社会科学版），2019，19（5）：84-94.

者的研究中不难发现，所谓经济高质量发展大致可以概括为通过高效率及高效益的生产生活方式为整个社会连续不断且公平有效地提供高质量产品和高效率服务的经济发展，在经济形态上具体表现为一个高质量性、高效率性和高稳定性的供给体系❶。

经济高质量发展是推动健全供给体系的重要驱动力。要素投入、中间产品投入，以及最终产出共同组成了一个完整的供给体系❷。要素投入、中间产品投入和最终产出三个环节都影响着是否能实现高质量供给体系的构建。其中，高质量的要素投入主要包括劳动力素质整体较高，资本投入力度较大，生产资料的自动化、数据化及信息化程度较高，能源资源绿色化利用程度较高，科学技术水平较高，信息数据资源丰富，质量和价值较高等。高质量的中间产品投入主要是指生产过程中产出质量较高的产品，例如零部件是否达到高质量、高精准度等决定着是否能够很好地满足生产需求，从已有的理论和实践可知，实现这一目标的重要环节就是进一步的产业分工和更高的专业化水平，不断优化升级产业结构，构建一个相互支撑的供应体系。高质量的最终产出是实现高质量发展的重要标准，这不仅要求最终产出的产品质量要高，而且提供的服务质量也要高，能够最大力度地满足消费者多样化、个性化、高品位的需求，能够更好地满足人民日益增长的美好生活需要。高质量的供给体系主要表现为产品的高质量、服务的高性能和科学合理的产业结构❸。所以说，完整的供给体系不仅是高质量发展的重要驱动力，也是推动实现经济高质量发展的重要内涵。

经济高质量发展是推动人口、资源、环境科学有效配置的重要目标。技术效率高和经济效益好是供给体系效率高的原因❹。技术效率制约了在既定资源条件下的生产可能性边界，现实生活中资源紧缺，高质量发展需要高效、集约

❶ 中国宏观经济研究院经济研究所课题组，孙学工，郭春丽，李清彬.科学把握经济高质量发展的内涵、特点和路径［N］.经济日报，2019-09-17.
❷ 万科，刘耀彬，黄新建.基于投入产出模型的高技术制造业产业链区域间协同研究——以鄂湘赣新一代信息技术产业协同为视角［J］.运筹与管理，2019，28（5）：190-199.
❸ 谢攀，龚敏.中国高质量供给体系：技术动因、制约因素与实现途径［J］.中国高校社会科学，2020（4）：90-97，159.
❹ 国家发展改革委经济研究所课题组.推动经济高质量发展研究［J］.宏观经济研究，2019（2）：5-17，91.

地发挥现有资源要素的作用，达到各种生产要素投入产出效率的最大化，资本效率和人力资源效率等也能达到较高水平❶。经济效益则更加强调资源配置与组合的合理性，代表了配置效率和分配合理的程度。高质量发展需要资源合理配置，提高要素之间的生产率，使要素的边际报酬最高。同时，由于人口变化与经济发展长期相互影响、相互依存，所以还需要科学把握人口发展与经济高质量发展的内涵关系❷。从动态看，供给体系的效率高还表现在效率的不断提升从而成为经济发展持续强劲的动力来源，也就是经济增长从主要依靠要素投入转向更加依靠全要素生产率提升，经济增长动力中全要素生产率的贡献不断提高❸。在供给体系中，以国家意志为主开展的结构性改革，必然会推动国家的经济结构、社会结构乃至制度结构发生动态演化，从而推动经济高质量发展表现为能维持在相对高水平的稳定状态。从时间维度来分析，高稳定性短期具体表现在经济平稳运行于合理的区域，中长期体现为产出的可持续性较强❹。从空间维度来分析，稳定性高既要求经济体系自身的健康稳健，也要求经济体系与社会、环境相协调❺。同时，经济发展能够为全体社会成员提供发展机会，成果为全体人民共享❻。资源环境方面，自然资源利用合理、生态环境有效保护。总之，表现出经济运行相对平稳、重大风险得到控制、资源环境能够承载、发展成果可以共享就说明经济发展稳定性较高❼。

经济高质量发展是助力满足人民日益增长的美好生活需要的物质保障。2017年，《人民日报》社论指出，"经济高质量发展，就是能够很好满足人民日益增长的美好生活需要的发展，是体现新发展理念的发展，是创新成为第一动力、协调成为内生特点、绿色成为普遍形态、开放成为必由之路、共享

❶ 王永昌，尹江燕.论经济高质量发展的基本内涵及趋向［J］.浙江学刊，2019（1）：91-95.
❷ 沙勇.科学把握人口发展与经济高质量发展的内涵关系［J］.人口与社会，2019，35（1）：23-29.
❸ 朱子云.中国经济增长的动力转换与政策选择［J］.数量经济技术经济研究，2017，34（3）：3-20.
❹ 张鹏，程瑜，梁强，等.宏观经济形势与财政调控——从短期到中长期的分析认识［J］.经济研究参考，2012（61）：3-50.
❺ 马建华.对表对标　理清思路　做好工作　为推动长江经济带高质量发展提供坚实的水利支撑与保障［J］.长江技术经济，2021，5（2）：1-11.
❻ 苗瑞丹，代俊远.共享发展的理论内涵与实践路径探究［J］.思想教育研究，2017（3）：94-98.
❼ 孙学工，郭春丽，李清彬.科学把握经济高质量发展的内涵、特点和路径［N］.经济日报，2019-09-17.

成为根本目的的发展❶。国外相关研究领域并无该概念。满足人民日益增长的美好生活需要的发展就是经济高质量发展，其中包括了经济稳步增长、改革开放、城乡融合发展和生态环境有效保护。经济高质量发展可以从微观、中观、宏观来分析。微观指的是产品质量与服务质量，中观是产业结构变化与区域发展的协调性，宏观是国民经济整体的质量。经济高质量发展是将满足人民日益增长的美好生活需要作为首要目标的高效率、绿色可持续的发展❷。用新发展理念来看，经济高质量发展应将创新作为第一驱动力，协调为内生因素，绿色逐步实现扩展，继续实施改革开放，共享成为根本目标。

通过研究不同发展阶段主要质量指标的变化，向高质量方向发展具有下面几个特点：一是具有渐进性。高质量发展是一个遵循量变到质变的过程；其中要素、产品、产出效率，经济增长及其发展稳定性和可持续性等都是渐进性变化。二是具有系统性。高质量发展是全方位、系统性的变化过程。在这个发展过程中，供给和需求两端、投入和产出两方面、微观和宏观各领域等都发生了系统性变化。高质量发展同事物的发展一样是一个螺旋式上升过程，遵循着量变到质变的客观必然规律。在发展过程中遵循相应规律，从而能更好地推动经济高质量发展。

2. 重庆经济高质量发展的内涵价值

2019 年 4 月，习近平总书记亲临重庆视察，指出重庆要"在推进长江经济带绿色发展中发挥示范作用"❸。从"建设长江上游重要生态屏障"到"筑牢长江上游重要生态屏障"，从"构建山清水秀美丽之地"到"加快建设山清水秀美丽之地"，再到"在推进长江经济带绿色发展中发挥示范作用"，习近平总书记对重庆绿色发展提出的要求，其实也是对重庆经济高质量发展提出的要求，并且也是重庆实施生态大保护和经济高质量发展寄予的期盼。重庆经济高质量发展的基本内涵可从以下两个层面进行诠释：一是重庆要在高质量发展制度建设及实践应用的若干方面当好"先行者"与"排头兵"，通过先行先试与做好模范榜样发挥绿色发展示范作用；二是重庆要在推动长江经济带

---

❶《人民日报》社论. 牢牢把握高质量发展这个根本要求［N］. 人民日报，2017-12-21（1）.

❷ 金碚. 关于"高质量发展"的经济学研究［J］. 中国工业经济，2018（4）：5-18.

❸ 万政文. 在推进长江经济带绿色发展中发挥示范作用的奉节担当［J］. 重庆行政，2019，20（4）：79-82.

高质量发展中充当重要的"引领者"与"贡献者",通过引领推动与作出重要贡献经济高质量发展。重庆经济高质量发展即重庆在生态环境保护制度与生态环境保护责任制度等若干生态文明制度建设上先行,在工业绿色转型与绿水青山转化成金山银山发展实践上先试,在生态环境保护、绿色经济增长与社会和谐小康三者协调发展上勇争一流,在生产空间集约高效、生活空间宜居适度、生态空间山清水秀"三生空间"高质量发展方面作出榜样表率,在推动长江经济带高质量发展及实现美丽中国奋斗目标上贡献中坚力量。

重庆经济高质量发展的首要基础是先行先试生态文明制度与经济高质量发展实践转型。建立系统完整的生态文明制度体系是为生态环境保护提供制度屏障,将为实现"美丽中国"奋斗目标和中华民族永续发展提供重要支撑❶。在人与自然和谐共生的价值取向引导与重要标准促进下,重庆率先探索经济高质量发展制度建设与绿色转型实践,作为生态文明建设的先行者发挥示范作用。重庆在生态环境保护制度、生态保护和修复制度、生态环境保护责任制度及资源高效利用制度等生态文明制度的若干方面开拓创新并率先推行,在促进经济社会全面绿色转型背景下对绿色生产与绿色生活的若干环节争先优化并勇于实践,以积极的态度和快速的行动推动完善生态文明制度体系建设及推进绿色发展转型实践开展,使重庆在生态文明建设实践中经济高质量发展。重庆经济高质量发展的根本要求是在经济—环境—社会复合生态系统协调发展上勇争一流。经济高质量发展是在充分尊重与保护自然生态的基础上,高效利用资源环境,更多、更好、更节约、可持续地创造经济财富、增进社会福祉的发展模式。高质量发展强调经济系统、社会系统与自然系统的共生性与协调性,以人与自然和谐相处为核心,追求发展目标的多元化。示范同义于示例与榜样,重庆经济高质量发展示范意义是指重庆在高质量发展实践的若干方面具有典型性和可参考性,值得学习和借鉴。重庆在长江经济带中经济发展相对较长三角地区起步晚且发展慢,人均可支配收入与人居环境也相对没有中原城市群优越,但重庆山清水秀,生态优势突出,肩负着筑牢长江上游生态屏障的重任,也重叠着西部大开发、"一带一路"、成渝地

---

❶ 陈俊.习近平新时代生态文明思想的主要内容、逻辑结构与现实意义[J].思想政治教育研究,2019,35(4):14-21.

区双城经济圈等多重国家战略，所以重庆经济高质量发展不是仅追求经济增长上的绝对优势，也不要求做到资源环境利用上的最为高效，而是在追求生态环境保护、绿色经济增长与社会和谐小康三者协调发展上勇争一流，在经济－环境－社会复合生态系统协调发展中当好高质量发展的排头兵，发挥可借鉴的高质量发展示范作用❶。

重庆经济高质量发展的关键动力是引领长江经济带绿色发展。习近平总书记提出的重庆要"在推进长江经济带高质量发展中发挥示范作用"的殷切嘱托给予了重庆经济高质量发展的不竭动力。在长江经济带"共抓大保护、不搞大开发"重要指示下，长江经济带作为生态优先高质量发展的主战场，面临着打造成为具有全国影响力的内河经济带、东中西互动合作的协调发展带、沿海沿江沿边全面推进的对内对外开放带和生态文明建设的先行示范带多重战略任务。作为我国综合实力较强的区域之一，重庆也存在生态环境脆弱、长江水道通航有限、工业结构不高级与产业布局不合理等问题❷。在让东部地区率先发展起来的战略布局下，重庆是长江经济带 11 个省市中发展起步相对较晚的城市，但又是中西部地区唯一的直辖市，承担着协调区域经济发展的重任。在新一轮西部大开发战略下，重庆须充分吸取"先污染后治理"的经验教训，走深走实高质量发展之路，以引领长江经济带高质量发展为动力，从而实现经济高质量发展。

重庆经济高质量发展的服务目标是推动长江经济带绿色发展及美丽中国建设。习近平总书记对重庆在推进长江经济带绿色发展中发挥示范作用指示中明确提出"更加注重从全局谋划一域、以一域服务全局"的希望及要求，与邓小平同志提出的"让一部分人先富起来，先富带动后富，最终实现共同富裕"的发展思路及追求目标有异曲同工之妙。"从全局谋划一域"就是从打造长江流域全域生态文明目标出发，率先谋划重庆一域高质量发展先行先试，即在推进区域经济协调发展与全流域高质量发展一体化目标导向下，基于重庆山清水秀的现实生态优势，集聚全局的智慧与力量探索并支撑重庆率先实

---

❶ 黄磊，吴传清，文传浩.三峡库区环境—经济—社会复合生态系统耦合协调发展研究［J］.西部论坛，2017，27（4）：83-92.

❷ 黄真理，王毅，张丛林，等.长江上游生态保护与经济发展综合改革方略研究［J］.湖泊科学，2017，29（2）：257-265.

现绿色发展转型的有效路径。"以一域服务全域"即先通过打造重庆高质量发展典型一域，以期启发、引领长江经济带沿线城市高质量发展转型，推动长江经济带全域高质量发展一体化，助力实现美丽中国建设全局目标。

三、推进重庆生态大保护与经济高质量协调发展的思路任务

（一）协调发展的基本思路

党的二十大报告中明确指出，"大自然是人类赖以生存发展的基本条件。尊重自然、顺应自然、保护自然，是全面建设社会主义现代化国家的内在要求。必须牢固树立和践行绿水青山就是金山银山的理念，站在人与自然和谐共生的高度谋划发展。我们要推进美丽中国建设，坚持山水林田湖草沙一体化保护和系统治理，统筹产业结构调整、污染治理、生态保护、应对气候变化，协同推进降碳、减污、扩绿、增长，推进生态优先、节约集约、绿色低碳发展。"因此，按照高质量发展的要求，精准实施区域协调发展战略，加快建设彰显优势、协调联动的城乡区域发展体系，优化构建支撑现代化经济体系空间格局，是推动重庆生态与经济实现的高质量协调发展的重要之举。一是发挥优势，突出特色。充分依托重庆市现有基础条件和特色资源，顺应新时代背景、新环境需要、新阶段特征和新变化条件，在确保生态安全的基础上，充分激发、挖掘和发挥重庆在西部地区、西南地区、成渝地区的比较优势，加快形成动态比较新优势和竞争力。二是战略引领，梯次联动。在担好"上游生态责任"的同时，不断强化重庆在长江经济带发展、"一带一路"、西部陆海新通道、成渝地区双城经济圈中的战略定位，提升重庆在高质量发展、深化改革开放、现代化建设中的引领示范作用。同时，在辖区内部培育搭建区域发展梯队，健全先发地区带动后发地区发展的协调联动机制。三是全面开放，竞合有序。在守好"生态和发展"两条底线的同时，站在"从全局谋划一域、以一域服务全局"的视角，逐步消除影响要素间开放合作、自由流动的各类制度性障碍，进一步深化和创新重庆与周边省份的区域合作领域，引导各地区有序竞争、互利合作、互为支撑，推进重庆在内对外全面开放中

的作用和地位不断提升，实现资源要素有序、顺畅流动和优化配置。

推进重庆生态大保护与经济高质量协调发展，同时必须坚持以习近平新时代中国特色社会主义思想为指导思想，深入贯彻落实党的十九大、十九届历次会议精神和党的二十大精神，遵循习近平生态文明思想，立足新发展阶段、贯彻新发展理念、构建新发展格局，全面实施习近平总书记对重庆提出的营造良好政治生态，牢固树立"两点"定位、"两地""两高"目标、充分利用"三个作用"和推动成渝地区双城经济圈建设等重要要求，深入贯彻重庆市委、市政府"一区两群"协调发展战略，保持增强生态环境保护建设的战略定力，把修复长江生态环境放到压倒性位置，以持续改进生态环境质量为核心，以深入打好打赢污染防治攻坚战为战略主线，以满足人民群众对美好生态环境的追求为根本目的，以深化生态文明体制改革为主要动力，共同推动经济高质量增长和生态环境高水平改善，全面建成国家城乡融合发展试验区，踊跃加入成渝地区双城经济圈生态共建环境共保，大力推动生态环境治理体系和治理能力现代化建设，确保长江上游和重庆主城都市区重要生态屏障更加坚固，使建设山清水秀美丽巴南和天蓝水绿、城美人和的花园城市、田园城市取得重大进步。

（二）协调发展的基本原则

一是坚持绿色发展、标本兼治。加快形成绿色生产生活方式是解决生态环境问题的根本策略。必须坚持树立"绿水青山就是金山银山"的理念，妥善处理好保护生态环境与发展经济之间的关系，推动更高质量、更高效率、更加公平、更可持续、更为安全的发展，在促进长江经济带绿色发展中起到重要作用。二是坚持以人为本、和谐共生。把提升生态环境质量、处理好群众关心的主要生态环境问题、保障人群健康作为根本出发点和落脚点，保护好天际线、山脊线、水岸线，打造好东部生态之城、南部人文之城，建设产城融合、城景辉映、人景和谐之地。三是坚持系统观念、综合施治。统筹规划、总体施策、多措并举，从系统和整体的角度寻找生态环境治理道路。遵循自然生态的整体性、系统性及其内在规律，共同推进山水林田湖草沙系统治理，统筹规划流域左右岸、上下游环境治理，统筹细颗粒物（PM2.5）、臭氧（O_3）等大气污染物治理和碳减排，统筹生态保护修复、环境质量改善和生态环境风险防控、统筹城市生态品质提升和乡村生态振兴，提供更加优良的生态环境公共服务。四是坚持遵循制度、依靠法制。持续深化生态文明体制改革，增强制度执行力度，加大惩处力度，让生态环境保护制度变成不可逾越的高压线，采用最为严格的制度最为严密的法治保护生态环境。五是坚持相互协作、联防联治。推动跨区域、跨流域生态环境共建共保，在长江经济带、新时代西部大开发及成渝地区双城经济圈等国家重大战略中推动与周边区域开展生态环境保护合作，切实改善区域环境质量，推动经济与生态协调发展。六是坚持全民参与、社会共治。人民群众既是良好生态环境的"需求方"，也是生态环境治理工作的"主考官"，更是保护生态环境的"生力军"。必须加强宣传引导，着力解决市场主体发育滞后、社会参与度不高等难题，更好发挥企业的积极性和自我约束力作用，更好发挥社会组织和公众的积极性和监督作用。

（三）协调发展的基本任务

预计到2025年，生态系统质量和稳定性逐步提高，绿色产业结构基本形成，能源资源利用率大幅提高，绿色发展和绿色生活水平显著提升。环境质量明显改善，主要污染物排放总量逐渐减少，环境风险得到有效管控，城乡人居环境更加优美，生态环境治理体系和治理能力现代化水平明显提升，重庆在长江流域中生态安全屏障地位更加巩固，山清水秀美丽重庆建设取得重大进展，自然生态之美和历史人文之美全面呈现，长江经济带绿色发展的生态之城示范作用全面形成，人民群众幸福感获得感显著增强。到2035年，碳排放达峰后稳中有降，生态环境根本改善，重庆在长江流域中生态安全屏障地位得到全面筑牢，山清水秀美丽重庆建成，广泛形成绿色生产生活方式，实现人与自然和谐共生，生态大保护与经济高质量发展获得全面协调推进。

第三章 重庆生态大保护和经济高质量发展的现状分析

2018年4月26日，习近平总书记在武汉主持召开深入推动长江经济带发展座谈会上强调，"推动长江经济带发展是党中央作出的重大决策，是关系国家发展全局的重大战略。新形势下推动长江经济带发展，关键是要正确把握整体推进和重点突破、生态环境保护和经济发展、总体谋划和久久为功、破除旧动能和培育新动能、自我发展和协同发展的关系，坚持新发展理念，坚持稳中求进工作总基调，坚持"共抓大保护、不搞大开发"，加强改革创新、战略统筹、规划引导，以长江经济带发展推动经济高质量发展。"作为长江经济带上重要的节点，重庆在推进长江经济带高质量发展中扮演着十分重要的角色，因地制宜，结合区位优势，发挥中心城市辐射带动，提高上游地区"共抓大保护、不搞大开发"和"生态优先、绿色发展"水平尤为重要。本章根据在万州区、忠县等区县实地调研了解的情况，探索重庆生态大保护最为重要的区域——三峡库区的独特地理单元经济时空演变情况。此外，同时对重庆生态大保护政策进行分析研究，对重庆经济高质量发展现状进行分析研究，希望以此发现一些生态大保护与经济高质量协调发展演变的客观规律，探寻制约库区经济高质量发展的关键因素，了解生态大保护和经济高质量发展过程中存在的困难和问题。

一、实地调查研究情况

（一）开展实地调查的基本情况

依托重庆工商大学"国家特殊需要博士人才培养项目——三峡库区百万

移民安稳致富国家战略"博士培养项目，笔者于 2021 年 7 月至 8 月到万州区及周边区县进行了为期一个月的调研活动，在此期间，走访调研了万州区大周镇乡村旅游民宿和中山杉林等产业园、龙沙镇生态猪和稻田鱼虾等生态产业、威科赛乐微电子股份有限公司绿色智能产业、驻村干部南桥村、永胜村等村镇，以及万州区乡村振兴局、党群管理科商务委综合科、外贸易科、消费促进科、物流办等机关单位及科室，走访了忠县、开州区等地，参观了三峡移民博物馆，熟悉了万州区乡村振兴、生态环境以及产业发展现状，为之后的理论和应用研究奠定了坚实的基础。目的希望通过对三峡库区独特地理单元经济时空演变的深入研究，发现一些生态大保护与经济高质量协调发展演变的客观规律，探寻制约库区经济发展的关键因素，增强库区经济发展活力，了解生态大保护和经济高质量发展过程中存在的困难和问题。

三峡库区既是长江流域重要生态屏障区，又是国家战略性淡水资源库，还是国家生物多样性保护优先区。然而，三峡库区的经济空间却远小于地理空间，经济发展极为不平衡不充分，三峡库区生产总值总量仅为长江经济带的 2.7%，人均三峡库区生产总值仅为全国的 72.37%；产业呈现出"一产弱、二产虚、三产缺"的特征，老百姓长期处于守着绿水青山过苦日子、穷日子的状态。"生态优先、绿色发展"这一战略要求我们把三峡库区的发展放在全国战略发展大局、生态文明建设全局和重大区域协调发展布局的高度来谋划，赋予库区更高的战略定位、更重要的战略布局和新发展目标。在将绿水青山这一自然财富保护好的同时还要将其转化为能让群众富起来的经济财富和社会财富。基于此，考察并探索论证三峡库区生态大保护和经济高质量发展情况，是了解重庆生态大保护和经济高质量发展的典型代表。

（二）三峡库区生态与经济协调发展情况

涉及本章的有关内容主要包括三个层面，即三峡库区经济增长过程、经济发展可持续性评价和经济生态协调性评价；分别选取农业、工业和现代服务业，对其发展态势、空间分布、未来的研究方向进行分析，从而对三峡库区产业时空演变的规律进行了系统研究；在此基础上，采用情景分析的方法，利用泰尔指数和空间自相关分析法，对三峡库区经济发展空间演变过程进行预测分析，提出不同区域经济政策背景下，三峡库区经济空间格局的演变。

得出以下结论。

一是三峡库区经济发展水平的区域差异大，表现为库尾高、库首和库腹地区低，并且库首和库腹地区分别低于湖北和重庆市平均水平；夷陵和万州在库首、库腹地区的优势地位明显。从经济增长率看，为库首、库尾和库腹地区递减。必须引起高度警惕的是，库腹地区其经济发展水平远低于库尾地区，也低于库首地区。这种经济发展的"马太效应"如果不加以扭转，其未来的差距还会进一步拉大。

二是三峡库区经济可持续水平的区域差异大，库尾高、库首和库腹低的区域分异特征明显，即使作为库首和库腹地区中心城市的夷陵和万州，经济可持续水平也明显低于库尾。从经济可持续性的变化看，三峡库区经济可持续水平总体呈上升趋势，但在2009—2012年间出现较大波动；经济持续性变化也呈现出巨大的区域差异，表现为库尾地区也普遍强于库首和库腹地区。这种经济可持续性的"马太效应"必须引起高度重视。

三是三峡库区经济生态协调度的区域差距大，表现为库尾地区协调水平远高于库腹地区。特别是库腹地区的丰都县、忠县、开州区、云阳县、奉节县、石柱土家族自治县经济与生态均处于较低水平，属于衰退型区域；从生态与经济协调度看，也是经济与生态失调发展区域。库腹地区如何实现在生态资源强约束条件下的经济发展是当前必须破解的难题。

四是三峡库区经济空间格局表现库尾以重庆都市区为核心高水平、高成长的集聚区和库腹低水平、低成长集聚区并存；在稳定的区域政策条件下，高水平、高成长的集聚区扩张趋势相对较快；但低水平、低成长集聚区缩小的趋势相对较慢，这主要原因在于万州、夷陵等库腹和库首地区中心城市自身发展不够、辐射带动作用不强。因此，加快"万（州）开（州）云（阳）"一体化和宜昌区域性中心城市建设显得十分必要和迫切。经过近二十年的发展，三峡库区的经济空间格局已经发生了变化。原先根据三峡工程淹没区的地理位置划分的库首、库腹、库尾地区的格局已受到了冲击。从国家、重庆市和湖北省的区域经济政策研判，未来"万开云"一体化和宜昌区域中心城市建设将加快，库区未来将形成以宜昌为中心的协同发展区域、以"万开云"核心的协同发展区域和以重庆大都市区协同发展区域。

五是三峡库区未来农业应重点发展粮油、柑橘、蔬菜、畜牧等优势产业，渔业、林业、茶叶、特果、蚕桑、中药材、烟叶七大特色产业，会展农业、观光休闲农业、文化创意农业等现代都市农业。农业产业格局应按照现代农业功能不同优化布局，形成以服务功能为主的都市现代农业片区，以城市保供和服务功能兼顾的城郊效益农业片区，以保证区域粮油安全为主的特色效益农业片区和以生态涵养为主的生态效益农业片区。

六是电子信息、汽车、高端装备、高端材料、化工、能源及资源加工、消费品等是三峡库区重点发展的支柱产业。工业空间格局将形成以高端制造总装和研发为主的都市功能区；城市发展新区是未来重庆工业发展主战场，重点发展现代制造业；"万开云"综合产业基地发展交通运输装备制造、绿色食品加工、现代生物医药、现代轻纺服装、精细盐气化工五大产业集群，建设成为引领渝东北生态涵养发展区的产业密集带。以宜昌为中心的协同区域发展食品饮料、装备制造、磷矿采选、生物医药、新材料五大产业。其余地区不宜大规模发展工业，严格控制工业园区规模，形成若干特色产业支撑点特色工业点。

七是旅游业是三峡库区重点发展的绿色产业，将以观光旅游、休闲度假旅游、文化旅游和各种专业化特种旅游为主导方向；其空间上，将按照旅游功能不同，形成都市旅游核心区、城郊商务休闲旅游区、避暑度假旅游区、邮轮观光旅游区、山地度假旅游区、休闲度假旅游区协同发展格局。商贸物流业重点促进传统商贸行业转型，发展新兴商贸服务业、电子商务、现代物流，形成都市商贸核心区、城郊商贸集聚区和三峡特色商贸产业带的空间格局。

二、重庆生态大保护政策分析

本章主要从山地保护、水环境保护、森林保护、田土保护、湖泊保护、草地保护等领域去梳理生态大保护的相关政策文件，因此，课题组主要从国家各部委及重庆市各政府部门网站进行搜索，分别来源于国务院、国家发展和改革委员会、生态环境部、自然资源部、农业农村部等，以及重庆市生态环境局、重庆市农业农村委员会、重庆市人民政府、重庆市住房和城乡建设委员会、重庆市规划和自然资源局、重庆市发展和改革委员会、重庆市城市管理局、重庆市商务委员会、重庆市财政局、重庆市交通局、重庆市经济和信息化委员会，其中来源于重庆市生态环境局、重庆市农业农村委员会和重庆市人民政府的数量是最多的。

改革开放以来，生态污染、资源过度消耗等问题日益突出，我国政府积极采取不同侧重点的环境政策，秉持着人与自然和谐共生的原则，习近平在党的十八届三中全会上关于《中共中央关于全面深化改革若干重大问题的决定》中说道："我们要认识到，山水林田湖草是一个生命共同体，人的命脉在田，田的命脉在水，水的命脉在山，山的命脉在土，土的命脉在树。"用"命脉"描述了"人—田—水—山—土—树—草"相互之间的生态依赖和物质循环关系，用"生命共同体"揭示了自然要素之间、自然要素和社会要素之间通过物质变换组成的生态系统的性质和面貌。

重庆既是国家淡水资源战略储备库也是国家重要生物基因库。根据2017年发布的《重庆市第一次地理国情普查公报》数据显示，重庆的山地面积占重庆市总面积的75.33%，与全国相比要高出31%。据统计，重庆市域水系流域面积超过1000平方千米的河流有42条。重庆担负着长江上游重要生态屏障建设任务目标，嘉陵江、乌江两大骨干支流，渠江、涪江、龙溪河、小江、大宁河、綦江、酉水等七条支流，汇聚于长江干流，形成"一干、二骨、七支流"的江河新格局。基于强化"山水林田湖草"资源本底保护，探索"生命共同体"的生态治理道路，提出守好山，展现"层峦叠翠"；治好水，守护"安澜长江"；育好林，构筑"绿色长城"；理好田，孕育"四季丰盈"；净好湖，重现"五彩明珠"；植好草，还复"草长莺飞"等生态系统保护重要任务，让林田湖草簇拥在山水之上，强化生物多样性保护。逐步形成了从中央到重庆市、区、县、乡多层面，企业、部门、组织和个人多主体，其中包括山、水、林、田、湖、草多维度的环境保护政策链，通过不同层级和不同维度，针对不同主体的政策组合为重庆实现生态大保护与经济高质量发展协调推进提供政策保障。

（一）山地保护政策体系

重庆的地貌多山地、丘陵，山地占重庆市总面积的75.33%，与全国相比要高出31%。因为这一特征，山地保护对于重庆来说显得格外重要。2017年

12月，重庆南岸区先行启动林长制试点，继而在2019年7月得出总结经验后，试点范围逐渐扩大到全市15个区县，比如主城"四山"❶以及三峡库区和大巴山、七曜山、大娄山等生态敏感区，建立起了市、区（县）、镇（街）、村（社区）四级林长体系。在这一时期当中，重庆打响了缙云山国家级自然保护区生态环境综合整治的攻坚战，秉承着"保护生态、保障民生"的方针，实行十分严格的生态环境治理方案。而重庆市委、市政府也作出了相应的战略部署，各市级有关部门共同参与协作，基层干部也投入且大力推进，遵循"生态美、百姓富"的高品质发展道路，并为"四山"保障提供了模板。由于一系列相关政策体制机制的成熟，也将更进一步地落实完善各级林长"治山"重任，根据《重庆市总林长令（第1号）》，从2021年4月28日起到2022年年底，重庆"四级"林长将重点放在森林资源乱搭建、乱侵占、乱采挖、乱捕食等"四乱"显著问题，专门实施专项整治行动方案，代表着重庆全面步入林长"治山"的新时代，使"四级"林长真正成为一方生态卫士，共同守护着巴渝巍巍青山。

（二）水环境保护政策体系

水资源严重紧缺、水污染问题日趋严重、水生态环境日渐恶化等问题明显，自然成为制约社会经济发展的重要影响因素。坚持在《中华人民共和国环境保护法》《中华人民共和国水污染防治法》和《水污染防治行动计划》的科学指导下，中共中央办公厅、国务院办公厅印发《全国地下水污染防治规划（2011—2020年）》《实行最严格水资源管理制度考核办法》《关于全面推行河长制的意见》等政策文件（表3-1），为保护水资源、防治水污染、改善水环境、修复水生态，打好水污染防治攻坚战提供了重要政策指导。重庆地处长江上游和三峡库区腹心地带，是国家淡水资源战略储备库，承担着为全国淡水资源跨流域大范围水资源调配拓展空间以及保障长江中下游地区用水安全的重要任务。重庆自身水资源安全对于整个长江上游乃至全国十分重要的，在《中华人民共和国水法》《中华人民共和国防洪法》《中华人民共和国水土保持法》《重庆市河道管理条例》等政策条例的指导下，在国家相关政

---

❶ "四山"指绪云山、中梁山、铜锣山和明月山。

策的指引下，重庆市就水环境治理采取了一系列的政策措施（表3-2），通过
这些政策对水功能、水执法、水行政处罚进行规范化、标准化。另外，各区
县分别制定并采用了很多政策措施推动水环境治理。例如，重庆市垫江县专
项整治涉水行业污染推进水环境治理，制定《垫江县取缔非法打洗砂场（点）
工作方案》《垫江县屠宰废水治理实施方案》等，从而推动垫江水环境治理；
重庆市九龙坡区环境保护局坚持"三水共治"打好水生态保护战；大足区通
过划定河库界线、建立河长体系、实施河库治理提升水生态环境；黔江也建
立"河长＋检察长"共同协作机制，探索信息共享、问题共商的协调机制，
展开河长与志愿者联动巡河护河行动协调联动铁腕护水。

表3-1　国家主要水环境保护政策文件（部分）

年份	政策文件	主要内容
1991	《水库大坝安全管理条例》	加强水库大坝安全管理，保障人民生命财产和社会主义建设的安全
2000	《国务院关于加强城市供水节水和水污染防治工作的通知》	为切实加强和改进城市供水、节水和水污染防治工作，促进经济社会的可持续发展；坚决处理水污染，加强水环境的保护；健全相关机制，加快水价改革步伐
2002	《中华人民共和国水法》	合理开发、利用、节约和保护水资源，防治水害，实现水资源的可持续利用，适应国民经济和社会发展的需要
2002	《国家环境保护总局关于设立国家环境保护总局水环境管理办公室的通知》	为加强全国水环境管理工作，进一步强化总局对重点流域、跨省区域水污染防治工作的监督管理；拟订全国水污染防治的政策、法规、规章和标准，并严格监督实施；引导地方和流域水污染防治治理工作
2002	《长江河道采砂管理条例》	加强长江河道采砂管理，维护长江河势稳定，保障防洪和通航安全
2004	《国务院办公厅关于推进水价改革促进节约用水保护水资源的通知》	水资源总体规划，推进供水管理体制改革；增强各级组织的领导，保障各项节水和水资源保护政策及时准确地落实到位
2007	《中华人民共和国水文条例》	加强水文管理，规范水文相关工作，加强开发、利用、节约、保护水资源和防灾减灾服务，推动经济社会的可持续发展

年份	政策文件	主要内容
2008	《中华人民共和国水污染防治法》	保护和改善环境，防治水污染，保护水生态，保障饮用水安全，维护公众健康，推动生态文明建设，促进经济社会可持续发展
2008	《国务院办公厅转发环保总局等部门关于加强重点湖泊水环境保护工作意见的通知》	进一步明确重点湖泊水环境保护指导思想、方针和目标；采取多种措施实行综合治理；强化责任和监督管理
2009	《中华人民共和国抗旱条例》	减轻干旱灾害及其造成的损失，保障生活用水，协调生产、生态用水，推动经济社会全面、协调、可持续发展
2011	《中华人民共和国水土保持法》	预防和治理水土流失，保护和合理利用水土资源，减轻水、旱、风沙灾害，改善生态环境，保障经济社会可持续发展
2011	环境保护部关于印发《全国地下水污染防治规划（2011—2020 年）》的通知	展开地下水污染状况相关调查；保证地下水饮用水水源环境安全
2013	《国务院办公厅关于印发实行最严格水资源管理制度考核办法的通知》	为推进实行最严格水资源管理制度，确保实现水资源开发利用和节约保护的主要目标
2015	科技部办公厅、环境保护部办公厅、住房城乡建设部办公厅、水利部办公厅关于发布《节水治污水生态修复先进适用技术指导目录》的通知	深入实施《促进科技成果转化法》《水污染防治行动计划》和科技创业者行动，推动节水、治污、水生态修复等方面先进适用技术推广应用，提升科技对水安全保障支撑能力
2016	《农田水利条例》	加强农田水利发展，增强农业综合生产能力，保证国家粮食安全
2016	中共中央办公厅 国务院办公厅印发《关于全面推行河长制的意见》	严格水资源保护、加强河湖水域岸线管理保护、水污染防治、水环境治理、水生态修复、执法监管等工作
2018	生态环境部办公厅关于印发《长江流域水环境质量监测预警办法（试行）》的通知	为落实推动长江经济带发展座谈会精神，构建长江流域自动监测管理和技术体系，改善长江流域国家地表水环境监测网络，促进长江流域水环境质量改善
2018	生态环境部关于发布《排污许可证申请与核发技术规范 水处理（试行）》国家环境保护标准的公告	根据相关法律法规文件要求，完善排污许可技术支撑体系，指导和规范污水处理厂排污许可证申请与核发工作

续表

年份	政策文件	主要内容
2019	《生态环境部办公厅关于做好入河排污口和水功能区划相关工作的通知》	按照《深化党和国家机构改革方案》要求，入河排污口设置管理和编制水功能区划职责整合至生态环境部。确保职责整合后各项工作不断档；稳妥推进改革任务目标的落实
2020	《生态环境部办公厅关于开展水环境承载力评价工作的通知》	评价区域水环境承载力现状，判断水环境承载状态，识别水环境污染的重点区域和时段，为进一步加强区域水污染防治工作、建立水环境承载力监测预警长效机制提供准确及时的服务和指导
2021	《中华人民共和国长江保护法》	加强长江流域生态环境保护和修复，促进资源合理高效使用，保障生态环境安全，争取实现人与自然和谐共生

表 3-2　重庆市主要水环境保护政策文件（部分）

年份	政策文件（法律法规）	主要内容
2004	《重庆市取水许可和水资源费征收管理办法》	为加强水资源管理，促进水资源的开发、利用、配置、节约和保护
2006	《重庆市水利局关于开展全市水行政执法工作检查的通知》	对2005年1月以来各区县水行政许可、审批、收费、执法等工作开展情况进行一次全面检查
2007	《重庆市水利局关于进一步加强水行政执法工作的通知》	加强水法律法规教育力度，提高全社会水法律意识；加大对水土保持监督管理的力度，严格遵循水土保持法律法规规定等
2009	《重庆市水文条例》	规范水文管理工作，发展水文事业，为防灾减灾、水资源的开发利用与节约保护、城乡饮用水和水生态安全服务提供保障
2013	重庆市实施《中华人民共和国水土保持法》办法	预防和治理水土流失，保护和合理利用水土资源，减轻水、旱灾害影响，改善生态环境条件，形成人与自然和谐共处新局面，确保经济社会可持续发展
2014	《重庆市环境保护局关于转发建设项目环境影响评价政府信息公开指南（试行）的通知》	为进一步保障公众对环境保护的参与权、知情权和监督权，加大环境影响评价信息公开力度

年份	政策文件（法律法规）	主要内容
2015	《重庆市水利局关于进一步建立和完善水利安全生产监督管理制度的通知》	为进一步加强我市水利安全生产监督管理，防止和减少安全事故，建立水利安全生产"一岗双责"制度；完善安全生产例会制度
2015	《重庆市河道管理条例》	加强对河道管理，保障行洪排涝安全，保护河道生态环境，发挥河道的综合效益
2015	《重庆市水资源管理条例》	合理开发、利用、节约和保护水资源，防治水害发生，实现水资源的可持续使用，适应经济和社会可持续发展
2017	《重庆市河道采砂管理办法》	加大河道采砂管理，保障河势稳定和防洪、通航安全
2017	《重庆市水利局关于印发重庆市水行政处罚裁量权基准的通知》	水行政主管部门依照国家法律、法规的规定，结合行政违法的事实、情节、社会危害程度等因素，对行政违法行为当事人是否给予行政处罚、给予何种幅度的行政处罚等问题在行政职权范围内进行裁量
2017	《重庆市湖库生态修复适宜技术选择指南（2017版）》	开展湖库生态修复工作中适宜技术的选择指导，进一步改善水环境质量
2017	《重庆市村镇供水条例》	改善村镇居民饮用水条件，保障村镇供水安全，维护供水、用水双方的合法权益，规范村镇供水活动
2019	《重庆市水利工程管理条例》	促进水利工程建设，加强水利工程管理，保障水利工程安全运行，充分发挥水利工程综合效益，推进生态文明建设和经济社会持续发展
2020	《重庆市水污染防治条例》	保护和改善环境，防治水污染，保护水生态，保障饮用水安全，维护公众健康，推进生态文明建设，促进经济社会可持续发展
2021	《重庆市河长制条例》	保障河长制实施，加强河流管理保护工作，筑牢长江上游重要生态屏障，推进生态文明建设
2021	《重庆市生态环境局关于印发重庆市长江入河排污口整治工作方案的通知》	持续推进水污染防治攻坚战，切实保护好长江母亲河，扎实推动长江入河排污口整治工作

（三）森林保护政策体系

在《中华人民共和国森林法》的总领下，国家有关部委制定并印发了《森林法实施条例》《森林经营方案编制与实施纲要》《关于全面推行林长制的意见》等文件，旨在通过一系列政策规范森林资源开发、利用的边界，保障森林资源的可持续发展，国家层面森林相关政策文件（表3-3）。而重庆面临着森林、湿地生态系统稳定性较弱、服务功能不明显，林业产业缺少龙头企业，竞争力薄弱等重要问题。如何进一步提升森林价值、释放森林红利，做大森林资本，更好惠民？重庆市委办公厅、市政府办印发《重庆市林地保护管理条例》《重庆市长江防护林体系管理条例》《关于全面推行林长制的实施意见》等政策文件（表3-4）。通过实施"双总林长制"，构建林长制责任体系、生态建设发展机制、生态环境破坏问题发现机制、突出问题整治机制、工作考核评价机制和发展规划引领等"5+1"治理工作机制，形成了高效的环境治理机制体系；发动"两岸青山·千里林带"工程项目，促进主城区"两江四岸""清水绿岸""四山"治理实施完善，持续稳定绿色发展机制。除此之外，重庆首建森林覆盖率横向生态补偿机制。主要是以森林覆盖率为指标，增绿空间有限的区县向其他区县购买森林面积指标，并支付养护费用。通过相关改革，激活了保护生态这潭"春水"，集合了资源、资金，让各方谁都不吃亏、谁都能受益。例如，江北区与酉阳土家族苗族自治县、九龙坡区与城口县、南岸区和重庆经开区与巫溪县、南岸区与石柱土家族自治县都先后一对一签订横向生态补偿协议，成交森林面积指标 12 800 万平方米，交易金额 4.8 亿元。鼓励非国有林生态赎买，在重点生态区位共计赎买非国有林生态 2220 万平方米，努力完成"森林生态得保护，林农利益得维护"的目标。

表 3-3　国家主要森林环境保护政策文件（部分）

年份	文件名称	主要内容
1985	《中华人民共和国森林法》	实行森林资源保护发展目标责任制和考核评价制度；实施财政、税收、金融等方面的措施，支持保护森林资源

续表

年份	文件名称	主要内容
1995	林业部关于发布《森林植物检疫对象确定管理办法》的通知	林业主管部门应当向林业部提交森检对象建议名单及其危险性分析报告；其他单位和个人可以向林业部或者省、自治区、直辖市林业主管部门提出森检对象、补充森检对象建议名单，并提交危险性分析报告
1998	关于印发《国家森林资源连续清查数据使用管理规定》的通知	国家森林资源连续清查数据包括样地调查记录、统计分析表格、文字报告及图面资料等，是重要的基础技术资料，既是为了既保证充分利用又符合保密规定，也可以做到使用上的严肃性和权威性
2000	《中华人民共和国森林法实施条例》	对依法登记的地的所有权、使用权授予法律保护，任何单位和个人不容侵犯
2001	国家林业局公安部印发《关于森林和陆生野生动物刑事案件管辖及立案标准的通知》	将森林和陆生野生动物刑事案件管辖及立案标准进行具体的规定
2001	国家林业局关于印发《关于违反森林资源管理规定造成森林资源破坏的责任追究制度的规定》和《关于破坏森林资源重大行政案件报告制度的规定》的通知	规范森林资源管理和林政执法人员的行为，重点保护、管理和发展森林资源，根据国家有关规定和林业实际，制定了《关于违反森林资源管理规定造成森林资源破坏的责任追究制度》和《关于破坏森林资源重大行政案件报告制度的规定》
2006	国家林业局关于印发《森林经营方案编制与实施纲要（试行）》的通知	森林经营方案是森林经营主体为了科学、合理、有序地经营森林，充分发挥森林的生态、经济和社会效益，根据森林资源状况和社会、经济、自然条件，编制的森林培育、保护和利用的中长期规划，以及对生产顺序和经营利用措施的规划设计
2012	国家林业局关于印发《天然林资源保护工程森林管护管理办法》的通知	为了进一步规范和加强对天然林资源保护工程森林管护工作的管理，切实把森林管护工作落到实处，提高森林资源管护的质量和水平，实行森林管护责任协议书制度
2012	《国家林业局关于加强国有林场森林资源管理保障国有林场改革顺利进行的意见》	国家林业局关于加强国有林场森林资源管理保障国有林场改革顺利进行的意见，构建国家所有、省级管理、林场保护与经营的国有林场森林资源管理体制；禁止擅自流转

年份	文件名称	主要内容
2018	国家林业和草原局关于印发《中国森林旅游节管理办法》的通知	森林旅游节是依托我国丰富的森林、湿地、草原、荒漠等自然资源，通过加强展示、推介、宣传和交流，进一步引导森林观光、森林体验、森林养生、森林康养、自然教育等森林旅游新业态发展，为扩大林业社会影响、促进林业供给侧结构性改革、推动生态文明建设而开展的节庆活动
2019	国家林业和草原局关于印发修订后的《国家级森林公园总体规划审批管理办法》的通知	为了加强国家级森林公园总体规划的编制审批工作，推进规划管理的规范化、制度化，充分发挥总体规划指导国家级森林公园科学发展的重要作用
2021	中共中央办公厅、国务院办公厅印发《关于全面推行林长制的意见》	为维护国家生态安全，推进生态文明建设，加强森林草原资源生态环境保护以及森林草原资源生态修复

表 3-4　重庆市主要森林保护政策文件（部分）

年份	政策文件	主要内容
2010	《重庆市实施全民义务植树条例》（2010修正）	植树造林，绿化祖国，是维护和改善生态环境的一项重大战略措施。各级人民政府应当充分发动、组织和依靠群众，深入持久地开展全民义务植树运动
2012	重庆市林业局关于印发《重庆市天然林资源保护工程森林管护管理实施细则》的通知	天保工程区森林管护应当坚持有利于生物多样性保护、有利于促进森林生态系统功能恢复和提高的原则，对重点区域实行重点管护
2018	《重庆市植物检疫条例》（2018修订）	规范和加强植物检疫工作，防止植物有害生物传播蔓延，保障植物生态安全，促进农业、林业生产健康发展
2018	《重庆市林地保护管理条例》（2018修正）	加强保护管理和合理利用林地资源
2018	《重庆市森林防火条例》（2018修正）	预防和扑救森林火灾，保障人民生命财产安全，保护森林资源，巩固森林建设成果
2019	《重庆市湿地保护条例》	加强湿地保护和管理，维护湿地生态功能和生物多样性，促进湿地资源可持续利用，推进生态文明建设，根据有关法律、行政法规
2019	《重庆市野生动物保护规定》	保护野生动物，维护生物多样性和生态平衡，促进生态文明建设

时间	政策文件	主要内容
2019	《重庆市长江防护林体系管理条例》	充分发挥长江防护林保持水土、涵养水源、改善三峡库区生态环境的作用
2021	《重庆市林业局关于加强"十四五"期间年森林采伐限额管理的通知》	全面加强森林采伐限额管理

（四）田土保护政策体系

耕地是生产粮食的基础，如果要处理好 14 亿人口的温饱问题，最首要的就是坚持保护耕地这个本源。近年来，国家出台了诸多耕地保护政策。目前依然存在着某些地方违规占用耕地进行非农建设的违法行为，也存在着违规占用永久基本农田绿化造林，存在着大规模挖湖造景，甚至对国家粮食安全形成威胁。因此，地方各级人民政府应按照党中央、国务院整体部署，实施强有力的政策措施，加大监督管理工作力度，实施严格的耕地保护制度，坚决抵制各类耕地"非农化"行为，坚决防守住耕地红线（表 3-5）。为对耕地实施有效保护、推进土地、资源永续利用，重庆制定包括建设用地、农用地等在内的一系列保护措施（表 3-6）。部分区县甚至开展以守护耕地为主题的宣传活动，通过让人们亲身参与活动增强对于保护耕地的责任心和使命感。例如，黔江区供销合作社利用赶场天，向群众宣传废弃农膜的危害及回收政策，切实履行废弃农膜回收职能职责，扎实开展废弃农膜回收工作；石柱土家族自治县实施的河道综合治理工程，可有效保护当地群众的数千亩耕地。

表 3-5　国家主要田土环境保护政策文件（部分）

年份	文件名称	主要内容
2016	《国务院关于印发土壤污染防治行动计划的通知》	为切实加强土壤污染防治，逐步改善土壤环境质量，开展土壤污染调查；推动土壤污染防治立法，建立并健全法规标准体系等
2016	《国务院关于印发土壤污染防治行动计划的通知》	记录土壤环境质量情况；推进土壤污染防治立法，建立健全法规标准体系等

年份	文件名称	主要内容
2017	环境保护部印发《污染地块土壤环境管理办法（试行）》	为了加强污染地块环境保护监督管理，防控污染地块环境风险。污染地块责任人制定风险管控方案，移除或者清理污染源，阻止污染扩散；预防造成二次污染
2017	环境保护部和农业部联合印发《农用地土壤环境管理办法（试行）》	为了加强农用地土壤环境保护监督管理，保护农用地土壤环境，管控农用地土壤环境风险，保障农产品质量安全，对土壤污染防治、调查与监测进行明确规定
2017	《中共中央、国务院关于加强耕地保护和改进占补平衡的意见》	严格实施占补平衡制度，牢牢守住耕地红线，确保实有耕地数量基本稳定、质量有提升。促进形成保护更加有力、执行更加顺畅、管理更加高效的耕地保护新格局
2017	环境保护部办公厅关于印发《重点行业企业用地调查质量保证与质量控制技术规定（试行）》的通知	为规范各地重点行业企业用地土壤污染状况调查，加强组织领导，明确具体职责分工，注重监督检查，严格监督任务承担单位管理等
2017	环境保护部关于发布《建设用地土壤环境调查评估技术指南》的公告	为进一步规范建设用地土壤环境调查评估工作，对疑似对人体健康存在风险的土壤环境进行调查、对污染地块土壤环境进行调查与评估
2018	生态环境部《工矿用地土壤环境管理办法（试行）》	加强工矿用地土壤和地下水环境保护监督管理，防控工矿用地土壤和地下水污染
2018	生态环境部《土壤环境质量 建设用地土壤污染风险管控标准（试行）》	加强建设用地土壤环境监管，管控污染地块对人体健康的风险，保障人居环境的安全
2019	生态环境部关于发布《建设用地土壤污染状况调查技术导则》等5项国家环境保护标准的公告	保障人体健康，保护生态环境，加强建设用地环境保护监督管理，规范建设用地土壤污染状况调查、土壤污染风险评估、风险管控、修复等相关工作
2019	生态环境部办公厅、自然资源部办公厅关于印发《建设用地土壤污染状况调查、风险评估、风险管控及修复效果评估报告评审指南》的通知	规范建设用地土壤污染状况调查报告、土壤污染风险评估报告、风险管控效果评估报告及修复效果评估报告的相关评审工作
2019	《中华人民共和国土壤污染防治法》	为了保护和改善生态环境，防治土壤污染，保护公众健康，推动土壤资源持续利用，推进生态文明建设，促进经济社会可持续发展

续表

年份	文件名称	主要内容
2021	生态环境部、农业农村部、自然资源部、林草局关于印发《农用地土壤污染责任人认定暂行办法》的通知	规范农用地土壤污染责任人的认定。适用于农业农村、林草主管部门会同生态环境、自然资源主管部门依法行使监督管理职责中农用地土壤污染责任人不明确或者存在争议时的土壤污染责任人认定活动
2021	生态环境部、自然资源部关于印发《建设用地土壤污染责任人认定暂行办法》的通知	规范建设用地土壤污染责任人的认定。适用于生态环境主管部门会同自然资源主管部门依法行使监督管理职责中建设用地土壤污染责任人不明确或者存在争议时的土壤污染责任人认定活动
2020	《国务院办公厅关于坚决制止耕地"非农化"行为的通知》	严禁违规占用耕地绿化造林进行非农活动；严禁超标准开设绿色通道等

表3-6 重庆市主要田土保护政策文件（部分）

年份	政策文件（法律法规）	主要内容
2006	《重庆市人民政府关于印发重庆市绿地行动实施方案的通知》	开展"绿地行动"，建立全市生态环境统一监管体系，提高资源的有效利用，改善生态环境质量，促进全市经济社会与人口、资源、环境的协调发展
2017	《重庆市环境保护条例》	保护和改善环境，防治污染和其他公害，保障公众健康，推进生态文明建设，促进经济社会可持续发展
2020	《重庆市建设用地土壤污染防治办法》	保护和改善生态环境，防治建设用地土壤污染，保障公众健康，推动土壤资源永续利用，推进生态文明建设
2020	《重庆市规划和自然资源局 关于进一步加强占用永久基本农田管理的通知》	严格建立占用补划永久基本农田；落实补划永久基本农田监管责任
2021	《重庆市规划和自然资源局关于印发重庆市历史遗留和关闭矿山地质环境治理恢复与土地复垦管理办法的通知》	加强和规范历史遗留和关闭矿山地质环境治理恢复与土地复垦管理，进一步推动历史遗留和关闭矿山地质环境治理恢复与土地复垦工作
2020	《重庆市规划和自然资源局、重庆市农业农村委员会关于进一步规范设施农业用地管理的通知》	适应现代农业发展需要，建立健全设施农业用地保障和监管长效机制，促进设施农业健康发展

年份	政策文件（法律法规）	主要内容
2020	重庆市规划和自然资源局关于印发《重庆市国有土地使用权收回收购办法》的通知	规范国有土地使用权收回收购行为，维护公共利益，保障土地权利人合法权益，促进土地资源高效配置和合理利用

（五）湖泊保护政策体系

湖泊是构成江河水系的一大组成部分，也是蓄洪蓄水的主要水体空间，在防洪、防汛、航运、供水、发电、生态等方面发挥着重要作用。近年来，湖泊围垦、违法侵占水域、超标准排污、非法养殖、非法破坏性采砂、水域空间急剧减少、水质严重性恶化等问题层出不穷。中共中央办公厅、国务院办公厅印发了《关于在湖泊实施湖长制的指导意见》、关于加强重点湖泊蓝藻水华防控工作的通知等政策文件，为湖泊治理提供了重要的依据（表3-7）。重庆地处长江上游，山脉高耸，地形多样，境内河流纵横，境内流域面积大于100平方千米的河流有274条，其中流域面积大于1000平方千米的河流有42条，其在防洪、供水、航运等方面具有重要作用。因此，加强重庆湖泊保护显得异常重要，重庆基于本地特点及现实情况，采取了诸如湖库整治、制定湖库生态修复适宜技术指南，重庆湖泊治理修复提供依据。

表3-7　国家主要湖泊环境保护政策文件（部分）

年份	政策文件	主要内容（目标）
2005	《国家环境保护总局关于批准国家环境保护湖泊污染控制重点实验室建设的通知》	建立完善组织机构和内部规章制度，按期达到湖泊污染控制重点实验室的建设任务
2008	《国务院办公厅转发环保总局等部门关于加强重点湖泊水环境保护工作意见的通知》	严控旅游业和船舶污染；削减湖内污染负荷等
2011	财政部、环境保护部关于印发《湖泊生态环境保护试点管理办法》的通知	为保护湖泊生态环境，改善湖泊水质，避免走"先污染、后治理"的老路，财政部、环境保护部决定开展湖泊生态环境保护试点工作，建立优质生态湖泊保护机制，确保湖泊生态环境保护试点工作取得实效
2014	《环境保护部办公厅关于加强重点湖泊蓝藻水华防控工作的通知》	加密监督监测；增强应急措施，加大蓝藻打捞处置能力；增强预防，确保水源地水质与供水安全

续表

年份	政策文件	主要内容（目标）
2014	环境保护部、国家发展和改革委员会、财政部关于印发《水质较好湖泊生态环境保护总体规划（2013—2020年）》的通知	为保护湖泊生态环境，避免众多湖泊再走"先污染、后治理"的老路，支持水面面积在50平方千米及以上、具有饮用水水源功能或重要生态功能、现状水质或目标水质好于Ⅲ类（含Ⅲ类）的湖泊开展生态环境保护工作。调整湖泊流域产业结构和布局；加强湖泊流域污染防治等
2014	《环境保护部办公厅关于印发江河湖泊生态环境保护系列技术指南的通知》	增强对水质较好湖泊的保护，避免水质较好湖泊走"先污染、后治理"的老路
2018	中共中央办公厅、国务院办公厅印发《关于在湖泊实施湖长制的指导意见》	建立健全湖长体系；明确界定湖长职责
2020	生态环境部关于发布国家生态环境基准《湖泊营养物基准——中东部湖区（总磷、总氮、叶绿素a）》（2020年版）及其技术报告的公告	保护湖泊生态系统安全，制定适合我国湖泊生态环境特征的分区营养物基准，是制修订湖泊总磷、总氮标准，实现湖泊科学化、差异化管理的科学依据

（六）草地保护政策体系

草地是生长草本和灌木植物为主且适合发展畜牧业生产的土地，也是重要的生态环境屏障，起着防风固沙、防止水土流失的作用，为人们的生产生活提供了适宜的生态环境。目前而言，国家层面有关草地环境保护政策以《中华人民共和国草原法》为总指导，相关规定多见于畜牧业高质量发展、环境保护、山水林田湖草系统治理等政策文件（表3-8），专门针对于草地环境保护的政策并不集中。重庆市在部分区县（自治县）进行了南方草山草坡开发利用示范、天然草原植被恢复与建设、石漠化草地综合治理及退耕还草等草地改良项目上得到了较好成效。项目实施草地变革后留存了很多草场，如武隆仙女山草场、石柱千野草场、城口黄安坝草场、巫溪红池坝草场、云阳岐山草场等已经成为著名的旅游地，生态环境得到有效改善，为全市草原生态的保护和建设、开发和利用打下了良好的基础。

表 3-8　国家主要草地环境保护政策文件（部分）

年份	政策文件（法律法规）	主要内容
2005	《国务院关于落实科学发展观加强环境保护的决定》	尽可能保留天然林草、河湖水系、滩涂湿地、自然地貌及野生动物等自然遗产，保持城市生态平衡
2008	《草原防火条例》（2008 年修订）	加强草原防火工作，积极主动预防和扑救草原火灾，保护草原，保障人民生命和财产安全
2011	《国务院关于促进牧区又好又快发展的若干意见》	加强草原生态保护建设，提高可持续发展能力；加大草原生态保护工程建设投入力度
2017	中共中央办公厅、国务院办公厅印发《关于创新体制机制推进农业绿色发展的意见》	加强耕地、草原、渔业水域、湿地等用途管控，严禁围湖造田，对资源环境产生的破坏
2017	《国务院办公厅关于印发兴边富民行动"十三五"规划的通知》	打造以草原为主体、生态环境系统良性循环、人与自然和谐共处的国家生态安全屏障
2017	中共中央办公厅、国务院办公厅印发《关于建立资源环境承载能力监测预警长效机制的若干意见》	控制各类新城新区和开发区设立，对耕地、草原资源超载地区，研究实施轮作休耕、禁牧休牧制度，禁止耕地、草原非农非牧使用，大幅降低耕地施药施肥强度和畜禽粪污排放强度
2020	《国务院办公厅关于促进畜牧业高质量发展的意见》	健全饲草料供应体系；提升畜牧业机械化水平
2021	《中华人民共和国草原法》（2021修正）	为了保护、建设和合理利用草原，改善生态环境，维护生物多样性，发展现代畜牧业，促进经济和社会的可持续发展
2021	中共中央办公厅 国务院办公厅印发《关于全面推行林长制的意见》	加大对森林草原资源生态保护；完善森林草原资源生态修复
2021	《国务院办公厅关于加强草原保护修复的若干意见》	建立草原调查体系；健全草原监测评价体系；加大草原保护力度

三、重庆经济高质量发展的现状分析

（一）生态本底现状分析

重庆是山环水绕、江峡相拥的山水之城，大山大江的资源本底特征明显。党的十九大以来，重庆市委、市政府始终坚持以习近平生态文明思想为指导，围绕建设"山清水秀美丽之地"的目标愿景，推进山水林田湖草等各种生态要素协同治理，生态环境保护发生了转折性变化，生态本底更加牢固。

1. 水资源

水资源总量是指评价区内本地降水形成的地下和地表产水量，其中不包含外来水量，将地下水资源量和地表水资源量求和，再减掉两者间重叠部分计量得出。重庆市地处长江上游，总体面积为 82 401 平方千米。重庆河流纵横，湖库众多，域内有 5300 余条河流，长江从西南向东北横穿，北嘉陵江，南乌江聚集汇入，构成向心但不对称的网状形水系。长江干流重庆境内全长 691 千米，三峡库区总库容近 400 亿立方米，维系着全国 35% 的淡水资源。境内流域面积大于 100 平方千米的河流有 274 条，流域面积大于 1000 平方千米的河流有 42 条，水域面积约占全市面积的 2.65%。通过全面落实河长制，滚动实施"碧水行动"，长江干流重庆段水质为优，纳入国家考核的 42 个断面水质优良比例达到 100%，长江支流重庆段全面消除劣 V 类水质断面，城市集中式饮用水水源地水质达标率常年保持 100%。重要蓄滞洪区和重点防洪保护区能力不断提升，江河堤防达标率提高到 83%，水旱灾害监测预警、灾害防治、应急救援体系日益健全。实施岸线整治专项行动，岸线布局和使用更加优化。零星湖泊镶嵌在长江、嘉陵江、乌江支流；通过实施水质较好湖泊生态环境保护、城市黑臭水体治理等，重要湖库水域功能达标率达到 92.3%，48 段城市黑臭水体消除黑臭。湿地资源分布较广，面积达到 2072 平方千米，通过实施湿地生态修复治理等工程，生态功能显著增强。除此之外，过境水资源丰富，但当地水资源短缺，地域分布不均，与生产力发展水平不匹配，高山地区降水丰富，丘陵地区相对较少。

水资源污染问题非一日之过，防治污染非一日之功。重庆是长江上游重要生态屏障和水源涵养地，在全国的生态安全地位突出。生态环境质量持续改善任务复杂艰巨。重庆市生态环境质量改善成效还需提升其持续性和稳固性，污染治理和生态保护修复所面临的严峻形势依然存在，水土流失、石漠化、河流岸线过度开发、城镇开发建设活动挤占生态空间等问题尚未根本性解决，土壤、地下水和农业农村生态环境保护基础薄弱，生态环境质量改善从量变到质变的拐点还没有到来。"十四五"期间，一批重大项目将集中达产达效，能源消耗总量必然提升，从而导致未来减排潜力下降，边际治理成本增多，环境质量改善难度增大，实现碳减排任务难度加大。由于生物药品、化学药品等生物医药产业发展不断壮大，持久性有机污染物产生量逐步增多。黑臭水体长治久清还处于起步阶段，次级河流整治力度不够，农村面源污染综合防治不到位。为了提升水资源的依法治污水平，近年来，重庆市颁布施行了《重庆市水污染防治条例》《重庆市河长制条例》，发布了《农村生活污水集中处理设施水污染物排放标准》《梁滩河流域城镇污水处理厂主要水污染物排放标准》《榨菜行业水污染物排放标准》等地方水污染物排放标准，法律政策和标准保障得到加强。出台了《行政执法与刑事司法衔接工作实施办法》《环境保护与公安机关执法衔接工作实施办法》等实施办法，重庆市公安局成立环境安全保卫总队，重庆市高等人民法院、5 个中级人民法院以及万州区、涪陵区、黔江区、渝北区和江津区人民法院设立环境资源审判庭，"刑责治污"格局基本形成。建立了重庆市、区县、乡镇（街道）、村（社区）四级河长制组织体系，设立各级河长 1.7 万余名，实现河库"一河（库）一长"全覆盖。

重庆市流域面积 500 平方千米以上跨区县的 19 条河流 33 个区县全部签订流域横向生态保护补偿协议。逐步建立完善跨省市流域联防联控机制，推动成渝两地水生态环境共建共保，与四川省、湖南省建立流域生态补偿机制，与四川省、云南省、贵州省政府签订《关于建立长江上游地区省际协商合作机制的协议》，联合开展巡河、环境执法、环保督察，推动生态共建、污染共治、机制共商、环境共管。此外，始终坚持问题导向、目标导向，创新建立"一竿子插到底"现场督战模式，建立并实施"体检"监测、驻点帮扶、水质排名、分析预警、调度通报、跟踪督办、考核激励等推进实施机制和压力传导机制，提高了科学治污、精准治污水平。建成了重庆市水环境管理大数据系统，集成水环境、水资源、水空间、水监管四大数据库，全面开展重点流域远程视频监控和无人机巡航，为水环境形势综合研判、环境监管、预测预警、精准溯源等管理效能提供了有力保障。

由于重庆位于亚热带湿润季风气候区，水资源存在着时空分布不均的特点：一是年降雨量分布不均匀，夏秋多、冬春少，降雨主要集中在 4—10 月；二是地域分布不均，降水主要集中在渝东北和渝东南，西部降雨少，总的降水趋势呈现自西向东逐渐增加。根据重庆市统计年鉴资料，2004—2020 年，重庆市的水资源总量表现出明显的波动性，水资源量如图 3-1 所示。最低值

在 2006 年，为 380.32 亿立方米，而最高值出现在 2020 年，达到 766.86 亿立
方米。这可能与气候变化、降雨量、人为用水和管理措施等因素有关。人均
水资源量的变化趋势与总量相似，也呈现出波动性。最低值是在 2006 年的
1356.83 立方米 / 人，而 2020 年达到最高值 2397.7 立方米 / 人。这显示了重
庆市的人口与水资源之间的平衡状况也在变化。对于地表水和地下水资源量，
在十几年里，地下水资源量从 104.8 亿立方米上升到了 2020 年的 128.69 亿立
方米，表明地下水资源有所增长。对于其中一些水资源年度差异，例如 2007
年和 2020 年，水资源量明显增加。这可能与那些年份的降雨量较多、气候因
素或者水资源管理策略有关。而 2006 年的明显减少可能与干旱或其他自然因
素有关。尽管年度数据呈现波动，但从长期趋势来看，重庆市的水资源量在
逐渐增加。这可能与近年来重庆市在水资源保护和管理上所做的努力有关，
也可以与三峡库区建成投用后引起的气候因素有关。总体来看，重庆市的水
资源在这十余年里经历了不少波动，但整体上展现出一个增长的趋势。然而，
随着气候变化和城市化的进程，持续关注和管理水资源变得更为关键。

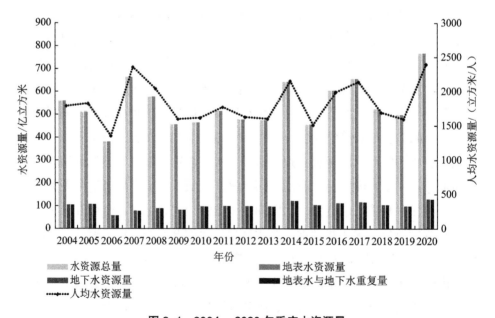

图 3-1　2004—2020 年重庆水资源量

根据《重庆市人民政府关于 2020 年度国有自然资源资产管理情况的专项

报告》，2020 年重庆市大中型水库总计 124 座，其中大型水库 18 座，中型水库 106 座。在 2020 年年末大中型水库储水总量为 53.4793 亿立方米，比年初蓄水总量减少 2.4598 亿立方米。其中，大型水库年末储水量 38.8620 亿立方米，比年初减少 2.9087 亿立方米；中型水库年末储水量为 14.6173 亿立方米，比年初增加 0.4489 亿立方米 ❶。

　　根据重庆市统计年鉴资料，重庆市在 2004—2020 年的废水排放数据如图 3-2 所示，其相关环境参数揭示了该地区水环境管理的一些关键变化和挑战。重庆市在 2004—2020 年中的废水排放量确实呈现了明显的波动性。2004 年的废水排放量为 13.55 亿吨，到 2020 年略有上升，达到 15.26 亿吨。值得注意的是，2018 年废水排放量达到了最高峰，为 20.78 亿吨，但之后在 2019 年急剧下降至 12.15 亿吨，这种大幅度的变化可能与城市建设、工业发展或污水处理策略有关。化学需氧量是反映水中有机物浓度的一项重要指标，与水质密切相关。从 2004—2010 年，废水中的化学需氧量总体呈现下降趋势，从 27.05 万吨降至 23.45 万吨，显示当时重庆在废水处理上取得了一些成效。但令人惊讶的是，2011 年化学需氧量排放量激增至 41.68 万吨，然后逐渐下降，并在 2019 年降到最低的 5.15 万吨，此后在 2020 年回升至 32.06 万吨。这种波动可能与重庆市的工业生产活动、污水处理能力和政策调整有关。依据《地表水环境质量标准》（GB3838—2002）对地表水水质进行评价，2020 年重庆市地表水的整体水质为优。根据《2020 年重庆市环境质量简报》数据显示，重庆市的 212 个监测断面中，最好的 Ⅰ 类水质断面比例为 2.4%，其次是 62.7% 的 Ⅱ 类和 29.7% 的 Ⅲ 类，而较差的 Ⅳ 类和 Ⅴ 类分别为 4.2% 和 1.0%。这表明重庆市地表水的大部分都处于较好的状态。特别是，Ⅰ—Ⅲ 类水质的断面总比例高达 94.8%，满足水域功能要求的断面更是高达 98.6%。这显示了重庆市在水资源管理上所做的努力取得了显著的效果。总的来看，重庆市在水资源管理上面临着不小的挑战，这从废水排放量和化学需氧量的波动中可以看出。但同时，重庆市也在努力提高污水处理效率和改善地表水质，其努力在地表水质的良好数据中得到了体现。未来，随着技术进步和政策调整，

---

　　❶　重庆市人民政府关于 2020 年度国有自然资源资产管理情况的专项报告——2021 年 11 月 23 日在市五届人大常委会第二十九次会议上［EB/OL］.（2022-04-27）［2022-06-15］. https：//www.cqrd. gov.cn/article?id=282067210793029.

重庆有望进一步提高水环境管理的水平。

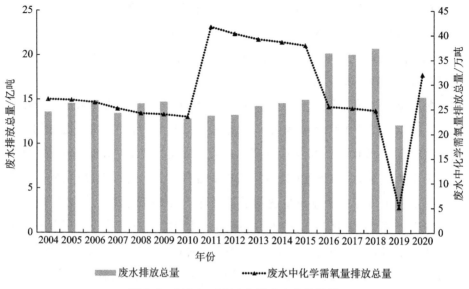

图 3-2　2004—2020 年重庆废水排放量

2. 森林资源

根据《重庆市人民政府关于印发重庆市筑牢长江上游重要生态屏障"十四五"建设规划（2021—2025 年）的通知》（渝府发〔2021〕12 号），重庆市地势由南北向长江河谷倾斜，自西向东形成盆中方山丘陵、盆东平行岭谷、盆周边缘山地，山体叠嶂起伏，大巴山系、巫山山系、武陵山系、大娄山系环峙盆周，以华蓥山为主脉的 23 条平行山岭南北贯穿市域中西部，155 座规模以上独立山体和孤立高丘散布域内，地形复杂多样，水土流失和石漠化问题突出。截至 2020 年年底，通过加强生态环境保护修复和开发管控，系统稳定性显著增强，重庆市水土流失率下降至占重庆全市国土水流失总面积的 30.52%，石漠化土地面积大幅减少。森林丰茂广布，林地面积达到 4 777 333.33 万平方米，森林蓄积量 2.41 亿立方米。依托天然林保护、国土绿化提升、国家储备林基地、森林抚育经营等工程，森林资源数量和质量实现双提升，重庆市的林地面积为 4598 万平方千米，森林面积约 43 293.33 万平方千米，森林覆盖率提高到 52.5%，活立木蓄积 2.41 亿立方米。高山草场延绵，重庆市草地资源面积 248.2 平方千米，以亚高山草甸为主，是我国中低纬度区域面积最大、保存最原始的亚高山草甸。通过开展乡村振兴、农村绿化、退耕还草等行动，加大了对高山草场的保护力度，生态功能逐步释放。通过实施城市更新、国土绿化提升等行动，城市建成区绿地率保持较高水平。

对于城市森林和非城市森林组成森林资源。城市森林是城市生态系统的重要构成部分，是富有生命力的基本配套设施，其中心任务就是维持城市的生态环境平衡，使之环境与经济社会发展相协调。非城市森林主要分布于山地、丘陵地带的天然林和人工林。城市森林主要由城市周边森林屏障、城市森林公园、景观大道、城区山头绿化等构成，在大力推进城市公共绿地建设的同时，打造实现乔、灌、草相辅相成、有机统一的城市自然森林体系。近年来，重庆市大力推进城市绿化，持续推进国家森林城市、生态园林城市建设。稳步开展城市公园绿地、防护绿地、广场绿地、附属绿地建设，持续增加城市绿量。着力实施"街头绿地提质"民生实事、城市园林绿化补缺提质，推进绿化更新。近年来，重庆市新增城市绿地面积1500万平方米，启动了国家生态园林城市和重庆市生态园林城市系列创建活动。不仅提升了重庆城市的绿色水平，而且也加强了乡村地区的绿色本底建设，推动探索统筹城乡绿色综合改革创新试验迈出新步伐。

为了更好地理解生态大保护与经济高质量发展，有必要简单梳理一下森林资源的生态功能价值所在。一是对于水源涵养的价值，主要是有助于增加地下及地表有效水量和净化水质，有助于改善水文状况、调节区域水分循环、防止河流、湖泊、水库淤塞，对于调节径流，防止水、旱灾害，合理开发、利用水资源具有重要意义。二是对于固土保肥的价值，主要包括森林减少土壤侵蚀价值和森林减少土壤肥力流失的价值，有助于减少土壤流失，提高土壤肥力，确保土地的生产力。三是对于固碳释氧、调节气候、改善环境的价值，主要是指森林资源通过吸收和固定空气中二氧化碳、滞尘、有害气体等，释放了大量氧气，提高了空气质量，改善了空气中的温度、湿度、环境等，这也已成为国际上许多国家实现降耗减排目标的有效途径。四是对于保护生物多样性的价值，主要是指丰富多样的物种资源是地球上最为珍贵的自然遗产和人类生存的财富，是维持生态平衡、促进人与自然和谐发展的重要组成成分，是人类赖以生存发展的基本条件。

3. 土地资源

根据《2020 年重庆市水土保持公报》，2020 年，重庆水土流失面积 25 142.46 平方千米，占全市国土水土流失总面积的 30.52%；轻度侵蚀面为 18 866.21 平方千米，占水土流失面积的 75.05%；中度侵蚀面积为 3611.59 平方千米，占水土流失面积的 14.36%；强烈侵蚀面积为 2082.44 平方千米，占水土流失面积的 8.28%；极强烈侵蚀面积为 518.58 平方千米，占水土流失面积的 2.06%；剧烈侵蚀面积为 63.64 平方千米，占水土流失面积的 0.25%。2020 年，重庆市坚定不移走生态优先、绿色发展之路，紧紧围绕加强生态文明建设、打好脱贫攻坚战、污染防治攻坚战和实施乡村振兴战略。以全国、市级和区县级水土保持规划为引领，以长江、嘉陵江、乌江及其重要支流水土流失区、坡耕地集中区域、石漠化区域为重点，依托国家水土保持重点工程、退耕还林、土地整治、高标准农田建设、石漠化治理等重点项目，统筹推进水土流失综合治理，加快减少水土流失存量。区域水土保持和水源涵养生态功能显著增强，为加快筑牢长江上游重要生态屏障，建设山清水秀美丽之地提供了重要保障。

根据《重庆市人民政府关于印发重庆市筑牢长江上游重要生态屏障"十四五"建设规划（2021—2025 年）的通知》（渝府发〔2021〕12 号），2020 年，重庆市耕地坡陡土薄，耕地保有量约 194 133.33 平方千米，15° 以上坡耕地面积占比 39%，高等级耕地仅占耕地总量的 12.9%，人均耕地面积仅为全国平均水平的 38.5%。通过推广测土配方施肥、秸秆还田等技术，耕地质量明显改善，耕地质量平均等别提高至 9.7 等。通过实施化肥农药减量使用行动，推进养殖污染防治、综合防治示范区建设等污染防治工程，面源污染得到有效管控，土壤环境质量点位达标率超过 73.5%。通过开展土壤污染防治专项行动，严格管控和修复受污染建设用地，受污染土壤环境质量明显改善，受污染耕地安全利用率达到 88%。通过实施尾矿库专项清理整改，推行尾矿库复林复草，生态环境逐步修复。

4. 大气资源

根据《重庆市 2020 年生态环境状况公报》，2020 年，重庆市空气质量优良天数为 333 天，同比增加 17 天，其中优的天数为 135 天，良的天数为 198 天；超标天数为 33 天（其中 PM2.5 超标 13 天，O_3 超标 20 天），无重度及以上污染天数。

2020 年 38 个区县（自治县）和两江新区、重庆高新区、万盛经开区（以下统称各区县）环境空气质量状况见表 3-9。其中万州区、涪陵区、黔江区、江北区、南岸区、北碚区、渝北区、巴南区、高新区、长寿区、永川区、綦江区、南川区、大足区、铜梁区、潼南区、万盛经开区、开州区、梁平区、武隆区、城口县、丰都县、垫江县、忠县、云阳县、奉节县、巫山县、巫溪县、秀山土家族苗族自治县、酉阳土家族苗族自治县、彭水苗族土家族自治县和石柱土家族自治县 32 个区县环境中六项大气污染物浓度均达到国家二级标准，占重庆市区县评价单元总数的 78.0%，比 2019 年增加 13 个区县。

表 3-9　2020 年重庆市各区县环境空气质量状况

区县名称	优良天数/天	综合质量指数	大气污染物 / (μg/m³)					
			PM10	PM2.5	SO₂	NO₂	O₃	CO
黔江区	355	2.63	32	28	10	14	104	0.8
涪陵区	345	3.44	45	30	11	29	122	1.1
渝中区	315	4.07	50	30	7	46	146	1.3
大渡口区	323	4.25	56	36	7	43	148	1.2
江北区	330	3.92	54	32	7	36	148	1.2
沙坪坝区	314	3.95	53	30	11	33	168	1.1
九龙坡区	306	4.38	55	36	5	45	161	1.4
南岸区	320	3.83	52	31	8	34	160	0.9
北碚区	340	3.78	50	32	7	31	146	1.4
渝北区	335	3.89	47	32	8	39	144	1.2
巴南区	334	3.77	51	33	8	32	142	1.1
长寿区	333	3.56	48	31	12	24	140	1.2
江津区	311	4.26	63	38	14	33	155	1.0
合川区	307	3.84	54	32	13	24	148	1.2
永川区	334	3.48	50	30	14	21	146	1.0
南川区	354	3.21	46	27	12	26	108	1.0
綦江区	339	3.59	52	34	13	25	126	1.0
大足区	342	3.18	43	28	10	17	144	1.1

续表

区县名称	优良天数/天	综合质量指数	大气污染物 / (μg/m³)					
			PM10	PM2.5	SO₂	NO₂	O₃	CO
璧山区	314	4.02	58	36	13	27	154	1.2
铜梁区	334	3.4	47	28	11	23	142	1.1
潼南区	343	3.26	52	27	10	18	130	1.3
荣昌区	293	4.01	52	44	11	22	153	1.3
开州区	356	3.17	46	26	11	24	113	1.1
梁平区	349	3.11	52	30	9	14	117	1.1
武隆区	355	2.95	38	27	13	22	99	1.0
城口县	361	2.49	36	20	10	14	91	1.3
丰都县	353	3.53	50	29	15	30	113	1.1
垫江县	350	3.15	47	29	10	21	119	0.9
忠县	357	3.18	42	30	15	20	115	1.0
云阳县	357	2.98	38	26	8	20	126	1.1
奉节县	353	3.31	40	30	8	27	120	1.3
巫山县	358	2.99	37	26	10	22	115	1.1
巫溪县	347	3.22	54	28	12	18	100	1.5
石柱土家族自治县	348	2.82	35	25	14	15	116	1.1
秀山土家族苗族自治县	351	3.1	44	33	16	12	109	1.1
酉阳土家族苗族自治县	364	2.58	30	21	12	18	109	0.9
彭水苗族土家族自治县	359	2.75	34	24	18	18	87	1.1
万盛经开区	348	3.27	39	30	11	26	119	1.1
两江新区	333	4.05	54	30	8	41	152	1.3
高新区	328	3.59	48	31	7	29	148	1.0

注:《环境空气质量标准》(GB3095—2012):PM10 年日均值 ≤ 70μg/m³,PM2.5 年日均值 ≤ 35μg/m³,SO₂ 年日均值 ≤ 60μg/m³,NO₂ 年日均值 ≤ 40μg/m³,O₃ 日最大 8 小时平均值 ≤ 160μg/m³,CO24 小时平均值 ≤ 4μg/m³。

2020 年，重庆市年均降尘量为 3.7 吨 /（平方千米·月），月均值范围为 3.5~4.1 吨 /（平方千米·月）。2020 年，全市酸雨频率为 8.8%，降水 pH 月均值范围为 5.13~6.25，年均值为 5.82。

依法开展污染防治攻坚，全面落实国务院《打赢蓝天保卫战三年行动计划》《重庆市污染防治攻坚战实施方案》《重庆市贯彻国务院打赢蓝天保卫战三年行动计划实施方案》年度任务，突出抓症结、抓关键、补短板、强弱项，着力实施重庆市生态环境局发布的《2020 年重庆市生态环境质量公报》中要求的"四控两增"❶，累计完成 2000 余项大气污染治理工程措施，空气质量持续改善。一是在控制工业污染方面。通过资金补助、免费监测、减免环保税、限时上门服务、减少监管频次五项举措引导企业深度治理、提标改造。完成 126 万千瓦煤电机组和 3160 蒸吨煤电锅炉超低排放改造、3 台垃圾发电机组除尘设施改造、97 台燃气锅炉完成低氮燃烧改造、126 家涉挥发性有机物排放企业治理、17 家工业企业废气深度治理，淘汰（清洁能源改造）燃煤锅炉 52 台。二是在控制交通污染方面。淘汰治理柴油车 2.4 万余辆，推广纯电动车 2.1 万余辆、纯电动船舶 14 艘。遥测机动车 1190 万余辆次，路检机动车 23.9 万余辆次，查处冒黑烟车、超标车 3.1 万余辆次。完成新车注册登记环节生产一致性核查 3.6 万余辆，定期检验机动车 175 万余辆，实施汽车排放检验与维护制度。完成 189 座年销售汽油 5000 吨以上加油站在线监控设施建设、3 座码头岸电设施改造。三是在控制扬尘污染方面。突出扬尘控制示范创建，建设扬尘控制示范工地 467 个、示范道路 416 条。督促各类施工工地严格落实扬尘控制十项规定，实施"红黄绿"标志分类管控。加强道路精细化清扫作业和应急冲洗，主城都市区中心城区（以下简称"中心城区"）主要道路机扫率达到 93%，其他区县达到 80% 以上。完成坡坎崖、裸露地绿化 1200 余万平方米，并出台《重庆市建筑垃圾密闭运输车辆技术标准》《中心城区建筑渣土全过程监管工作实施方案》等相关政策文件。四是在控制生活污染方面。严格实施重庆市《餐饮业大气污染物排放标准》，完成餐饮业油烟治理 3684 家，完成机关、学校、医院等公共机构食堂油烟治理 1990 家。新增高污染燃料禁燃区 38.4 平方千米，主城都市区设立 160 余处烟熏腊肉集中无烟环保熏

---

❶ "四控两增"是指控制工业污染、交通污染、扬尘污染、生活污染，增强监管能力、科研能力。

制点。出台《关于禁止在非指定区域露天焚烧、露天烧烤和经营食品摊贩的通告》，逐级建立巡查执法机制。巩固主城都市区烟花爆竹禁放成效，其他区县扩大禁放范围。五是在增强监管能力方面。通过常态化预警、通报、会商、约谈等方式压实各级各单位工作责任。实施"5 个综合监督组 +2 个督导帮扶组 +1 个执法监督组"督导帮扶，现场指导企业 1500 余家次，移交整治问题 3600 多个，对重点企业开展执法监测 1700 余家次，发放控制夏秋季臭氧污染告知书 6.2 万余份、餐饮服务项目环境保护事项告知书 4.5 万余份，引导企业主动治污。发出市级空气污染应对工作预警 10 次，开展飞机人工增雨 19 架次、地面人工增雨 58 次。川渝大气污染联防联控持续深入，签订《深化川渝地区大气污染联合防治协议》、召开川渝重点区域大气污染联防联控会议，开展联动帮扶 6 轮次，检查企业 207 家，移交问题线索 133 条，联合执法查处违法违规问题 27 起。六是在增强科研能力方面。建立大气污染防治信息系统平台、空气质量 APP、执法检查 APP，整合空气质量、气象、污染物普查、在线监测、日常管理、智能识别、空间、源清单、机动车监管平台等数据 5.2 亿余条。建成主城都市区空气质量网格化监测监管网络，投运 21 个区 802 个微站。完善重庆市大气污染物排放清单，持续开展污染源来源解析及控制对策研究。

5. 生物资源

重庆市共有自然保护地 217 个，自然保护地面积占重庆市面积的 15.4%；分布有野生维管植物 6000 余种，陆生野生脊椎动物 800 余种，生物丰度指数达到 56。通过加大物种多样性保护，90% 以上的珍稀濒危野生动植物得到积极保护。通过加大遗传资源多样性保护，典型农作物种质资源、畜牧渔遗传资源、中药遗传资源、观赏植物资源得到妥善保护，与动植物种质资源收集、保存、引种回归等相关的设施建设逐步完善。通过生态系统多样性保护，90% 以上的典型亚热带常绿阔叶林生态系统得到有效保护，重点河流生态系统、湿地生态系统、亚高山草甸和灌丛生态系统稳定性增强，生物多样性优先区、示范区建设取得重大进展，自然保护地监测系统日益完备。

尽管"十三五"期间重庆市生态环境质量改善明显，但取得的成效还是阶段性的，尚未实现由量变到质变的飞跃，离筑牢长江上游重要生态屏障的目标要求仍存差距，生态系统还比较敏感脆弱，环境容量和承载力还存在不足，主要表现在：部分山体一定程度受损，矿山地质环境未得到彻底修复；三峡库区消落带治理有待深入探索，部分支流、次级河流水质未达到水环境功能要求，洪涝灾害防治存在薄弱环节；水土流失防治和石漠化治理任务艰巨，森林生态系统稳定性不强；农业面源污染治理难题尚未完全破解，土壤污染治理仍需加大力度；湖库水质提升仍有较大空间，湿地草地生态系统调节能力有待提升；水生生物和陆域生物多样性保护亟须加强。

（二）绿色经济现状分析

重庆市地区生产总值持续呈现上升趋势。从 2004 年的 3059.54 亿元，增长至 2020 年的 25 002.79 亿元，相应地，产业结构也经历了明显的变革，第一产业占重庆市生产总值的比重自 2004 年的 13.74% 逐年下降至 2020 年的 7.21%，整体呈现出持续减少的趋势。第二产业占重庆市生产总值的比重在 2004 年为 45.51%，在 2006 年达到最高的 48.03% 之后，逐年波动下降，到 2020 年降至 39.96%。与此同时，第三产业占重庆市生产总值的比重从 2004 年的 40.74% 开始稳步上升，自 2009 年以来已稳定占据领先地位，至 2020 年占比 52.82%（图 3-3）。值得注意的是，虽然第一产业的占比不断下降，但其在整体经济中仍然有其不可替代的角色。与此同时，第二产业与第三产业之间的比重逐年靠拢，反映出重庆经济中服务业与制造业的协同增长。尤为明显的是，第三产业逐渐稳固了其在重庆市生产总值中的主导地位，表明重庆正逐步走向以服务业为主导的经济结构。尤其是党的十八大以来，渝东北三峡库区城镇群和渝东南武陵山区城镇群"两群"产业转型持续推进，绿色发展特征鲜明。渝东北三峡库区城镇群突出生态绿色发展，以"＋生态""生态＋"持续推动区域经济向绿色低碳转型发展；渝东南武陵山区城镇群坚持文旅融合型高质量发展思路，持续推动文旅产业快速发展，"两群"生态融合、绿色发展特征鲜明，服务业较快发展。这种转型意味着重庆的经济发展模式正向绿色、高质量的方向迈进，更加注重可持续性与环境保护。

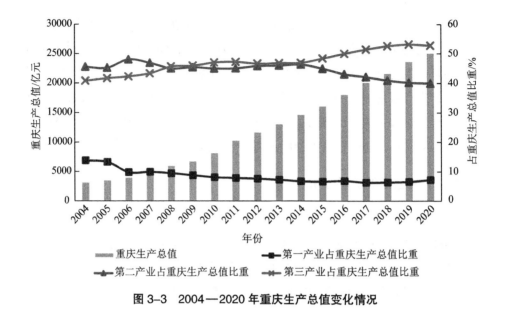

图 3-3　2004—2020 年重庆生产总值变化情况

（三）绿色生活现状分析

绿色生活代表了一种基于生态文明理念的生活方式，强调通过生活的细节和方式来加强绿色意识。这种方式旨在推动垃圾回收分类、绿色出行和绿色消费，从而在最大程度上减少生活方式对生态环境资源的影响。结合表 3-10 中的数据，我们可以明确看到重庆市在公共交通方面的绿色出行倾向。2004—2020 年，重庆市选择公共汽车作为出行方式的总客运量在多数年份中呈现出增长的趋势，尽管在 2009—2011 年有所减少，值得注意的是，轨道交通的客运量自 2005 年开始持续增长，特别是在 2011 年以后，这一增长趋势更为明显。这表明，随着公共交通投资的逐年增加，特别是轻轨系统的扩建和完善，重庆市民在出行选择上更倾向于使用环保、高效的公共交通工具，减少对环境的影响。这种转变不仅显示了城市基础设施的完善，还反映了重庆市民日益增长的绿色生活意识，表明在出行选择上，重庆市民更注重环保和可持续性。

此外，人均公共绿地面积被视为评估居民生活环境和生活质量的关键指标，同时也是绿色生活发展水平的重要反映。2004—2020 年，重庆市的人均公共绿地面积总体上呈现出稳定的增长趋势。尤其在 2004—2011 年，这种增长更为显著，从 4.09 平方米增至 17.01 平方米。尽管在 2011 年之后，人均公共绿地面积略有波动，但它仍然维持在相对较高的水平，显示出城市对绿色公共空间的重视和投资。此外，公共绿地面积也从 2004 年的 42.34 平方千米增至 2020 年的 294.64 平方千米（表 3-10）。可以看出，重庆在推进生态文明建设，提高居民绿色生活水平方面已取得了显著的成效。

表 3-10　2004—2020 年重庆绿色生活相关指标统计表

年份	人均公共绿地面积 / 平方米	公共绿地面积 / 平方千米	公共汽车 / 辆	（轻轨）客运量 / 万人次	公共交通投资额 / 万元
2004	4.09	42.34	7710	—	173 283
2005	4.93	52.06	8118	827	186 742
2006	6.59	64.74	8499	2202	54 558
2007	6.97	79.77	9019	3347	196 847
2008	8.91	105.04	9347	3988	322 873
2009	10.57	129.60	8077	4181	652 656
2010	12.72	177.62	7552	4576	1 169 406
2011	17.01	237.55	7822	8332	1 671 356
2012	17.41	251.02	7982	24 363	995 152
2013	17.10	250.99	12 088	40 049	816 416
2014	16.54	254.48	12 470	51 710	1 793 105
2015	16.10	256.57	12 837	63 247	2 275 772
2016	16.18	266.96	13 026	69 343	2 503 057
2017	16.43	279.99	13 734	74 310	3 069 937
2018	16.55	283.30	13 753	85 787	3 056 529
2019	16.16	282.95	14 276	104 187	3 099 960
2020	16.16	294.64	14 768	83 975	2 961 139

（四）绿色发展现状分析

重庆市委、市政府高度重视生态安全工作，先后印发实施《重庆市制造业高质量发展"十四五"规划（2021—2025 年）》《关于加快建立健全绿色低碳循环经济体系的实施意见》等系列政策文件，提出了打造西部生态安全技术研发高地、西部生态安全重大关键产品智造高地、西部生态安全产业配套服务高地，为重庆市生态安全产业营造了良好的发展空间和政策环境。

近年来，重庆市累计投入财政资金 6.78 亿元，支持开展技术研发应用、新型产品装备研制和创新平台搭建等工作，取得了镁基固态储氢新材料、沙漠土壤化等原创性成果，突破了区域大气污染协同控制、超临界二氧化碳驱气、烟气脱硫脱硝等一批国内领先技术，研制了 8MW 风力发电机组、增程式电动汽车、纯电动 SUV 型汽车、垃圾焚烧发电炉、餐厨垃圾资源能源化产线等新型产品及装备，搭建了 3 家国家级科技创新平台和 9 家市级技术创新中心，重庆市生态安全相关领域国家级和省部级科技创新平台数量达到 120 余个，有效期内国家高新技术企业 222 家，2021 年新增专利 240 项。为了更好地推进西部生态安全技术研发高地建设，重庆市将积极引进在学科领域具有带动作用的高端人才和团队，定期面向重庆市生态环境系统选拔"学术学科带头人"培养人选，在科研项目、经费资助等方面予以支持，继续加大生态环保高层次优秀人才和团队引育力度，建设一批重点实验室、技术创新中心等市级科技创新平台，提升生态安全技术研发水平。

此外，重庆市积极鼓励节能环保企业持续加强技术研发核心竞争力，支持三峰卡万塔在垃圾焚烧领域、远达环保在大气污染治理领域、新中天环保在固废处理领域打造国内领军企业，培育环保细分领域装备龙头企业。推动南川节能环保特色基地发展，建成荣昌区环保节能型通风管道生产项目和云阳县餐厨垃圾处理设备生产项目，推动云阳公厕智能环保设备生产项目落地。环境保护产品生产制造业产品从 2015 年的 120 项增长到现在的 300 余项，产品类别增长 2.5 倍；节能产品生产制造产品从 2015 年的 90 余项增长到现在的 150 余项，产品类别增长 1.5 倍，2021 年节能环保产业实现营业收入 1325 亿元。为了更好地推进西部生态安全重大关键产品智造高地建设，重庆市将围绕能源、工业、交通、建筑等领域，加快发展节能设备、仪器仪表、智能电网、绿色节能建材等节能产品。面向大气、水、土壤、固废等重点领域污染防治需求，推动垃圾焚烧发电、烟气脱硫脱硝、废水处理、固废处理等环保成套装备发展，提升环保装备制造及应用水平。

与此同时，重庆市积极支持大型生活垃圾焚烧炉及二噁英处理成套装备、污水一体化生物处理装置等近20个品种纳入重庆市重大技术装备推广应用目录，推荐中机环保（重庆）公司物联网垃圾渗滤液处理设备进入工信部重大技术装备推广应用目录，同时依托智博会、长江经济带环保博览会等大型展会，充分展示、推广重庆市生态安全技术及装备。重庆市节能环保产业现有上市公司22家，其中重庆水务集团股份有限公司、中节能太阳能股份有限公司、理文造纸有限公司、重庆三峰环境集团股份有限公司四家市值超过百亿元，产业配套服务能力不断提升。积极搭建生态环境大数据平台，形成污染源、审批、环境质量等20余类资源集，持续开展碳排放权、排污权交易，大力发展绿色金融、绿色保险。为了更好地推进西部生态安全产业配套服务高地建设，重庆市将不断创新环境服务模式，推行环境服务总承包、"第三方治理"环保服务，培育壮大环保服务市场主体，做优一批生态安全领域创新龙头企业、"专精特新"中小企业和行业"小巨人""隐形冠军"企业，创新环境服务产业形态，提高环保综合服务专业化水平。

四、本章小结

本章结合实地调研情况，对重庆市生态大保护政策和经济高质量发展的现状进行了分析。对于重庆市的生产大保护政策现状，重庆市在生态保护的政策制定中展现出明确的方向和策略。首先，其生态保护政策文件主要由生态环境部和重庆市生态环境局共同制定，直到2020年，政策文件的数量持续上升，其中2020年呈现出一个显著的高峰。其次，政策的形式多样，但以方案、意见和通知为主导。在政策内容上，2014年之前，重庆的焦点主要集中在温室气体排放、重金属污染治理、绿色建筑以及生态乡村建设等方面。而2014年之后，除了继续关注上述领域，政策更多地突出了环境监管和污染治理，以及快递包装、绿色矿山和农林牧渔的绿色转型。生态大保护政策的核心主题围绕环境监测、保护与治理。2014年之前，这类政策文件大多出自重庆市人民政府；但转入2014年以后，重庆市生态环境局成为主要的发布部门。与此同时，政策所覆盖的产业领域从最初的几个门类扩展到15个，显示出政策的广泛性和细致度。生态大保护政策文件多数属于联合发文情况，尤其是在2014年之后，凸显了各政府部门对生态保护的高度重视。最后，从生态基础、绿色经济、绿色生活和绿色政策支持度等维度看，重庆在推动经济高质量发展中，不断优化和改进其策略和措施。这为重庆在生态大保护和高质量经济发展之间实现平衡和协调提供了坚实的政策支持。

对于重庆市的经济高质量发展现状，本章主要从生态本底、绿色经济、绿色生活、绿色发展等方面对重庆经济高质量发展的现状进行了分析，以下是一些主要的结论：一是在生态本底方面。重庆的自然环境和生态资源为其经济高质量发展提供了得天独厚的条件。无论是森林覆盖率还是生态功能区域，都展现了重庆在生态保护和恢复方面的坚实基础。二是绿色经济方面。相关数据显示，重庆在环保产业、绿色建筑和节能减排方面都取得了显著的进展。特别是在环保产业的产值，我们可以看到重庆已经具备了较强的绿色经济竞争力。三是绿色生活方面。通过公共交通和公共绿地的数据，我们可以看出重庆市民日益增强的绿色生活意识。公共交通的利用率持续增加，而公共绿地的面积也在逐年扩大，这为城市居民创造了一个更为宜居的环境。四是绿色发展方面。园林绿化的投资额与城市公共绿地的面积均表现出积极的增长态势，证明了重庆在绿色城市建设和生态文明建设方面的决心。综上所述，重庆在推动经济高质量发展的过程中，已经形成了明确的绿色发展方向和策略。通过与自然的和谐共生，重庆正在迈向一个更为绿色、可持续的未来。

第四章　重庆生态大保护和经济高质量发展的空间识别

本书以重庆市作为研究对象，结合相关文献与国家标准构建生产空间、生活空间、生态空间"三生空间"的理论阐释及其分类体系，利用2020年重庆市POI数据和土地利用数据，并采用网格分析法、样方比例法、核密度分析法、标准差椭圆等GIS空间分析方法，对重庆市生态大保护视角下的"三生空间"进行多维识别和格局分析，探究重庆市生态大保护的演变趋势与特征，为推动重庆市高质量发展提供理论及研究方法借鉴。

一、"三生空间"的理论阐释

（一）生产空间

生产空间是指用于生产性经营活动的场所，包括一切为人类提供物质产品生产、运输与商贸、文化与公共服务等生产经营活动的空间载体。[1] 这种生产经营活动包括产品的获取与供给，而生产的产品类型可具体提供工业品、农产品以及无形的服务业产品。生产空间与产业空间、产业布局既有联系也有区别，实际当中后两种应用得更加广泛。生产空间一般是与产业结构相似的，在某种程度上，一个地区的产业结构类型大致决定了该区域生产空间类型。生产空间也对应着相应的用地类型。一般而言，农业生产空间可具体包

---

[1] 朱媛媛，余斌，曾菊新，等.国家限制开发区"生产—生活—生态"空间的优化——以湖北省五峰县为例 [J].经济地理，2015（4）：26-32.

括耕地、水田、林园地等土地类型；工业生产空间含有工业生产用地以及工矿用地等用地类型。基于不同空间尺度和产品类型，生产空间范围具有差异。其中，特定区域从事不同产品类型的空间可以分为农业产品生产空间、工业产品生产空间和服务业产品生产空间；其中，农业产品生产空间是生产直接产品的空间，工业用地及工矿用地是生产直接产品和间接产品的空间。^❶基于我国城乡生产分工的现实背景，又可以将生产空间分为城市生产空间和农村生产空间，但其生产空间存在的生产功能是有差异的。其中，城市生产空间是指城市工业生产空间及商业服务业空间。乡村生产空间是指在乡村从事农业生产与非农业生产活动的场所；不过由于农村绝大多数从事农业生产而很少从事非农业生产，因而乡村生产空间基本等于农业生产空间。因而，不同生产功能以及不同生产空间尺度的生产空间的范围并不一致，要结合具体地区和具体产品具体分析。

（二）生活空间

生活空间是指承载和保障人类一系列生活活动的特定区域，可用来居住、消费和休闲娱乐。结合具体的人类活动属性和区域场所，对生活空间也有不同的分类方式，且不同分类下的生活空间是存在差异的。从区域场所承载人类活动的类型来看，生活空间主要分为居住生活空间和生活活动空间。一是将生活空间视为居住生活空间，实际上就是将生活空间看作人类的居住环境。由于人类居住生活空间相对固定，因而倾向于将生活空间理解为"静态"的居住空间。^❷如王立、王兴中认为生活空间是指人类为了满足生活中各种不同的需求，而进行各种活动的场所与地点，但在具体研究中则倾向于将其看作社区居住空间。^❸二是将生活空间理解为"活动"概念的空间，即生活活动空间。生活空间强调以居住地为中心相对的活动空间，包括居住、购物消费、休闲、社交等活动形成的空间，突出生活空间的社会性与文化性。^❹如章

❶ 杨惠."三生"空间适宜性评价及优化路径研究——以扬中市为例［D］.南京：南京师范大学，2018.
❷ 曾文.转型期城市居民生活空间研究——以南京市为例［D］.南京：南京师范大学，2015.
❸ 王立，王兴中，城市生活空间质量观下的社区体系规划原理［J］.现代城市研究，2011（9）：62-71.
❹ 曾文.转型期城市居民生活空间研究——以南京市为例［D］.南京：南京师范大学，2015.

光日将生活空间定义为"容纳各种日常生活活动发生或进行场所的总和，其实质是构成人们日常生活的各种活动类型及社会关系在空间上的总投影"❶。冯健通过定性地理信息系统研究城市社会空间时，认为生活空间是城市居民活动在空间上的投影。❷王甫园、王开泳认为生活空间是具体实在的日常生活的经验空间，是容纳各种日常生活活动发生或进行的场所总合。❸周尚意、柴彦威认为生活空间概念具有泛化特征，生活空间从室内、邻里、社区到城市、区域、国家和整个世界，而活动空间则具体指各种活动所形成的空间形态与结构，特指生活空间中个人发生的可以观察到的移动与活动。❹因此不能将活动空间等同于生活空间。从生活空间区域来看或按照人类活动的区域场所范围来看，生活空间也可主要分为城市生活空间和乡村生活空间。其中城市生活空间实质上就是城市人居环境，它是城市中各种维护人类活动所需的物质和非物质结构的有机结合体——以人为中心的城市社区环境。❺生活空间是承载居住、就业、消费以及休闲娱乐等人类活动的空间场所，不过城市生活空间和乡村生活空间实际上是存在显著差异的。一方面，乡村生活活动空间的规模、类型显著低于城市地区。另一方面，从用地类型来看，城市生活空间用地主要涉及城市居民点、旅游点、交通运输等人工建设用地，农村生活空间包括有农村居民点和农村交通用地，其他交通用地均归类到城市生活空间。

（三）生态空间

生态空间是指调节、维持和保障区域生态安全的空间。由于任何生物维持自身生存与繁衍都需要一定的环境条件，这种能够维持某种物种生存繁衍

---

❶ 章光日.信息时代人类生活空间图式研究［J］.城市规划，2005（10）：29-36.

❷ 冯健，柴宏博.定性地理信息系统在城市社会空间研究中的应用［J］.地理科学进展，2016，35（12）：1447-1458.

❸ 王甫园，王开泳.城市化地区生态空间可持续利用的科学内涵［J］.地理研究，2018，37（10）：1899-1914.

❹ 周尚意，柴彦威.城市日常生活中的地理学——评《中国城市生活空间结构研究》［J］.经济地理，2006（5）：896.

❺ 李伯华，曾灿，窦银娣，等.基于"三生"空间的传统村落人居环境演变及驱动机制——以湖南江永县兰溪村为例［J］.地理科学进展，2018，37（5）：677-687.

需要的或占据的环境总和称为生态空间。❶从功能的角度来看，国土空间中承载相应生态功能的空间就是生态空间。我国相关政策文件则多次通过用地或空间列举的形式界定生态空间范围。❷有学者从生态要素、生态功能、主体功能视角对生态空间的科学内涵进行了辨析❸，分别为：一是生态要素视角。认为生态空间是由各种生态要素构成的空间统称。这种空间不仅包含自然属性，还融合了人工生态景观和农林牧混合景观的特征。其覆盖了多种类型的用地和空间场所，展现了一个多元化的生态景观。❹二是生态功能视角。认为生态空间是具备一种或多种生态功能的用地或空间区域。它们不仅起到保护和稳定区域生态系统的作用，还能提供生态环境调节、生物支持和其他生态服务，包括生产生态产品。值得注意的是，近年来关于生态空间对居民健康影响的研究逐渐增多，突显了其在维护公共健康方面的重要角色。❺三是主体功能视角。该视角是基于用地或空间的主体功能来确定生态空间的，意味着某些类型的用地或空间可以兼具生产、生活和生态等多重功能。在这里，生态空间被视为一个以提供生态服务为核心功能的地域区域，突显了其在区域可持续发展中的核心地位。❻不同空间尺度下生态空间的范围、承载功能均不相同。城市空间限定在城市开发边界内，城市生态空间与区域中国土生态空间的内涵存在一定差异，城市生态空间的界定主要包括两种视角：一是城市生态空间是城市生态要素的空间。由于城市建设导致城市原生态空间消失殆尽，城市生态空间是自然、人工、半人工生态要素空间的集合，包括城市绿色空间、蓝色空间两类（即植被与水域）。❼二是城市生态空间为城市提供生态服

❶ 黄安，许月卿，卢龙辉，等."生产—生活—生态"空间识别与优化研究进展［J］.地理科学进展，2020，39（3）：503-518.
❷ 江曼琦，刘勇."三生"空间内涵与空间范围的辨析［J］.城市发展研究，2020，27（4）：43-48，61.
❸ 江曼琦，刘勇."三生"空间内涵与空间范围的辨析［J］.城市发展研究，2020，27（4）：43-48，61.
❹ 董雅文，周雯，周岚，等.城市化地区生态防护研究——以江苏省、南京市为例［J］.现代城市研究，1999（2）：6-8，10.
❺ 龙花楼，刘永强，李婷婷，等.生态用地分类初步研究［J］.生态环境学报，2015，24（1）：1-7.
❻ 邓红兵，陈春娣，刘昕，等.区域生态用地的概念及分类［J］.生态学报，2009，29（3）：1519-1524.
❼ 王甫园，王开泳，陈田，等.城市生态空间研究进展与展望［J］.地理科学进展，2017，36（2）：207-208.

务功能。城市生态空间既要为城市生态系统提供重要载体功能，也要作为居民休闲娱乐场所，保障居民生活质量与身心健康，因此具有生态与生活双重功能。❶❷

二、"三生空间"与生态大保护和经济高质量发展的关系

（一）"三生空间"研究进展

目前国外对于"三生空间"这一概念还未有明确的标准，但是在空间规划上则能体现出"三生空间"的内涵。埃比尼泽·霍华德（Ebenezer Howard）提出"田园城市"概论，强调了在满足城市发展必要条件的同时还需要保证永久性农业地带的环绕，这一思想体现了"三生空间"的生态优先保护理念；❸20世纪70年代，由于可持续发展这一概念被各个国家应用于空间规划，生产、生活和生态空间的综合开发正在成为城市规划、管理与控制研究的关键组成部分。❹

我国对"三生空间"的研究主要有以下关注领域。一是"三生空间"的发展。我国关于"三生"的探索最初来源于20世纪80年代我国台湾提出的"三生"农业发展模式。近年来，生态文明建设在我国上升为国家战略，"三生空间"协调共生不仅是生态文明的内涵解析，也成为生态文明建设的重要内容。❺二是"三生空间"的分类。目前对于"三生空间"分类的方式主要有两种：一种是依据生产—生活—生态三类功能，对不同用地类型进行分类，如陈婧等参照《土地利用的现状分类标准》划分了生产、生活、生态三个一

---

❶ 李广东，方创琳.城市生态—生产—生活空间功能定量识别与分析［J］.地理学报，2016（1）：49-65.

❷ 鲁学军，周成虎，张洪岩，等.地理空间的尺度——结构分析模式探索［J］.地理科学进展，2004，23（2）：107-114.

❸ 原智远.基于田园城市理论的城市群土地利用优化研究［D］.北京：中国地质大学（北京），2017.

❹ 胡莎莎.开放式城市公园绿地边缘空间研究［D］.合肥：合肥工业大学，2013.

❺ 金星星，陆玉麒，林金煌，等.闽三角城市群生产—生活—生态时空格局演化与功能测度［J］.生态学报，2018，38（12）：4286-4295.

级类和多个二级类用地，构建了"三生"视角下的土地利用功能分类体系。[1]
另一种是对生产—生活—生态三类功能这一分类方式的延伸，考虑到用地空
间的复合类型，将土地利用分析划分为具有复合含义的生活生产、生产生态、
生态生产以及生态空间这四类。[2] 三是"三生空间"的识别方式。国内学者
们对"三生空间"进行识别的主流方法有两种，一种是土地利用类型归并分
类法；另一种是空间功能指标量化法。[3] 李科等人通过 ENVI 5.1 平台对湘江
流域的遥感影像进行目视解译，得到湘江流域包括耕地、林地、草地、水域、
建设用地、未利用地在内的六个二级指标体系，并通过国家标准土地利用现
状类型建立"三生空间"的评价指标体系对湘江流域进行"三生空间"的识
别。[4] 李明薇等通过地理国情监测云平台中的土地利用栅格数据，同样建立了
包括耕地、林地、草地、水域、建设用地、未利用地在内的六个二级类对土
地利用数据进行"三生空间"识别。[5] 于莉等通过土地利用变更调查数据，构
建出八个"三生空间"二级分类用于计算各建制村的"三生空间"功能结构
指数进行"三生空间"识别。[6] 曹根榕等利用 POI 数据，将上海市划分为相
同大小的识别单元，再对分类后的 POI 点赋予其对应权重进行综合计算，最
后通过计算识别单元内三生功能要素值对"三生空间"进行识别；[7] 曹政等也
用相同的方式对武汉市中心城区进行"三生空间"现状识别与格局分析。[8] 四
是"三生空间"格局分析。刘继来等主要计算全国范围内的"三生空间"功

---

[1] 陈婧，史培军. 土地利用功能分类探讨 [J]. 北京师范大学学报（自然科学版），2005（5）：
536-540.

[2] 廖李红，戴文远，陈娟，等. 平潭岛快速城市化进程中三生空间冲突分析 [J]. 资源科学，2017，
39（10）：1823-1833.

[3] 张红旗，许尔琪，朱会义. 中国"三生用地"分类及其空间格局 [J]. 资源科学，2015，37（7）：
1332-1338.

[4] 李科，毛德华，李健，等. 湘江流域"三生"空间时空演变及格局分析 [J]. 湖南师范大学自然
科学学报，2020，43（2）：9-19.

[5] 李明薇，郧雨旱，陈伟强，等. 河南省"三生空间"分类与时空格局分析 [J]. 中国农业资源与
区划，2018，39（9）：13-20.

[6] 于莉，宋安安，郑宇，等. "三生用地"分类及其空间格局分析——以昌黎县为例 [J]. 中国农
业资源与区划，2017，38（2）：89-96.

[7] 曹根榕，顾朝林，张乔扬. 基于 POI 数据的中心城区"三生空间"识别及格局分析——以上海市
中心城区为例 [J]. 城市规划学刊，2019（2）：44-53.

[8] 曹政，任绍斌. POI 数据视角下武汉市中心城区"三生空间"现状识别及格局分析 [M]// 中国
城市规划学会. 面向高质量发展的空间治理——2020 中国城市规划年会论文集. 北京：中国建筑工业
出版社，2020：974-984.

能要素值，并对价值量的高低进行分析；❶崔家兴等通过格网法与空间自相关法对湖北省"三生空间"进行演化特征分析。❷五是 POI 数据的运用。POI 数据作为大数据背景下的一种新兴产物，目前被广泛运用到空间格局分析的研究当中。贾晓婷等通过提取乌鲁木齐市的 POI 数据中具有休闲类型的 POI 数据，建立乌鲁木齐休闲空间体系，用以分析乌鲁木齐市的休闲空间格局；❸刘昳晞等提取昆明市主城区的零售业 POI 数据，用以研究昆明市零售业空间分布格局；❹黄钦等通过利用长沙市旅游景点数据，研究长沙市旅游景点空间布局。❺

国内外对于"三生空间"的研究呈现出越来越关注的态势。目前国内对于"三生空间"的研究程度逐渐加深，首先是在"三生空间"分类体系上，其次是研究区域的选择上，从宏观尺度的国家层面、中观尺度的省市层面、微观尺度的县域方面，均有所涉及。这为本书的研究提供了良好的方向，但是在某些方面，还存在着略微不足。一是当前的研究方法主要分为定量与定性两种，曹根荣等利用 POI 点进行上海市"三生空间"识别，使用的便是定量这一方法，由于上海市面积较小，加之经济发展水平高，因此可以利用POI 数据得到较好的识别结果，而对于重庆市所处的西部丘陵地区，由于其地形条件限制，居民点多呈现出分散式布局，相互之间相隔较远，如果利用POI 数据对全重庆市进行"三生空间"识别，便不太适用。二是现有的利用POI 数据对省市这一尺度的"三生空间"所进行的格局分析研究，在数量上还比较少。

❶　刘继来，刘彦随，李裕瑞.中国"三生空间"分类评价与时空格局分析［J］.地理学报，2017，72（7）：1290-1304.

❷　崔家兴，顾江，孙建伟，等.湖北省三生空间格局演化特征分析［J］.中国土地科学，2018，32（8）：67-73.

❸　贾晓婷，雷军，武荣伟，等.基于POI的城市休闲空间格局分析——以乌鲁木齐市为例［J］.干旱区地理，2019，42（4）：943-952.

❹　刘昳晞，向帆，廖俊凯，等.基于POI零售业空间分布格局实证分析［J］.商业经济研究，2020（8）：35-39.

❺　黄钦，杨波，龚熊波，等.基于POI数据的长沙市旅游景点空间格局分析［J］.湖南师范大学自然科学学报，2021，44（5）：40-49.

（二）"三生空间"与生态大保护

生产、生活、生态空间构成了人类社会生活的重要基础和发展条件，三者是不可分割的统一有机整体的关系。生产空间是发展基础，通过发展序列展现出顽强的生命力，不但决定着生活因素而且影响着生态形象；生活空间是发展的目标，用外部联系创造吸引力，不仅影响生产条件还在制约着生态环境要素；生态空间是发展屏障，用内生机制来产生出相应的承载力，不仅限制着生产空间也限制着生活空间。❶言而总之，"三生空间"系统相互影响、互相制约、相互渗透，并在整体上共同影响着空间布局特征的形成，"三生空间"不仅是实现绿色发展的重要抓手，也是协调推进重庆生态大保护与经济高质量发展的必然要求。

换言之，在"绿水青山就是金山银山"理念指导下，逐渐增加生态环境资源的"含金量"，在生态环境容量和生态资源承载力相互约束限制下，逐渐提高生产与生活空间的"含绿量"；让绿色生态支持绿色生产和绿色生活，用绿色生产来打造绿色生活，通过绿色生产和绿色生活来保护好绿色生态，最终实现生态空间基础高品质化、生产空间强集约化、生活空间宜居化的"三生"共赢目的，打造"三生"环境交融程度深、协调水平高、统筹效率高的绿色发展良好格局。❷重庆市要想协调推进生态大保护与经济高质量发展必须协调"三生空间"之间的关系（图4-1），重视生产、生活和生态空间的动态演进。应注意三者之间的相互转化，注重生产空间转化成为生活空间或生态空间，关注生活空间转化成为生产空间或生态空间以及生态空间转化成为生产空间和生活空间。短期来看，"三生空间"相对固定，动态演化过程并不明显；长期来看，"三生空间"则会出现显著变动，动态演化过程比较明显。

---

❶ 沈潇. 山地乡村"三生空间"发展水平及优化策略研究［D］.武汉：华中科技大学, 2017.

❷ 程莉, 文传浩.乡村"三生"绿色发展困局与优化策略［J］.改革与战略, 2021, 37（1）：82-89.

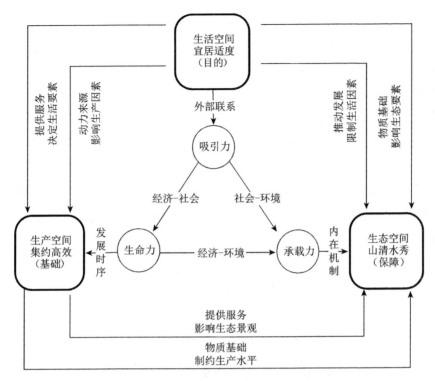

图 4-1　重庆生产、生活、生态空间互动关系

"三生空间"之间的比例关系会因地理生态环境的好坏、发展水平高低和发展方式不相同而表现出此起彼伏的空间关系。从自然因素来看，"三生空间"之间内部存在着自然演化的现象，尤其是生产空间、生活空间在自然条件下易于发展为生态空间，特别是遇到自然灾害以及主动放弃原有生产生活功能情况下，生态空间会逐渐替代被毁坏或遗弃的生产生活空间。从经济社会发展需求来看，随着经济社会发展的不同阶段对应着不同需求比例的"三生空间"，经济发展初期以及经济发展后期对生产空间需求都相对较少，但对生态空间需求较大。从制度因素来看，一系列制度因素也相对规定了"三生空间"不同演化的方向和程度。

（三）"三生空间"与经济高质量发展

"三生空间"是生态大保护的重要载体，也是经济高质量发展的重要抓手。习近平总书记提出的"绿水青山就是金山银山""共抓大保护、不搞大开发""生态优先、绿色发展""共同体"等发展战略思想为经济高质量发展提出了具体要求。学者们提出通过绿色转型、发展低碳产业、节能环保、资源环境可持续发展来推动经济高质量发展。党的十八大报告提出"促进生产空间集约高效、生活空间宜居适度、生态空间山清水秀"，基于"三生空间"的发展要义，实务界和理论界对城市"三生空间"、乡村"三生空间"以及城乡统筹"三生空间"的布局、规划、耦合和发展目标进行了分析。"三生空间"的发展要义和与经济高质量发展要求高度一致，这为我们探索经济高质量发展示范提供了思路。从"三生空间"探索研究经济高质量发展思路清晰，并且"三生空间"发展要义目标明确，有助于切实地推动经济高质量发展实践。

三、重庆"三生空间"识别

（一）数据来源与预处理

所使用数据包括 2020 年重庆市 POI 点数据、1 千米 ×1 千米分辨率的土地利用现状栅格数据和重庆市各区县城市总体规划图。其中，城市兴趣点（Point of Interest，POI）指的是与人们生活密切的地理实体，如公司、小区、医院、学校等。本书所使用的 POI 数据来源为重庆市 2020 年高德电子地图，数据累计 983 851 条，每一条 POI 数据包括名称、类型（大类、中类及小类）、地址、行政区和经纬度这 5 个属性。POI 数据由公司企业、金融保险、工厂及产业园、政府机构、交通设施服务、道路附属设施、餐饮服务、购物服务、生活服务、科教文化服务、医疗保健服务、体育休闲服务、住宿服务、公共设施、住宅区和风景名胜 16 大类组成，当中大类包含着多个中类和小类。

由于 POI 数据集中分布在中心城区范围，在中心城区范围以外的区域覆盖度较低，因此利用 POI 点数据进行的"三生空间"识别仅针对中心城区范围，对于中心城区以外的研究范围则是利用土地利用数据进行"三生空间"识别，本书所采用的土地利用数据来源于中国科学院地理科学与资源研究所。

（二）"三生空间"分类体系构建

在进行文献梳理后，得出"三生空间"分类体系的构建主要有以下两种方法。第一种是根据生产功能。例如，孔冬艳等根据《全国遥感监测土地利用/覆盖分类体系》的二级分类标准，在土地利用功能与土地利用类型辨析的基础上，分为农业"三生空间"（包含水田、旱地）和工业"三生空间"（包含工矿、交通建设用地）。[1]第二种是根据土地利用多功能角度。把"三生空间"与土地利用类型建立对应关系，形成生产用地土地利用分类体系，分为生产用地、半生产用地、弱生产用地和非生产用地。[2]本书采取第一种方式，结合《土地利用现状分类》（GB/T 21010—2017）和《城市用地分类与规划建设用地标准》，建立"三生空间"分类体系（图4-2）。

本书所构建的"生产空间"分类体系包括城区生产空间分类体系和非城区生产空间分类体系。城区生产空间分类体系包括生产性服务业空间、工业空间、管理空间和交通空间4个一级类，包含公司企业、金融保险、工厂及产业园区、政府机构、交通设施服务和道路附属设施6个二级类；非城区生产空间分类体系包括农业生产空间和工业生产空间2个一级类，包含旱地、水田、其他独立建设用地3个二级类。本书所构建的"生态空间"分类体系包括绿地空间分类体系1个一级类。绿地空间分类体系包括风景名胜、公园绿地2个二级类。本书所构建的"生活空间"分类体系包括生活性服务业空间、居住空间2个一级类。生活性服务业空间分类体系包括餐饮服务、购物服务、生活服务、科教文化服务、医疗保健服务、体育休闲服务、住宿服务和公共设施8个二级类；居住空间包括住宅区（含商务住宅相关）1个二级类。

---

❶ 孔冬艳，陈会广，吴孔森.中国"三生空间"演变特征、生态环境效应及其影响因素 [J].自然资源学报，2021，36（5）：1116-1135.

❷ 刘继来，刘彦随，李裕瑞.中国"三生空间"分类评价与时空格局分析 [J].地理学报，2017，72（7）：1290-1304.

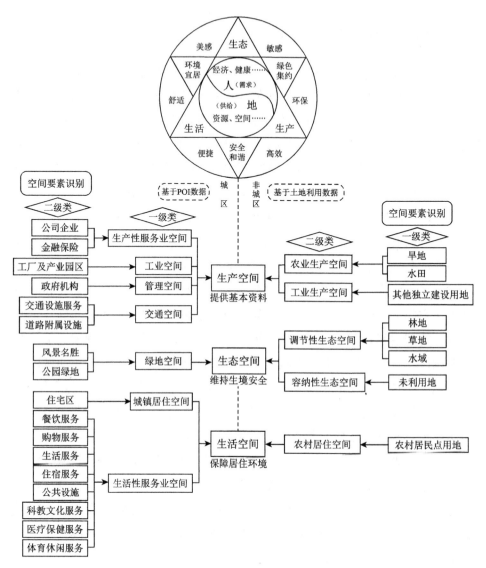

图 4-2 "三生空间"分类体系

在此基础上，根据各种 POI 数据与"三生空间"的相关程度和影响力情况分析，重新进行综合权重赋值（表 4-1）。首先，在相关度方面。因为不同类型的 POI 数据与"三生空间"的相关程度不同，运用特尔菲法确定其相关度指数 a；其次，在影响力方面。由于在"三生空间"识别过程中，不能仅从格网中所包含的各类 POI 点数据的个数多少来直接判定该格网的空间类型，各 POI 点数据的实体面积对"三生空间"的识别也起到重要的影响作用。然而通过高德电子地图爬取的 POI 数据不具有面积属性,因此,本书参考曹根榕等对各类 POI 数据影响度指数 b 的赋值情况。❶

表 4-1 基于相关度和影响度的各类 POI 综合权重赋值

分类	一级类	二级类	相关度 a	影响度 b	综合权重 P
生产空间	生产性服务业空间	公司企业	0.2597	30	7.7910
		金融保险	0.0550	30	1.6500
	工业空间	工厂及产业园区	0.4856	70	33.9920
	管理空间	政府机构	0.0989	30	2.9670
	交通空间	交通设施服务	0.0649	15	0.9735
		道路附属设施	0.0359	15	0.5385
生活空间	生活性服务业空间	餐饮服务	0.1108	10	1.1080
		购物服务	0.0741	15	1.1115
		生活服务	0.1365	10	1.3650
		科教文化服务	0.0752	30	2.2560
		医疗保健服务	0.0514	20	1.0280
		体育休闲服务	0.0379	10	0.3790
		住宿服务	0.0834	10	0.8340
		公共设施	0.0427	5	0.2135
	居住空间	住宅区(含商务住宅相关)	0.3880	50	19.4000
生态空间	绿地空间	公共绿地	0.7500	95	71.2500
		风景名胜	0.2500	95	23.7500

❶ 曹根榕,顾朝林,张乔扬.基于POI数据的中心城区"三生空间"识别及格局分析——以上海市中心城区为例 [J].城市规划学刊,2019(2):44-53.

（三）"三生空间"识别研究方法

运用样方比例法对重庆市"三生空间"进行识别。将研究范围内每个识别单元内的各类POI数量和其权重相乘得出其综合数量，计算公式如下：

$$N_i = C_i \times P_i \tag{4-1}$$

式中，N_i为识别单元方格内第i类功能要素的综合数量，C_i为第i类POI数据点的数量，P_i为第i类POI数据点的权重。

将各类功能要素的综合数量相加，可得每个识别单元内功能要素总量，其公式为

$$S_j = \sum_{i=1}^{n} N_i \tag{4-2}$$

式中，S_j为第j个识别单元内全部类型功能要素的总量。运用样方比例法计算每一个识别单元内某种类型的功能要素数量占该识别单元功能要素总量的占比。识别单元方格区域内，生活、生产、生态三类功能要素所占的比例值公式为：

$$R_i = \frac{N_i}{S_j} \times 100\% \tag{4-3}$$

式中：R_i为第j个识别单元内第i类功能要素的比值。通过每个识别单元内各类功能要素比值来判定该识别单元所属空间范围的功能性质。如若识别单元内某种的功能要素占该单元内功能要素总量的50%及其以上时，就可以判断这类功能要素类型所对应的空间类型作为该识别单元的空间类型。

（四）"三生空间"识别技术路线

按照研究范围处理与识别单元确定、数据收集及预处理、生产功能及"三生空间"识别、识别结果可视化制图、"三生空间"格局分析的思路，以重庆市"三生空间"识别为主线开展研究，具体研究技术路线如图4-3所示。

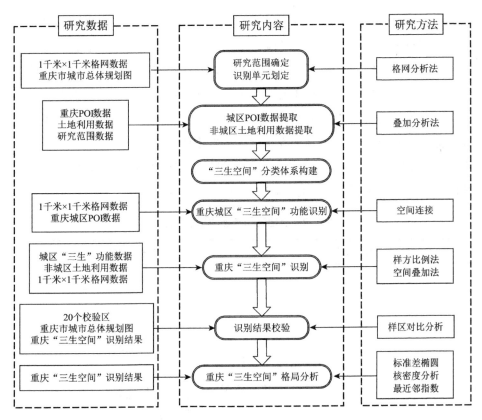

图 4-3　重庆"三生空间"研究技术路线

（五）研究范围选取与识别单元确定

对于重庆市中心城区与非中心城区范围划分。主要是根据各区县的城市总体规划图确定城区范围，同时利用 ArcGIS 进行地理配准之后提取出各区县的城区范围数据，再结合重庆市主城渝中区、大渡口区、江北区、沙坪坝区、九龙坡区、南岸区、北碚区、渝北区、巴南区九区的范围一同组成重庆市中心城区的范围；余下区域则划分为重庆市非中心城区范围数据。

对于土地利用数据"三生空间"分类（表4-2）。首先将重庆市非中心城区的范围数据与土地利用栅格数据进行空间叠加分析；在此基础上，参照我国《土地利用现状分类》（GB/T21010—2017），选取水田、旱地和其他建设用地作为生产类型空间要素，城镇用地和农村居民点作为生活类型空间要素，林地、灌木林地、疏林地、其他林地、高覆盖度草地、中覆盖度草地、低覆盖度草地、河渠、湖泊、滩地、沼泽地、裸岩石质地作为生态类型空间要素，将这三类空间要素用作重庆市非中心城区"三生空间"识别。将重庆市作为研究区对象，可分为城区和非城区。其中重庆城市地区范围包括主城9区和29个区县的城区，面积约为 0.91 万平方千米；余下区域则为非城市地区范围，面积约为 7.33 万平方千米。依据重庆市地图上尺度大小，以 1 千米 ×1 千米的格网设定为基本识别单元。城区范围内含 6 384 个格网，非城区范围内含 72 048 个格网，共计 78 432 个格网。

表 4-2　土地利用类型"三生"分类

"三生"类型	土地利用类型
生活	城镇用地
	农村居民点
生产	其他建设用地
	水田
	旱地
生态	有林地
	灌木林
	疏林地
	其他林地
	高覆盖度草地
	中覆盖度草地
	低覆盖度草地
	河渠
	湖泊
	滩地
	沼泽地
	裸岩石质地

（六）重庆市"三生空间"识别结果

"三生空间"指的是具有工农业和服务业产品生产功能的用地。❶❷❸ "三生空间"的识别研究方法有定性和定量。第一种为定性研究方法，指的是将土地利用数据和"三生空间"分类归并标准进行连接，对土地使用现有数据的分类进行识别；第二种为定量研究方法，是使用空间功能价值测算模型来构造用地功能体系，通过对用地主导功能进行定量计算来识别。❹

本书主要采取定性和定量相结合的方式对重庆市"三生空间"进行识别，分为城区和非城区两大组成部分。其中城区范围内的"三生空间"识别以POI数据为研究基础数据，采取定量的方式，利用ArcGIS的空间连接法、样方比例法等空间分析方法，通过计算城区生产要素功能分值，提取主导功能类型，由此来识别"三生空间"。非城区范围内的"三生空间"识别则是运用土地利用数据为研究基础数据，使用定性的方式，利用ArcGIS的空间叠加分析和样方比例法，通过将土地利用现状数据和"三生空间"类型分类标准建立对应连接关系，提取识别单元内的主导用地类型，由此来识别"三生空间"。2020年重庆市共有35 342个格网识别为生产空间，占比45.061%；共有2614个格网识别为生活空间，占比3.333%；共有40 476个格网被识别为生态空间，且占比最高，为51.606%（表4-3）。

表4-3　重庆市2020年"三生空间"占比

区域	空间类型	格网个数 / 个	占比 / %
城区	生产空间	3407	53.368
	生活空间	2393	37.484
	生态空间	584	9.148

❶ 张红旗，许尔琪，朱会义.中国"三生用地"分类及其空间格局 [J].资源科学，2015，37（7）：1332-1338.

❷ 朱媛媛，余斌，曾菊新，等.国家限制开发区"生产—生活—生态"空间的优化：以湖北省五峰县为例.经济地理，2015，35（4）：26-32.

❸ 林伊琳，赵俊三，张萌，陈国平.滇中城市群国土空间格局识别与时空演化特征分析 [J].农业机械学报，2019，50（8）：176-191.

❹ 赵宏波，魏甲晨，孙东琪，等.基于随机森林模型的"生产—生活—生态"空间识别及时空演变分析——以郑州市为例 [J].地理研究，2021，40（4）：945-957.

续表

区域	空间类型	格网个数 / 个	占比 / %
	生产空间	31 935	44.325
非城区	生活空间	221	0.307
	生态空间	39 892	55.369

由表 4-3 中可得出，城区范围内生产空间比率是最高的，为 53.368%，在中心城区的九个区县范围中，呈零散分布；其次是生活空间，比率为 37.484%，集中分布于中心城区的中西部地区；生态空间比率最低，为 9.148%，零散地分布在中心城区各个地方。非城区范围内生态空间比率是最高的，为 55.369%；其次是生产空间，比率为 44.325%；最后为生活空间，比率为 0.307%。生态空间分布范围较广，比较集中地分布在城口县、巫溪县、巫山县、奉节县、武隆区、黔江区、彭水苗族土家族自治县、酉阳土家族苗族自治县、秀山土家族苗族自治县，整体位于重庆市的东部地区。生产空间主要集中分布在潼南区、合川区、铜梁区、大足区、荣昌区、永川区、璧山区、长寿区、垫江县，整体位于重庆市的中西部地区。生活空间在整体上体现的是零散分布。

1. 生产空间识别结果

生产空间指具备工农业和服务业产品生产功能的用地，重庆市作为 POD 战略城市[1]，生产空间的分布就显得尤为重要。重庆市 2020 年生产空间单元识别数量共计 35 342 个，占重庆市"三生空间"识别单元结果总数量的 45.061%，其中中心城区生产空间识别单元数量为 3407 个，非中心城区识别单元数量为 31 935 个，生产空间整体数量较多，这与重庆作为我国西部地区老工业基地，以及积极发展工业产业有重要关系。在重庆市各区县生产空间面积占比最高的三个区县为大渡口区、九龙坡区、沙坪坝区，比值分别为 58.285%、50.925%、48.471%，在空间位置上，这三个区县相邻接。在非中心城区范围内，重庆市各区县生产空间面积占比最高的三个区县为潼南区、垫江县、大足区，比值分别为 86.388%、79.938%、78.112%，在空间位置上，潼南区与大足区相邻接，都属于重庆市的工业集聚区域（表 4-4）。

---

❶ 盛志前. 国家级新区功能提升与 TOD 实施之间互动关系研究——以重庆两江新区为例［C］// 中国科学技术协会，中华人民共和国交通运输部，中国工程院.2019 世界交通运输大会论文集（上）.［出版者不详］，2019：678-679.

表 4-4　重庆市各区县生产空间面积占比

单位：%

行政区	中心城区	非中心城区	行政区	中心城区	非中心城区
巴南区	37.102	—	开州区	1.614	47.368
北碚区	34.692	—	梁平区	1.214	62.830
大渡口区	58.285	—	南川区	1.340	33.599
江北区	42.502	—	彭水苗族土家族自治县	0.720	29.148
九龙坡区	50.925	—	綦江区	2.478	46.793
南岸区	41.020	—	黔江区	1.875	27.661
沙坪坝区	48.471	—	荣昌区	5.842	69.558
渝北区	26.371	—	石柱土家族自治县	0.364	30.131
渝中区	18.983	—	铜梁区	3.125	74.626
璧山区	8.652	58.567	潼南区	1.885	86.388
城口县	0.213	23.801	万州区	2.923	44.484
长寿区	8.426	55.177	巫山县	0.202	24.536
大足区	3.762	78.112	巫溪县	0.273	26.009
垫江县	1.452	79.938	武隆区	1.177	25.029
丰都县	1.139	43.861	秀山土家族苗族自治县	0.774	22.706
奉节县	0.686	28.512	永川区	5.856	55.090
涪陵区	3.670	47.863	酉阳土家族苗族自治县	0.503	24.207
合川区	5.351	68.390	云阳县	0.770	39.535
江津区	2.641	45.241	忠县	0.873	57.984

2. 生活空间识别结果

生活空间指人们日常生活所使用到的场所。重庆市 2020 年生活空间单元识别数量共计 2614 个，占重庆市"三生空间"识别单元结果总数量的 3.333%，其中中心城区生活空间识别单元数量为 2393 个，非中心城区识别单元数量为 221 个，数量均较少（表 4-3）。重庆市的三类空间中，生活空间面积占比最小，其原因与重庆市的地势、居民点的发展历史有着巨大关系，同时在中心城区范围内，重庆市各区县生活空间面积占比最高的三个区县为渝中区、南岸区、沙坪坝区，比值分别为 53.109%、35.637%、32.318%，在空间位置上，这三个区县相邻接。在非中心城区范围内，重庆市各区县生活空

重庆生态大保护与经济高质量发展研究

间面积占比均较低（表4-5）。

表4-5 重庆市各区县生活空间面积占比

单位：%

行政区	中心城区	非中心城区	行政区	中心城区	非中心城区
巴南区	13.545	—	开州区	1.741	0.151
北碚区	20.981	—	梁平区	1.056	0.317
大渡口区	17.995	—	南川区	0.919	0.268
江北区	29.574	—	彭水苗族土家族自治县	0.977	0.000
九龙坡区	26.466	—	綦江区	1.723	0.437
南岸区	35.637	—	黔江区	1.792	0.000
沙坪坝区	32.318	—	荣昌区	4.636	0.464
渝北区	22.017	—	石柱土家族自治县	0.860	0.198
渝中区	53.109	—	铜梁区	1.935	0.562
璧山区	4.638	0.438	潼南区	1.885	0.497
城口县	0.243	0.030	万州区	2.778	0.203
长寿区	4.503	0.424	巫山县	0.538	0.269
大足区	3.623	0.240	巫溪县	0.348	0.050
垫江县	1.452	0.525	武隆区	1.662	0.104
丰都县	1.277	0.311	秀山土家族苗族自治县	0.896	0.407
奉节县	0.809	0.172	永川区	4.647	0.801
涪陵区	2.789	0.408	酉阳土家族苗族自治县	0.542	0.193
合川区	4.014	0.556	云阳县	1.100	0.193
江津区	1.969	0.976	忠县	1.195	0.414

3. 生态空间识别结果

生态空间指具有生态防护的土地。重庆市2020年生态空间单元数量共计40 476个，占重庆市"三生空间"识别单元结果总数量的51.606%，其中中心城区生态空间识别单元数量为584个，非中心城区识别单元数量为39 892个，在重庆市的三类空间中，生态空间面积占比最大（表4-3）。在中心城区范围内，重庆市各区县生态空间面积占比最高的三个区县为北碚区、南岸区、江北区，比值分别为8.566%、8.448%，8.439%，在空间位置上，南岸区与江北区这两个区县相邻接，同时在非中心城区范围内，重庆市各区县生态空间面积占比最高的三个区县为城口县、巫山县、秀山土家族苗族自治县，比值分别为74.830%、73.409%、73.190%（表4-6）。

表4-6　重庆市各区县生态空间面积占比

单位：%

行政区	中心城区	非中心城区	行政区	中心城区	非中心城区
巴南区	6.474	—	开州区	0.252	44.429
北碚区	8.566	—	梁平区	0.106	32.310
大渡口区	6.868	—	南川区	0.232	61.142
江北区	8.439	—	彭水苗族土家族自治县	0.077	66.848
九龙坡区	7.449	—	綦江区	0.146	43.137
南岸区	8.448	—	黔江区	0.250	64.349
沙坪坝区	7.786	—	荣昌区	0.835	9.853
渝北区	7.022	—	石柱土家族自治县	0.066	67.081
渝中区	0.487	—	铜梁区	0.298	16.574
璧山区	2.090	18.079	潼南区	0.189	5.539
城口县	0.000	74.830	万州区	0.260	45.383
长寿区	1.482	18.766	巫山县	0.067	73.409
大足区	0.557	9.927	巫溪县	0.000	72.636
垫江县	0.066	15.111	武隆区	0.173	68.024
丰都县	0.104	51.480	秀山土家族苗族自治县	0.000	73.190
奉节县	0.147	67.948	永川区	0.446	27.262
涪陵区	0.465	40.271	酉阳土家族苗族自治县	0.174	72.555
合川区	0.810	9.791	云阳县	0.028	57.337
江津区	0.324	44.371	忠县	0.230	37.646

4. 识别结果验证

为校验使用POI数据和使用土地利用数据所进行的不同数据源类型以及不同识别方式所进行的"三生空间"识别是否可行，本书随机选取了20个校验区域进行识别结果的验证，校验区大小选择与识别单元大小一致，为1千米×1千米。由检验结果可知（表4-7），使用POI数据所进行的定量"三生空间"与土地利用现状数据基本一致或相近，仅有少量不一致的情况，这是由于识别方式的差异所造成的少量差异。通过这一检验，可知识别结果较为准确。

表4-7　重庆市中心城区"三生空间"校验情况

样区	空间识别结果	土地利用类型	校验结果
1	生产	水田＋疏林地	相近
2	生活	旱地＋有林地	不一致
3	生态	水田＋灌木林	相近
4	生产	旱地	一致
5	生活	水田＋其他建设用地	相近
6	生态	旱地＋其他林地	相近
7	生活	城镇用地	一致
8	生态	有林地	一致
9	生态	旱地＋灌木林	相近
10	生活	城镇用地＋其他建设用地	一致
11	生产	水田＋旱地	一致
12	生产	水田＋旱地	一致
13	生活	水田＋其他建设用地	相近
14	生产	水田	一致
15	生产	其他建设用地	不一致
16	生活	城镇用地	一致
17	生态	旱地＋有林地	相近
18	生活	旱地＋其他林地	相近
19	生态	有林地	一致
20	生产	水田＋其他建设用地	相近

5. 重庆市"三生空间"格局分析

为了更直观地反映重庆市"三生空间"分布格局，本书运用标准差椭圆和核密度分析法，对重庆市"三生空间"的分布格局及集聚特征进行分析。根据重庆市"三生空间"结果进一步得到重庆市全市范围的生产空间标准差椭圆、生活空间标准差椭圆、生态空间标准差椭圆。同时为进一步分析重庆市"三生空间"分布的集聚程度，分别对三类空间进行核密度计算，搜索半径经过反复尝试最终确定为10千米。

一是对生产空间格局的分析。根据标准差椭圆与生产空间核密度共同进行结果分析，可以得到重庆市生产空间的分布格局特征：①重庆市生产空间大范围分布且呈现连片分布状态；②生产空间主要分布在中部、西部地区，东南部与东北部地区分布较少；③在中部地区及西部地区都具有中心密度至外围密度由高变低的特点；④主城九区密度低于周围地区，高密度地区围绕在主城九区外围分布并呈现出向外围发展的态势；⑤潼南区、合川区、铜梁区、大足区、长寿区、垫江县以及涪陵区密度高且均为集聚区域。

二是对生活空间格局的分析。根据标准差椭圆与生活空间核密度图进行结果共同进行结果分析，可以得到重庆市生活空间的分布格局特征：①重庆市生活空间小范围分布且集中；②生活空间主要分布在主城九区靠近中心的范围内，主城九区以外的区域分布较少；③在主城九区具有中心密度至外围密度由高变低的特点，呈单中心分布；④主城九区密度明显高于周围地区；⑤沙坪坝区、渝中区、江北区、南岸区的密度高且均为集聚区域。呈现这种空间分布格局与当地经济发展、政府政策、社会环境等因素有关。

三是对生态空间格局的分析。根据标准差椭圆与生态空间核密度共同进行结果分析，可以得到重庆市生态空间的分布格局特征：①重庆市生态空间大范围分布且呈现连片分布状态；②生态空间主要分布在东南部以及东北部，中部、西部地区分布较少；③在东南部以及东北部集中且聚集明显，呈现多中心分布的趋势，高要素值区域与低要素值区域分隔明显；④主城九区密度与周围地区相差较小；⑤城口县、巫溪县、巫山县、奉节县、云阳县、石柱土家族自治县、丰都县、涪陵区、南川区、武隆区、彭水苗族土家族自治县、黔江区、酉阳土家族苗族自治县、秀山土家族苗族自治县密度高且均为集聚区域。呈现这种空间分布格局与当地交通条件落后，导致与经济发达地区联系较少有关，同时政府政策要求注重生态环境保护，不搞大开发，保护生态环境，从而导致了重庆市东部地区的生态空间集中且连续分布这一特点。

本书利用 POI 数据与土地利用数据这两类数据进行结合，最终得到重庆市"三生空间"的整体分布格局，在对三类空间进行各自分析之后得到如下结果。一是重庆市"三生空间"识别结果的面积占比以生态空间为首，其次为生产空间，最后为生活空间。二是重庆市生产空间主要分布在重庆市西部，生活空间主要分布在主城九区部分区域，生态空间主要分布在重庆市东部。三是在中心城区主要以生产空间与生活空间为主。四是在非中心城区主要以生产空间和生态空间为主。五是重庆市"三生空间"多集中分布，空间集聚性强。基于此，提出以下建议：一是规范各类用地行为。利用卫星、无人机等设备，对各类用地进行实时监测，坚决打击违法用地行为，并做好已违法用地的后续跟踪工作，确保各类用地的面积保有量不变。同时国土部门规范用地审批流程，杜绝不合理的用地行为。二是持续推动 TOD 模式的发展。进一步完善轨道交通建设，在现有基础上，将轨道铺设至更广泛的区域，有利于缓解重庆市中心城区的交通压力，方便人们出行，同时推动高速道路、高速铁路的铺设，将中心城区范围与非中心城区范围联系得更加紧密，更有利于不同地区之间协调发展。三是在重庆市西部地区以及中心城区范围内适当增加生态空间，同时在重庆市东部区域适当增加生产空间。

四、本章小结

本章通过对重庆市生态大保护和高质量发展相关研究的文献回顾，厘清了生产、生活、生态"三生空间"的概念和分类体系，借助 ArcGIS 作为数据分析和可视化制图的技术平台，综合利用 2020 年重庆市 POI 数据、土地利用等数据和城市总体规划，采用格网分析法、样方比例法、GIS 空间分析法对重庆市"三生空间"进行定性定量识别和格局分析，为重庆市国土空间规划用地布局提供理论及研究方法借鉴。基于此，可得如下主要结论：①重庆市生产空间占主导地位，且离主城区较近的地区生产空间聚集度都较高；②生产空间主要分布在城市发展新区和渝东北三峡库区城镇群，呈连片分布的特征；③三峡库区（重庆段）生产空间主要呈连片分布，且库腹的生产空间分布集聚程度明显高于库首；④定性和定量相结合的识别方法，相较于其他方法而言，该方法能更加精准地识别城区和非城区生产空间，对国土空间规划中的用地分析更具有针对性的应用价值，也能作为分析地区生产功能形态的有效手段。

第五章 重庆生态大保护和经济高质量发展的耦合协调评价

为准确把握生态大保护和经济高质量发展实际运行情况，本书分别就生态大保护和经济高质量发展构建评价指标进行测度，并对二者耦合协调情况进行实证分析。

一、评价方法

（一）熵权法

熵权法是一种根据各指标观测值的信息熵大小客观确定指标权重的赋权方法，是对多评价目标因子赋权的新思路。[1] 由于其能够避免人为主观因素对指标权重的随机性、臆断性影响，且对决策方案可以进行较高精度的优选排序，因此广泛应用于确定指标权重计算综合评价体系指数水平的过程中。[2] 为了能够更好地实现决策单元在时间序列上的比较，本书借鉴杨丽和孙之淳[3]加入时间变量而改进的熵权法，对重庆市生态大保护与经济高质量发展耦合发展水平进行测度，步骤如下。

（1）确定指标权重：设有 r 个年份，n 个区县，m 个指标，指标权重为

---

[1] 邹志红，孙靖南，任广平.模糊评价因子的熵权法赋权及其在水质评价中的应用 [J].环境科学学报，2005（4）：552-556.

[2] 林琼，程莉，文传浩.长江上游地区乡村生活空间生态化水平测度及区域差异研究 [J].重庆文理学院学报（社会科学版），2021，40（5）：12-22.

[3] 杨丽，孙之淳.基于熵值法的西部新型城镇化发展水平测评 [J].经济问题，2015（3）：115-119.

$$y_{\theta ij} = V_{\theta ij} / \sum_{\theta} \sum_{i} V_{\theta ij} \tag{5-1}$$

其中，$y_{\theta ij}$ 为第 θ 年第 i 个区县的第 j 个指标的权重，$V_{\theta ij}$ 为第 θ 年第 i 个区县的第 j 个指标采用极差法标准化的数值。

（2）计算第 j 个指标的信息熵值：

$$e_j = -k \sum_{\theta} \sum_{i} y_{\theta ij} \ln (y_{\theta ij}) \tag{5-2}$$

其中，e_j 为第 j 个指标的信息熵值，$k > 0$，$k = 1/\ln (rn)$。

（3）计算第 j 个指标的信息效用值：

$$g_j = 1 - e_j \tag{5-3}$$

其中，g_j 为第 j 个指标的信息效用值，信息效用值越大，指标越重要。

（4）计算各指标的权重 w_j：

$$w_j = g_j / \sum_{i} g_j \tag{5-4}$$

（5）计算决策方案综合得分 $H_{\theta i}$：

$$H_{\theta i} = \sum_{j} (w_j V_{\theta ij}) \tag{5-5}$$

（二）耦合度模型

耦合度是描述系统相互影响和协同作用的程度，借鉴容量耦合概念和容量耦合系数模型，生态大保护与经济高质量发展的耦合函数公式可表示为

$$C = \sqrt{\frac{f(x) \times g(y)}{[f(x) + g(y)]^2}} \tag{5-6}$$

式中，C 为耦合度，且 $C \in [0, 1]$。见表5-1，把耦合度 C 分为几个阶段。

表5-1　生态大保护与经济高质量发展耦合度评价等级

序号	耦合度区间	耦合等级
1	$C=0$	两大系统处于无关联的状态且向无序状态发展
2	$C \in (0, 0.3]$	两大系统处于较低水平耦合阶段
3	$C \in (0.3, 0.5]$	两大系统的耦合处于拮抗阶段

续表

序号	耦合度区间	耦合等级
4	$C \in (0.5,\ 0.8]$	两大系统处于磨合阶段，进入良性耦合
5	$C \in (0.8,\ 1.0]$	两大系统处于高水平阶段
6	$C=1.0$	两大系统间达到良性共振耦合且趋向新的有序结构

为了弥补耦合度评价的片面性和局限性，加之两个系统（或多个系统）的整体"功效"与"协同"效应很难用耦合度来反映，因此本书采用离差模型原理来构建生态大保护－经济高质量发展系统间的耦合协调模型。构建的耦合协调度模型算式为

$$T = \alpha f(x) + \beta g(y) \qquad (5\text{-}7)$$

式中，T 表示经济高质量发展与生态大保护两系统间的综合协调指数，描述的是经济高质量与生态大保护的总体发展水平对其耦合协调度的贡献；α 和 β 为特定参数，且 $\alpha + \beta = 1$，基于上文对两大系统关系的论述，认为经济高质量发展与生态大保护同等重要，设定 $\alpha = \beta = 0.5$。

$$D = \sqrt{C \times T} \qquad (5\text{-}8)$$

D 表示经济高质量发展与生态大保护两系统耦合协调度，C 表示经济高质量发展与生态大保护两系统间耦合度，描述的是系统间互相影响的强弱。

二、指标构建

目前，学术界在度测经济高质量发展和生态大保护水平方面时，还未形成共识。因此，本书从生态大保护和经济高质量发展具体内涵出发，在认真梳理、借鉴国内外相关同类评价指标体系的基础上，遵照指标选取的科学性、客观性、可靠性、全面性、代表性、有效性和可得性等原则，构建了重庆生态大保护与经济高质量发展指标体系（表5-2）。

表 5-2　重庆生态大保护和经济高质量发展指标体系

目标层	准则层	指标层	单位	指标方向
生态大保护	压力	单位生产总值废水排放量	吨/万元	-
		单位生产总值工业废气排放量	立方米/元	-
		单位生产总值一般工业固体废物产生量	吨/万元	-
		单位农业产值化肥施用量	吨/万元	-
	状态	人口密度	人/平方千米	-
		人均公园绿地面积	平方米	+
		建成区绿化覆盖率	%	+
		万人拥有公厕数	座	+
	响应	燃气普及率	%	+
		工业污染治理投资占生产总值的比重	%	+
		城市生活垃圾清运量	万吨	+
		城市清扫保洁面积	万平方米	+
经济高质量发展	能力	生产总值增长率	%	+
		人均社会消费品零售总额	元	+
	结构	第二产业增加值占生产总值的比重	%	-
		城镇人口占总人口的比重	%	+
		一般公共预算收入占生产总值的比重	%	+
		第三产业增加值占生产总值的比重	%	+
	效益	城镇居民恩格尔系数	%	+
		城镇登记失业率	%	+
		城镇居民人均可支配收入	元	+
		人均生产总值	元	+

　　生态大保护指标体系的构建是基于 PSR（压力—状态—响应）模型框架。该体系旨在全面呈现生态环境保护的当前状态，捕捉其所面临的外部压力，并反映出人们为改善生态所做的努力。❶本书所构建的生态大保护指标体系分

❶　孙继琼.黄河流域生态保护与高质量发展的耦合协调：评价与趋势［J］.财经科学，2021（3）：106-118.

为三大维度：压力、状态和响应，涵盖了12个核心指标。压力维度下有4个关键指标，其中，单位生产总值废水排放量、单位生产总值工业废气排放量和单位生产总值一般工业固体废物产生量三者共同反映了工业三废的污染排放压力，单位农业产值化肥施用量则针对农业面源污染的压力。状态维度同样包括4个指标，其中，人口密度用于展示区域人口聚集程度，人均公园绿地面积和建成区绿化覆盖率分别反映区域和公园的绿化状况，万人拥有公厕数则揭示了城市环保基础设施的现状。响应维度也由4个指标组成，其中，燃气普及率反映了能源结构的转型情况，工业污染治理投资占生产总值的比重则显示了污染治理的资金投入，城市生活垃圾清运量和城市清扫保洁面积均呈现了环境卫生的治理水平。

高质量发展评价体系的构建旨在反映经济发展的高质量、高品质的内涵，主要分为能力、结构、效益在内的三大维度10个指标。能力维度包含2个指标，其中，生产总值增长率反映经济自身增长能力，是高质量发展的基本保证；人均社会消费品零售总额反映的是内需对经济发展的支撑情况。结构维度包含4大指标，其中，第二产业、第三产业增加值占生产总值的比重体现结构优化情况；城镇人口占总人口的比重反映人口在城乡之间的空间分布状况；一般公共预算收入占生产总值的比重反映基础设施供给能力。效益维度包含4个指标，其中，城镇居民恩格尔系数是衡量居民的消费结构和富裕水平的数据指标；城镇登记失业率反映的是就业情况；城镇居民人均可支配收入反映居民在发展中的获得感数据表现；人均生产总值反映经济发展水平及发达程度。此外，本书统计数据主要来源于2004—2020年《中国环境统计年鉴》《重庆统计年鉴》《重庆市政府工作报告》以及Wind数据库等。

三、评价结果与分析

（一）重庆生态大保护水平测度

1. 生态大保护水平

在2003—2020年的时间跨度中，重庆的生态大保护水平呈现出持续上升的态势（图5-1）。这一增长可以大致划分为两个显著的阶段：第一阶段

（2003—2010年）：稳定推进。在此期间，生态大保护指数维持在0.25~0.36的范围内。这是重庆的经济主导发展阶段，而生态指数的变动相对平稳。2006年因人口密度迅速增加导致的指数小幅下降是这一阶段的一个典型特点。第二阶段（2011—2020年）：加速进展。从2011年起，生态大保护指数有了明显的提升，2011年更是取得从0.3605增至0.4368的显著增长，涨幅达到了21%。到了2020年，指数进一步攀升至0.7578，显示了重庆在生态大保护方面的持续努力和取得的显著成果。这一发展轨迹反映了重庆从"稳定推进"逐渐转变为"加速进展"的生态大保护战略，为未来的可持续发展奠定了坚实的基础。

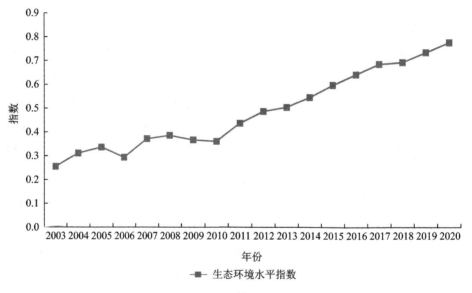

图5-1　2003—2020年重庆生态环境水平指数

2.分维度看生态大保护演进状况

随着经济社会发展，生态大保护水平的压力、状态、响应指数均呈现向上趋势（图5-2）。2003—2020年，三者提升的速度存在明显的分异，指数排序由2003年的"压力＞状态＞响应"变为2020年的"响应＞压力＞状态"，生态大保护经历了从"被动防治"向"主动修复"的转变，这一过程可以分为两个阶段进行分析。第一阶段（2003—2015年）：这一阶段的指数排序基本维持在"压力＞响应＞状态"，其中，2007年，由于工业污染治理项目完成投资大额提升，导致响应首次大于压力。从变化趋势上看，2010 年以后生态环境保护呈现出平稳的态势，2015 年响应指数逼近压力指数。第二阶段（2016—2020 年）：压力指数稳定上升，状态指数缓慢上升，响应指数快速上升，由 0.2488 增加至 0.3158，增幅达 26.94%。

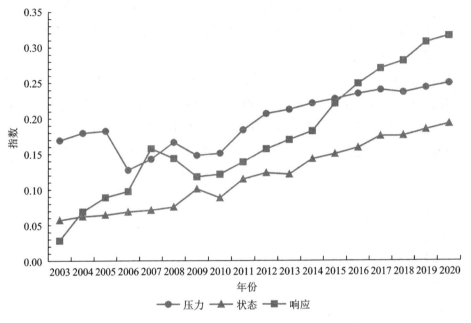

图 5-2　2003—2020 年重庆分维度生态环境水平指数

（二）重庆经济高质量发展水平测度

1. 经济高质量发展水平

2003—2020 年，重庆市经济高质量发展水平演化整体呈不断提升态势（图 5-3），其中在 2007 年、2010 年、2011 年、2019 年有大幅增长，增速分别为 58%、40%、28%、15%，2009 年、2012 年分别出现下降。在 2003—2006 年这个阶段，重庆的经济高质量发展指数从 0.0887 增长到 0.1522，虽然增长速度相对较慢，但这表明重庆经济的发展基础在逐渐稳固。2007 年，经济高质量发展指数显著上升至 0.2418，同比增长了近 90%。此后的几年中，该指数保持了持续增长的势头，到 2010 年达到了 0.3952。这可能表明在这段时间内，重庆的经济发展策略、政策环境和市场条件得到了显著的改善。

2011 年，经济高质量发展指数达到 0.5077 的峰值，但在 2012 年出现了回落，降至 0.4656。然而，到 2013 年，指数再次回升至 0.4820。这可能表明在这段时间内，重庆经济面临了一些外部挑战或内部调整。2014—2017 年，重庆的经济高质量发展指数持续上升，从 0.5129 增至 0.7027。这表明这段时期的重庆经济在高质量的道路上保持了稳健的增长。2018—2020 年这个阶段，重庆的经济高质量发展指数呈现了快速增长的态势。尤其是从 2019 年的 0.8642 增长至 2020 年的 0.9144，仅一年时间，增长幅度接近 6%。这可能反映了重庆经济在这一时期的新的发展机遇和优势。总体来看，2003—2020 年，重庆经济高质量发展水平指数呈现了从低到高的持续上升趋势。这表明重庆在经济发展方面取得了显著的进步，不仅在数量上实现了增长，更在质量上进行了不断的优化和提升。这一趋势表明，重庆已经开始转向更为可持续、高质量的经济发展模式，并在此道路上取得了积极的成果。

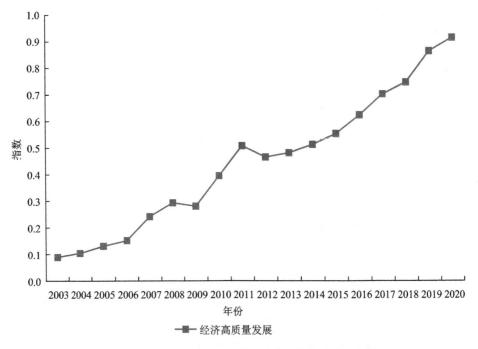

图 5-3　2003—2020 年重庆经济高质量发展水平指数

2. 分维度看经济高质量发展水平

2003—2020 年，重庆分维度经济高质量发展水平演化如下：2003—2020

年，能力、结构和效益指数均呈现上升趋势。这表明重庆经济高质量发展在多个方面都取得了持续的进步。2003—2012年，能力、结构和效益三者的指数变化活跃，并多次发生互超的现象。特别是能力指数，它在2004年和2007年达到了三者中的最大值，之后则被效益指数超越。2013—2020年，三者保持了效益＞结构＞能力的稳定态势。效益指数从2003年的0.0085迅速增长到2020年的0.4906。特别是到了2020年，其增长速度达到了非常显著的程度。尽管确切的增长率未在给定的内容中说明，但根据数据，其在此期间的总增长幅度巨大。结构指数在2011年之前一直呈上升趋势，但从2012年开始逐渐趋于平缓。这可能表明重庆的产业结构在此后的时间段内达到了某种平稳或饱和的状态，反映了一个相对稳定的经济结构。能力指数从2003年的0.0364缓慢增长到2020年的0.1535，总计增长了约2.6倍。2007—2009年以及2011年都出现了一些明显的波动，这可能反映了某些经济、政策或其他外部因素的影响。总体来看，重庆市在2003—2020年间经济高质量发展表现出持续的进步，其中效益指数的增长尤为显著。同时，各维度指数的变化与波动也反映了重庆经济在这一时期面临的各种挑战和机遇。

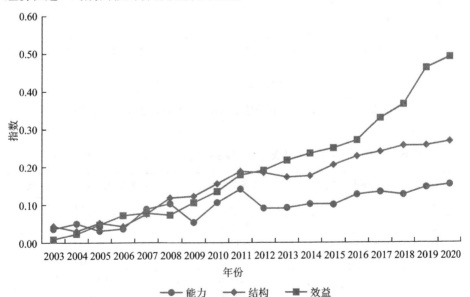

图5-4　2003—2020年重庆分维度经济高质量发展水平指数

四、生态大保护与经济高质量发展耦合度

（一）重庆生态大保护与经济高质量发展指数分析

生态大保护和经济高质量发展指数均呈现向上趋势，生态大保护指数从 2003 年高于经济高质量发展指数，经历几次被领先，在 2020 年时低于经济高质量发展指数（图 5-5）。由于演化速度的差异，两个指数分别在 2010 年、2012 年和 2017 年位置发生转化，两指数在 2004 年差值最大为 0.2074，2008—2018 年两指数的差值在 0.1 范围内（表 5-3）。

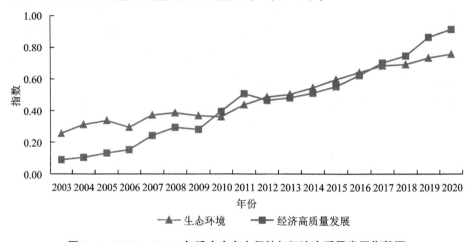

图 5-5　2003—2020 年重庆生态大保护与经济高质量发展指数图

表 5-3　2003—2020 年重庆生态大保护与经济高质量发展指数值及差值

年份	生态大保护	经济高质量发展	经济高质量发展与生态大保护差值
2003	0.2548	0.0887	−0.1661
2004	0.3111	0.1037	−0.2074
2005	0.3358	0.1311	−0.2047
2006	0.2933	0.1522	−0.1411
2007	0.3710	0.2418	−0.1292
2008	0.3853	0.2936	−0.0917
2009	0.3665	0.2806	−0.0859
2010	0.3605	0.3952	0.0347
2011	0.4369	0.5077	0.0709

年份	生态大保护	经济高质量发展	经济高质量发展与生态大保护差值
2012	0.4867	0.4656	−0.0211
2013	0.5034	0.4820	−0.0214
2014	0.5460	0.5130	−0.0330
2015	0.5978	0.5541	−0.0437
2016	0.6420	0.6240	−0.0181
2017	0.6854	0.7027	0.0173
2018	0.6930	0.7473	0.0543
2019	0.7346	0.8642	0.1296
2020	0.7578	0.9144	0.1566

（二）重庆生态环境与经济高质量发展耦合度指数分析

从 2003—2020 年的耦合度指数来看，重庆在生态大保护与经济高质量发展的协同进展上展现了显著的正向发展，如图 5-6 所示。在这段时间里，耦合度从 2003 年的 0.2741 逐渐增长至 2020 年的 0.6454，揭示出重庆在生态保护与经济发展之间取得的协调成果。在这 18 年间，虽然 2006 年和 2009 年的耦合度有短暂的下滑，但这并不影响其长期的上升态势，仍然整体趋势保持了稳健的上升。值得注意的是，2005 年的耦合度达到了 0.3239，这表明重庆在这一年在生态与经济之间实现了平衡的协同发展，或许是由于某些生态保护政策和经济创新策略的开始实施；到 2014 年，耦合度进一步提升至 0.5144，这一跃进不仅代表了两个系统间更强烈的互动关系，显示出重庆生态与经济发展的良性互动已逐渐确立，更为关键的是，生态环境指数与耦合度指数在这段期间呈现出高度相似的增长轨迹，暗示生态环境保护在推动重庆经济高质量发展中起到了至关重要的作用。这表明，在重庆市的发展过程中，生态大保护不再是影响经济增长的障碍，反而成为推动经济高质量发展的重要引擎。这也提醒其他城市，只有在生态与经济之间找到恰当的平衡，才能实现可持续的高质量发展。

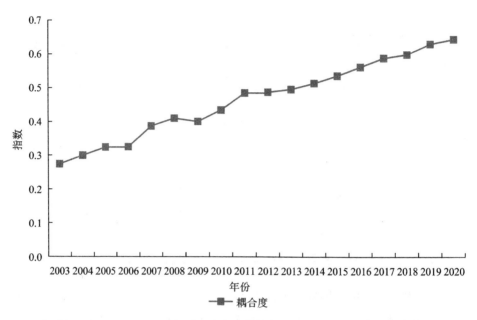

图 5-6　2003—2020 年重庆生态大保护与经济高质量发展耦合度指数

2003—2020 年，重庆的生态大保护指数、经济高质量发展指数、综合协调指数（T）、耦合度（C）、耦合协调度（D）的整体发展变化情况，见表 5-4。其中，生态大保护指数从 2003 年的 0.2548 增长到 2020 年的 0.7578。这显示了在这段时间里，生态保护的努力持续增加，并取得了显著进步。这可能意味着更多的资源和政策被用于保护环境和促进可持续发展。经济高质量发展指数从 2003 年的 0.0887 增长到 2020 年的 0.9144。这表明在这段时间里，经济的高质量发展取得了巨大成功，不仅经济总量在增长，而且经济的质量、效益和可持续性也在改进。综合协调指数（T）从 2003 年的 0.2060 增长到 2020 年的 0.8361。这意味着经济发展和生态保护之间的协调度持续增加，两者在这段时间里越来越协同。耦合度（C）从 2003 年的 0.2741 增长到 2020 年的 0.6454。这反映了经济和生态之间的关系在逐渐加强。随着耦合度的增加，两者之间的相互依赖和相互影响也在增强。耦合协调度（D）从 2003 年的 0.1618 增长到 2020 年的 0.3802。这表明不仅经济和生态之间的关系在加强，而且两者的协调关系也在改善。一个增长的耦合协调度说明生态保护与经济发展之间的冲突在减少，两者更加和谐。综上所述，2003—2020 年，重庆的生态保护和经济高质量发展在取得各自的进步的同时，它们之间的关系也在不断加强和协同。这主要得益于党中央、国务院以及各级党委、政府对生态环境保护的重视，更加关注人与自然的可持续发展，同时也体现了经济发展与生态保护并不是彼此对立的，而是可以相互促进的。

表5-4　2003—2020年重庆生态大保护与经济高质量发展间的耦合协调度

年份	综合协调指数 T	耦合度 C	耦合协调度 D
2003	0.2060	0.2741	0.1618
2004	0.2344	0.2997	0.1823
2005	0.2529	0.3239	0.1910
2006	0.2501	0.3250	0.1892
2007	0.3082	0.3870	0.2203
2008	0.3410	0.4101	0.2349
2009	0.3262	0.4004	0.2306
2010	0.3786	0.4344	0.2489
2011	0.4724	0.4853	0.2925
2012	0.4762	0.4879	0.2938
2013	0.4927	0.4963	0.2957
2014	0.5295	0.5144	0.3071
2015	0.5759	0.5364	0.3211
2016	0.6330	0.5626	0.3396
2017	0.6941	0.5891	0.3569
2018	0.7202	0.5998	0.3605
2019	0.7994	0.6312	0.3764
2020	0.8361	0.6454	0.3802

2003—2020年重庆市生态大保护指数、经济高质量发展指数、综合协调指数 T、耦合度 C、耦合协调度 D 之间的关系，如图5-7所示。在这段时间里，生态大保护指数与经济高质量发展指数两个指数都显示出了增长趋势，说明生态大保护的增强并没有妨碍经济的高质量发展。相反，这表明高质量的经济发展和生态大保护是可以并行不悖的。当一个国家或地区关注环境并采取

措施减少污染时，经济不仅没有受到影响，反而可能因为更加健康的生态环境而受益。综合协调指数（T）是生态大保护指数和经济高质量发展指数的一个综合表现。这一指数的增长意味着经济和生态大保护之间的协调越来越好。这可能是由于政策决策者更加重视经济和生态之间的平衡，并采取相应的政策措施。耦合度（C）的增长意味着生态大保护与经济发展之间的关系逐渐加强。换句话说，这两个系统逐渐成为一个互相关联和相互影响的整体。这可能意味着当地的政策和措施确保了在追求经济增长时也顾及了环境的保护。耦合协调度（D）的增长表明生态与经济不仅在增强关系，而且这种关系是和谐的。这表示在经济发展和生态大保护之间的冲突正在减少，它们更多是在相互支持和促进。总而言之，这段时间的数据显示，生态大保护和经济的高质量发展不是互相矛盾的。实际上，当一个地区重视生态大保护时，它的经济可能会受益。此外，经济和生态的协调度和耦合度的增长说明了一个地方在发展的同时，也在考虑如何更好地保护其生态环境。这种平衡和协调可能来自于明智的政策决策和更广泛的公众意识。

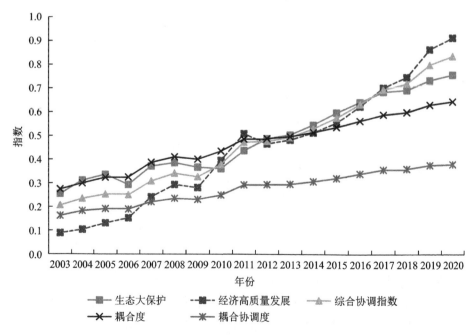

图 5-7　2003—2020 年重庆生态大保护与经济高质量发展耦合协调关系

五、重庆生态大保护与经济高质量协调发展的成效

（一）生态安全屏障建设全面加强

把修复长江生态环境放在压倒性位置。近年来，重庆大力实施国土绿化提升行动，建设"两岸青山·千里林带"环境工程，强调中心城区"四山"保护提升，全市森林覆盖率达 52.5%。在高标准的约束下持续推进中心城区"两江四岸""清水绿岸"治理提升、广阳岛片区长江经济带绿色发展示范、国家山水林田湖草生态保护修复工程试点，2020 年新增治理水土流失面积达到 1335 平方千米。全面实现长江干线 118 座非法码头整治和支流 65 座非法码头拆除取缔工作，达到建立 460 个长江干流岸线利用项目清理整治目标。投入开展生态文明示范建设，璧山等 5 个区被授予国家生态文明建设示范市县称号，武隆区和广阳岛被命名为国家"绿水青山就是金山银山"实践创新基地。为推动成渝地区双城经济圈生态共建环境共保，两地省市、区县生态环境部门签订有关协议 50 余项，重庆生态大保护初见成效。在 2020 年长江干流重庆段水质达到优级，42 个国家考核断面水质优良比例首次达到 100%。

深入实施"碧水、蓝天、绿地、田园、宁静"五大环保行动，以碧水保卫战、蓝天保卫战、净土保卫战以及柴油货车污染治理、水源地保护、城市黑臭水体治理、长江保护修复、农业农村污染治理等标志性战役为重点，坚决打好污染防治攻坚战。二氧化硫、氮氧化物、化学需氧量、氨氮排放量较 2015 年分别下降 22.4%、18.3%、8.3%、7.4%。深入推进生态文明体制改革，出台系列生态环境保护政策文件，推动实施生态环境保护督察等制度，在全国率先完成环保机构垂直管理体制改革、率先发布"三线一单"成果、率先实现固定污染源排污许可全覆盖，开展"无废城市"建设、山水林田湖草生态保护修复、生态环境损害赔偿制度改革等全国试点。生态环境保护成为全社会的共识和行动，"绿水青山就是金山银山"理念深入人心，"生态优先、绿色发展"和"共抓大保护、不搞大开发"成为重庆大地主旋律。

（二）城镇污水管网建设全面加强

近年来，重庆市将城镇污水管网建设融入城市基础设施建设、城市提升、城市更新项目共同推进。"十三五"期间，重庆累计新建城镇污水管网 1.18 万余千米，较"十二五"末增长约 60%，生活污水收集体系也逐渐完善。截至 2020 年，重庆市共计投入 6 亿元，已完成市政管网空间属性排查 2.3 万余千米，城市建成区排查覆盖率超过 90%，地块内管网排查 1.6 万余千米，排查工作初见成效。从 2020 年起，重庆市加大合流制管网、雨污错接混接改造工作力度，实行"网格化"改造三年攻坚，已完成 520 千米管网改造。加强老旧管网病害治理，计划用 5 年的时间，遵循"轻重缓急"的原则，按照分流域成片的方法推进治理工作，确保"治理一片、见效一片"。

（三）乡村生态环境保护有序推进

山水林田湖草系统治理工程有序推进，农村生活污水、垃圾治理设施短板不断完善，农业面源污染治理机制不断健全，乡村生态振兴工作实现顺利开局。一是系统治理乡村生态系统。持续推动生态文明示范建设工作，重庆市共累计创建 10 个生态文明建设示范区县、9 个"绿水青山就是金山银山"实践创新基地、196 个市级生态文明建设示范乡镇（街道），示范效应显现。大力实施生态修复，扎实推进国家山水林田湖草生态保护修复工程试点。全面推行林长制、河长制。推进石漠化综合治理，开展约 200 平方千米长江重庆段"两岸青山·千里林带"规划建设，巩固已退耕还林建设。全面落实长江十年禁渔令，集中开展禁渔打非专项整治行动，推动跨区域、跨部门协作联动，建立健全交界水域共管机制。二是有效改善农村人居环境。2021 年，落实中央资金 7200 余万元，支持区县开展农村环境整治。有序推进农村生活污水治理，共完成 53 座集中污水处理设施及 195 千米配套管网建设，30 座设施技术改造计划任务。组织实施 27 条农村黑臭水体整治。持续实施农村"厕所革命"，农村户厕改造 5 万户，新改建农村公厕 200 座。持续推进农村垃圾治理，重庆市 7946 个建制村生活垃圾得到有效治理，有效治理比例达 95% 以上。三是绿色农业得到健康发展。强化农业面源污染治理监督指导。配合市人大开展农业面源污染防治专项评议各项工作，印发《重庆市农业面源污染治理与监督指导工作方案（试行）》《农业面源污染防治监督指导职责分工》。持续推进化肥农药减量增效，重庆市化肥、农药使用量减少 0.3% 左右，主要农作物统防统治覆盖率达到 40% 以上。加强畜禽粪污资源化利用指导，强化水产养殖尾水治理，扎实推进废弃农膜回收利用，重庆市农膜回收率预计在 88% 以上。搭建"碳惠通"生态产品价值实现平台，是生态产品价值实现的有效途径，是"两山"转化路径的创新探索，极大增强地方碳市场活力、激发企业碳减排动力、引导公众培养绿色低碳生活方式。

（四）船舶码头污染问题明显改善

重庆市推动船舶污染物接收设施的建设。2020 年已经达成 4 处船舶污染物专用接收点建设年度目标任务，共计建成 16 处船舶污染物专用接收点、1650 个船舶污染物固定和移动接收设施，码头船舶污染物接收设施覆盖率已达 100%，建成的设施已经全部投入使用。建设过程中将严格遵循内河船舶技术法律法规要求，分类别推进船舶垃圾收集、生活污水处理、含油污水处理和各类储存舱（柜）等设施安装使用，重庆市 2396 艘 400 总吨以上（含 400 总吨）船舶全部完成改造。打造全面覆盖船舶、码头、接收单位、转运单位和处置单位的重庆市船舶污染物共同治理信息平台，并同长江经济带船舶水污染物联合监管与服务信息系统联网融合，相关数据已实现在重庆市水域推广运用。❶

（五）绿色农肥发展取得新成效

环境质量明显改善。深入具体实施"碧水、蓝天、绿地、田园、宁静"五大环保行动，坚持生态优先、绿色发展的原则，以"碧水保卫战、蓝天保卫战、净土保卫战"以及柴油货车污染治理、水源地环境保护、城市黑臭水体治理、长江保护及修复、农业农村污染治理等为重点，坚决打好且打赢污染防治攻坚战，重庆市生态环境质量明显得到改善，经济与环境协调发展。2020 年，重庆市累计监督抽查农药产品共计 238 个、合格率为 93.7%，抽检化肥产品共计 73 批次、批次合格率 100%。投入中央资金 3500 万元，在铜

---

❶ 颜若雯. 重庆计划用 5 年时间治理老旧管网病害［N］. 重庆日报，2021-03-31.

梁等 4 个试点区县有机肥替代化肥示范推广约 6000 万平方米。投入市级资金 4500 万元，在渝北区等 29 个区县开展有机肥示范推广约 15 140 万平方米。整合资金在忠县等 6 个区县开展部级化肥减量增效示范县建设。

促进农业绿色健康发展。一是强化农业面源污染治理监督指导，以改善水、土壤环境质量为核心，探索开展农业面源污染负荷评估和污染治理绩效评估，健全农业面源污染治理监督指导联动机制。二是持续推进化肥农药减量增效，因地制宜持续推广化肥农药重点减量技术，加大宣传培训，开展有机肥示范推广和主要农作物绿色防控试点。提高科学施肥及用药水平，带动重庆市化肥农药使用量继续保持下降趋势。三是加强畜禽粪污资源化利用日常指导与监督管理，科学规划、合理布局畜禽养殖，大力发展生态循环农业，促进畜禽生产与生态发展并举、互促、协调，推广稻田综合种养、猪沼园等生态循环农业，持续推进畜禽粪污资源化利用。四是强化水生生物资源养护，科学规范增殖放流活动，提高珍贵濒危水生生物放流比例。推广水产绿色健康养殖技术，对直排尾水养殖场进行整改，继续深入实施化肥农药减量增效行动。五是持续开展秸秆综合利用重点区县建设，加强秸秆台账管理。六是持续推进废弃农膜回收利用，实现农膜回收率达到 87% 以上。七是加强耕地土壤环境质量分类管理，落实受污染耕地安全利用和严格管控措施，受污染耕地安全利用率不低于 92%。八是深入开展打击长江流域非法捕捞专项行动，加强执法监管能力建设，强化联防联控，提高智能化监管水平，全面推进长江流域十年禁渔。九是深化"放管服"，加强"三线一单"管控，严格乡村产业环境准入，禁止违法向农村转移存在环境污染、生态破坏的建设项目。

六、重庆生态大保护和高质量发展面临的瓶颈与挑战

（一）生态本底弱，资源环境紧约束是常态

重庆市自然生态环境本身比较脆弱，地形以山地、丘陵为主，耕地面积不足、质量不高，地质灾害隐患较多、分布广泛，石漠化、水土流失较为严重。同时，在后三峡时代，面临消落带环境治理、城市韧性提升和双碳目标的达成等任务，经济高质量发展和生态持续改善的难度很大。

（二）人口与资源环境协调可持续发展压力大

重庆市当前对资源的索取与污染的排放仍然存在持续扩大的局面。面对经济社会持续发展，人口密度与有限的资源供给、生态承载力之间的矛盾是可持续发展的最大压力，如何处理好生产、生活、生态空间融合发展成为土地资源利用的关键，以资源循环高效利用的绿色低碳发展成为解决可持续发展的重要路径。

（三）发展不充分与发展质量低并存

重庆市经济社会发展稳中向好，但是在与日俱进的外部竞争环境中，对比高质量发展要求仍存在不小的差距。推动经济高质量和生态大保护协调发展依然面临着很多深层次的矛盾，发展不平衡不充分与发展质量不高的问题共存，加快经济发展与加强生态环境保护的问题共存，基础设施等"硬环境"缺乏与思想观念等"软环境"落后的问题共存，这些都是实现生态保护与经济高质量协同发展急需解决的难题。

（四）体制机制不够健全

生态环境修复治理是一项长期工程，然而重庆的生态保护长效机制尚未建成，以政府为主导核心、企业为主体、社会组织和公众共同参与的环境治理体系尚不健全，亟须推动实现经济高质量发展、生态环境领域治理体系和治理能力现代化，建立二者协调发展综合评估考核制度，增强群众生态环境获得感、美好生活满足感。

七、本章小结

本章通过对重庆市生态大保护和高质量发展构建评价指标进行测度，并根据重庆市生态大保护政策和高质量发展现状，对重庆市经济生态大保护与经济高质量发展的耦合协调进行了实证评价，得出重庆市生态保护与经济高质量发展指数和耦合度指数，从而正确判断重庆市生态大保护和高质量发展面临的瓶颈与挑战。

第六章 推动生态保护与经济高质量协调发展的国内外典型案例

一、国外经验借鉴

（一）德国：构建教育体系的融通机制保持经济独特优势

教育是培育人力资本的关键要素，人口要素经过教育加工后方能成为劳动力要素，通常经受的教育加工越系统越高级，培育出的劳动力要素也就越优质。劳动力要素又是经济系统长远发展的关键要素，故教育也是经济系统能够得以提质升级的关键与基础。德国是一个典型的教育大国，其教育体系经过多年探索已经较为完备。

完备教育体系是德国保持经济独特优势的法宝之一，而教育体系的融通机制构建是德国完备教育体系体制升级的关键一环。融通性教育体系以促进单个教育类型自身的层次衔接，以受教育个体在不同层级、不同类型教育之间能够平滑过渡为重点。可以说，德国的融通性教育体系真正做到了以人为本，充分尊重了每个人个体的异质性，通过融通机制实现受教育个体的差异化发展，摒弃了"一刀切"的教育政策。想要构建具备融通性教育体系需要做到政策、理念、实践三方面协同推进：首先，要从教育政策上引导职业教育与普通教育之间形成良好关系、塑造学术教育同职业教育之间的互动关系，进而促进融通机制形成；其次，筑牢社会对于学历资格与职业资格的等值理念、可比理念、透明理念，以社会舆论导向、意识形态环境等保障职业与学历得到应有尊重；最后，实践上多元探索融通机制，如以学术教育与职业教育为关键二元，构建双元制高等教育、实施跨教育领域一体化安排，为受教育个体提供更多就业及创造的可能性，同时引导全社会向终身学习模式转型。

（二）日本：依托动态的产业政策推动产业链高端化

日本传统产业集群高端化以及产业链高端化的迅速发展，很大程度上归功于政府动态的产业政策。动态产业政策凸显了相机抉择原则，以国家所处不同时期的不同关键矛盾为出发点，制定因时制宜、因地制宜的相关政策。如在发展初期，市场经济体系尚不健全，单独依托市场难以达成对资源的高效协调。此时以政府为主体，以强有力的行政手段，通过相应的产业发展政策来实现资源配置是明智且合乎历史时宜的。当经济体跨过初期阶段，市场体系不断完善之后，参与市场交易的产业主体便不再单一，产业之间复杂非线性的相互关系导致政府的产业政策效果越来越难以预料，此时市场法则起到关键作用。政府应当不断从经济系统中脱离出来，从产业政策主导的定位向提供良好市场环境的定位转变，以防止市场过度竞争或者竞争不足、引导新兴产业发展、培育规模经济为主要任务，协调产业间关系，达成经济发展高效化的目的。日本的经验提供了以下启示：第一，制定因时制宜、因地制宜的产业政策。在初期发展基础薄弱的时候，以引进先进技术为主，依托国外技术推动国内技术自主研发，围绕先进技术重点培养相关人才，重点实现资源向生产要素的转化，把握时代走向，把握自身优势，正确选择高附加价值产业作为战略重点产业，重视知识密集型产业的发展，及时掌握产业的比较优势，总结相关产业的发展潜力，大力扶植，从而使一批有潜力的产业成长为最有竞争力的出口产业，进一步推进自身发展战略路径。第二，保障产业政策运行。保障产业政策的有效运行应该从法律层面、意识层面、经济层面共同发力。制定强有力法律条款，硬性约束产业政策运行；加大相应政策的宣传力度，动之以情，晓之以理；给予相应的利益优惠政策，保障内生驱动。

（三）韩国：从经济独大到协调发展跨越中等收入陷阱

"经济独大"是韩国过去很长一段时间的标签，这源自韩国历史阶段的主要矛盾，"经济独大"在过去帮助韩国实现经济实力飞速增长，实现发展中国家向发达国家的转变提供了良好基础。但是，"经济独大"也就意味着对经济增长的片面追求，这导致了一系列的社会矛盾，这些社会矛盾在"经济独大"的背景下被不断加剧，转化为主要矛盾，进而阻碍韩国的社会发展。于是，在韩国的第五个五年计划中开始体现针对民生问题的关注，通过各种政策来提升民生福利水平，保障收入分配的公正合理。其中包括就业政策、税收政策、社会保障政策等。第一，就业政策。韩国的就业政策主要有三个特征，一是尊重劳动力，严格限制解雇程序，不允许解雇正在从事劳动工作的劳动者；二是大力发展劳动密集型产业，通过劳动密集型产业能够吸纳大量劳动力的特征来保障社会就业；三是借助高速增长所带来的持续的工作来减少失业。第二，社会保障政策。韩国的社会保障政策的目的在于让全体社会公民具备基本生存权利，是一种保障社会公平的收入分配机制，常常包含互助、福利等特征。第三，税收政策。韩国的税收政策具备典型的时间特征，在20世纪60年代，税收政策为集中力量发展产业提供了关键动力，是经济腾飞的关键性政策。到了20世纪80年代，韩国政府的税收政策逐渐转向以实现社会福利为主要目标，在这一阶段，实现社会公平和国民福利是韩国税收政策的主要基调。

（四）新加坡：独树一帜的绿色发展模式

新加坡的绿色发展模式在全球独树一帜。其以科学的理念为指引，以适宜的政策为依据，以强有力的法律为保障，绿色发展取得了卓越成就。第一，环境方面。享有"花园城市"美誉，拥有多层次和广覆盖的绿化、高标准的卫生条件和通畅的交通。第二，经济方面。人均GDP超过了美国和日本，具备一流的国际竞争力和发达的贸易。第三，社会方面。实现了人民安居乐业，形成了环境效益、经济效益、社会效益共生共荣、相得益彰的态势。其绿色发展路径体现于构筑绿色产业结构，充实绿色发展实力；组建科研生态系统，打造绿色发展平台；着眼国外需求市场，拓宽绿色发展空间；降低消耗与污染，缩小绿色发展成本。新加坡的成功经验可为他国绿色发展提供理论借鉴和实践智慧。

二、国内经验借鉴

（一）福建省龙岩市紫金山：生态恢复治理型

紫金山公园过去是煤矿开采后留下的一座满目疮痍的废弃矿山，通过实施生态恢复治理项目，如今成功做到了芳草如茵，碧湖荡漾，每天都吸引着许多市民前来游玩。采取整治之前，紫金山公园的名字还是紫金山废弃矿区，矿山生态恢复治理是许多资源型城市都会面对的一道难题，是这类城市生态文明建设的一项短板，紫金山废弃矿区北部的大面积煤炭采空沉陷区是当时具体的问题区域。❶ 到 2010 年，由政府主导，企业投资，建设与治理并举的模式开始在紫金山废弃矿区得以运行。龙岩市和新罗区采取的具体方式为政府制订土地建设的具体方案，由项目业主承担废弃矿区的主要开发任务，通过地质灾害治理，实现废弃矿区向可利用建设用地转变，并将合格的建设用地在市场平台上出让，进而反哺地方财政，进一步实施生态恢复工作。自 2012 年紫金山公园北部项目启动之后，破损山体的生态环境再一次得到保护和修复，构建起了坐拥优美自然景观的生态循环系统，逐渐改善了矿区及周边人民的生产生活环境。

此外，在习近平生态文明思想的指引下，福建省龙岩市还通过"政府主导、市场运作、统一规划、分步实施"的方式，让矿山生态环境恢复治理的思路越来越开阔，前景越来越美好。"政府主导"也就是通常所说的要发挥政府主导的杠杆作用，通过交通、市政等相关基础设施项目的投资，从而拉动沿线及周边土地的升值，然后将升值后的土地整理上市并进行公开出让，以便用于项目开发和生态修复等方面的招商引资。"市场运作"也就是把企业作为生态修复及项目开发的主要参与者，针对不同地质区域的情况，采取宜建则建、宜绿则绿的原则，使生态修复地成为可以安全利用的建设用地或者是绿化用地，以便于开发更具价值的项目，或者开发成面向广大市民开放的空间。"统一规划"指的是政府制订矿山生态恢复治理的整体方案，包括土地开发、生态修复、景观设计等方面的规划，以保证恢复治理的有序性和有效性。

---

❶ 王尚华，梁熙，吕洪荣. 一个生态优先绿色发展的典型案例［N］. 闽西日报，2020-12-15.

统一规划可以避免不同部门、不同企业各自为政，导致资源浪费和治理效果不佳。"分步实施"则是将矿山生态恢复治理按照一定的步骤和阶段逐步推进。首先进行地质灾害治理、土壤修复等基础工作，然后逐步开展生态恢复工程，如植树造林、种草绿化等，最后实现矿山生态环境的全面恢复和优化。分步实施可以保证恢复治理工作的可持续性和稳定性，同时也可以根据实际情况及时调整方案和策略。总体而言，福建省龙岩市紫金山公园采取的"政府主导、市场运作、统一规划、分步实施"的方式，不仅解决了矿山恢复治理的资金难题，而且还倒逼企业进一步根据市场需求提升创新能力，促进了城市空间拓展，以大量民生项目吸引人气、增加卖点，起到了超出预期的作用，实现了生态效益、经济效益和社会效益的有机统一。"龙岩紫金山模式"提供了一个可供学习、借鉴、推广的经验做法。

（二）浙江省丽水市：全域生态旅游型

全域旅游是指以旅游业为区域发展的主体骨架，通过旅游业将其余的相关产业、资源、公共服务、生态环境等进行统一整合，进而达成的网状发展模式。自2016年以来，在我国的土地上，"全域旅游"大幕已徐徐拉开，而浙江省丽水市就是其中的实际参与者。2018年11月12日，丽水市人民政府正式发文公布《丽水市全域旅游发展规划》。"一心、一轴、四区、四级"是该规划遵照全域旅游理念对丽水市进行的空间布局，借助空间布局全面助推丽水构建点线面相结合的立体化全域旅游目的地。❶其中，"一心、一轴、四区、四级"分别为丽水城市旅游综合服务中心；瓯江生态旅游轴；西北部遂昌—松阳山乡田园牧歌旅游区、西南部龙泉—庆元文化养生旅游区、东部缙云—青田品质休闲旅游区、南部云和—景宁乡村民俗旅游区；城市、乡村、高等级景区、风景道四大重点旅游产业发展空间。诗情画意般的全域旅游规划为丽水带来了重大变化，丽水主要依托"好山好水""真山真水"的生态环境整体优势，把生态旅游业行业作为第一战略性的支柱产业来进行培育发展，在旅游全域化战略上全方位布局和精准及时地发力，以改革创新所释放的发展作为动能，推动旅游行业加速蓬勃崛起，秀山丽水全域旅游品牌的特色淋

---

❶ 钟根清，魏秀慧，厉剑弘.丽水市全域旅游发展规划［N］.丽水日报，2018-11-19.

漓尽致地彰显出来。如今在浙江的丽水，各个"城、镇、村、景"的所有可以利用的资源都得到了重新整合。

（三）广东省深圳市：社会主义现代化建设试点样板

深圳是粤港澳大湾区城市群中市场化程度高、市场体系完备、经济活力强的重要创新型城市，对粤港澳大湾区发展具有引擎带动作用。❶ 为了保护和改善生态环境，推进生态文明建设，打造人与自然和谐共生的美丽中国典范，深圳经济特区结合自身实际，坚持节约优先、保护优先、自然恢复为主，着力提升生态环境质量，形成节约资源和保护环境的空间格局、产业布局、生产方式、生活方式，实现绿色低碳循环发展。❷ 为了把深圳建设成为可持续发展先锋，率先打造人与自然和谐共生的美丽中国典范，具体做法有：第一，把持续创新作为重要法宝。创新是新发展理念之首，是引领深圳40余年高速发展的第一动力。同时，在完善生态文明制度方面，深圳严格落实生态环境保护"党政同责、一岗双责"，实行最严格的生态环境保护制度，加强生态环境监管执法，对违法行为"零容忍"，深入贯彻新发展理念，不断创新突破资源要素瓶颈，从而推动实现更集约、更绿色、更可持续的发展。第二，通过改革创新打造新赛道、实现新跨越。经过多年真抓实干，深圳在中国特色社会主义先行示范区的建设进入全面铺开、纵深推进阶段。同时，实施重要生态系统保护和修复重大工程，加快建立绿色低碳循环发展的经济体系，构建以市场为导向的绿色技术创新体系，大力发展绿色产业，促进绿色消费，发展绿色金融，构建城市绿色发展新格局。深圳的做法和成效对全国的启示在于从讲政治的高度认真谋划和推动政治经济社会文化生态协调发展，充分发挥地方特色优势和竞争优势，努力在生态和经济领域推动实现高质量发展、高水平保护、高品质生活和高效能治理，将改革创新作为发展的根本动力，不断创新打造新赛道、赢得新机遇、实现新跨越。

---

❶ 严圣禾，王斯敏，张胜.步履不停全力建设中国特色社会主义先行示范区［N］.光明日报，2021-10-15.

❷ 深圳市生态环境局.深圳经济特区生态环境保护条例［R/OL］.（2021-07-08）［2022-11-02］.http：//www.sz.gov.cn/cn/xxgk/zfxxgj/zcfg/szsfg/content/post_8943139.html.

（四）浙江省杭州市富阳区：新型绿色产业型

富阳位于浙江省西北部、杭州市主城区西南方，自古以来青山碧水、钟灵毓秀，是黄公望传世名作《富春山居图》的原创地和实景地。近年来，富阳深入践行习近平生态文明思想和"两山"理念，持续高质量打好产业业态、城乡形态、环境生态、党员干部精神状态"四态"转型硬仗，逐渐走出了一条生态优先、绿色发展的民生之路。精准实施传统产业转型升级。淘汰富春湾新城区域高污染、高能耗的造纸及关联企业，"无污染、小空间、高科技、大产出"成为富阳区产业发展的准则，实现区域发展新旧能动大转换。凝心聚力发展"美丽经济"。以全域景区化标准推进乡村环境大提升、实施乡村风貌大整治，以发展美丽经济、壮大集体和农民收入为核心，推进乡村产值不断提高。统筹推进山水林田湖草系统修复。坚持以群众需求为导向，推进区域生态修复，深入推进富春江岸线生态修复治理，高标准完成省级山水林田湖草保护修复试点工作任务，区域生态环境质量日益优化，城乡居民满意度、获得感不断增加。

三、本章小结

本章主要介绍了推动生态保护与经济高质量协调发展的国内外典型案例，其中主要包含德国的教育体系、日本的动态产业政策、韩国的协调发展战略、新加坡的独特绿色发展模式等国外案例；福建省龙岩市紫金山的生态恢复治理经验、浙江省丽水市的全域生态旅游模式、江苏省苏州市昆山市的社会主义现代化建设试点样板、浙江省杭州市富阳区的新型绿色产业型等国内案例。从国内外的典型地区经验做法中摄取营养，为重庆生态与经济的协调发展提供参考。

第七章 重庆生态大保护与经济高质量发展的协调机制

关于重庆市域各地区之间的协调发展难题，重庆市总体规划提出构建以重庆市主城都市区为引领，渝东北三峡库区城镇群和渝东南武陵山区城镇群为支撑的"一区两群"协调发展新格局。在国土空间布局上，一是构建前述"一区两群"区域协同发展的城镇体系，引导人口由渝东北、渝东南向主城都市区集聚，形成由超大城市引领发展、大中小城市和小城镇协调联动的网络城镇群格局；二是构建"三带四屏多廊多点"的生态环境安全格局，巩固长江上游生态屏障；三是严防耕地保护红线，优化基本农田布局，因地制宜地布局粮食生产功能区、重要农产品生产保护区和特色农产品优势区。

推进重庆生态大保护与经济高质量发展，要积极推动优势区域重点发展、生态功能区重点保护、城乡融合发展，推动构建"一区两群"协调发展格局。"一区"是主城都市区，"两群"是"渝东北三峡库区城镇群""渝东南武陵山区城镇群"，提升主城都市区能力与综合竞争力，强化科技创新、现代化服务功能；推动渝东北三峡库区城镇群增强三峡库区生态保护、生态产业体系建设示范功能；把握生态资源优势，打造生态产业新业态，成立渝东南文旅融合发展新标杆。

一、"三生空间"可持续发展机制

推动重庆生态大保护与经济高质量发展，是一项长期复杂的系统工程，应保持久久为功的战略定力，将"全域绿色发展"理念融入重庆经济社会发展的全方位和全领域。其核心内涵、应有之义是要在重庆全域空间范围内不断深入推进"经济生态化、生态经济化"过程，关键抓手在于从全域空间、生态产业、生态市场、生态消费、生态政策等维度，构建起"五位一体、联动协同"的总体建设框架，构建以"三生空间"协同优化为指向引领的全域空间布局体系，形成建设全域现代化经济体系的基础空间架构。综合国土空间规划和主体功能区规划的要求，划分重庆全域空间范围内的"三区三线"（城镇空间、农业空间、生态空间和城镇开发边界、永久基本农田保护红线、生态保护红线），借助POI（point of interest，兴趣点）数据、手机信令数据等大数据技术分析手段，进一步识别匹配重庆全域范围内的生产空间、生活空间和生态空间。树立"全域"统筹思想，突破行政界限"藩篱"，利用极点、轴线、网络和域面等多种组织方式，协同优化"三生空间"的集聚布局与结构腾挪，构建形成生产空间集约高效、生活空间宜居适度、生态空间山清水秀的全域绿色空间形态。

（一）生态空间高标准要求机制

长江上游的生态大保护工程，事关中华民族伟大复兴的根和魂，事关中华民族延绵发展的千秋大计。本书依据长江上游生态大保护的逻辑基础和主体框架，在"四域四治"立体生态治理体系的基础上❶，尝试从政域自治、流域同治、山域整治、跨域联治、全域共治去构建"五域五治"生态大保护模式❷（本节中的"五域五治"生态大保护模式部分内容已在《学习与实践》2022年第7期刊发）。

1. 政域自治：从"礼治秩序"到"建治结合"

长江上游生态大保护是一项复杂的系统工程，不仅属于生态问题，而且重在经济问题，更为涉及民生问题，最为关联民族问题，需要用社会主义举国体制的"有形之手"和社会主义市场经济的"无形之手"协同推动，任何单一方式都难以持续。长江上游的生态问题主要表现在森林遭到砍伐、水土

---

❶ 贺高祥，李爽，文传浩.构建"四域四治"的立体生态治理体系［N］.中国环境报，2020-11-20（3）.

❷ 文传浩，张智勇，赵柄鉴.长江上游生态大保护"五域五治"创新模式初探［J］.学习与实践，2022（7）：54-64.

流失严重、洪涝频繁发生、物种灭绝危机等，民生问题主要表现在生存环境破坏、持续发展受阻、生态服务不均等，经济问题主要表现在增长模式粗放、资源缺乏集约、产业结构复杂等，民族问题主要表现在世居少数民族较多、民族文化丰富多样、地域发展不充分等。然而，长江上游地区的生态、经济、民生和民族问题是相互关联和影响的，不同政域间存在分割性与排斥性，尤其在生态问题上极易引发"公地悲剧"和"污染真空地带"。❶ 在过去，由于相关法律法规不健全，传统的礼治秩序缺乏维持规范的力量，受到严重摒弃，导致长江上游的生态、民生、经济问题均受到不同程度的挑战与危机。费孝通先生在阐释乡土社会的秩序维持时，认为中国乡土地区普遍存在"无法"的"礼治秩序"。❷ 这一论述在长江上游地区的生态大保护中也是现实的存在。长江上游是长江流域重要的生态安全屏障和水源涵养地，承载着西部大开发和长江经济带发展等重大国家战略。政域层面具有相对全面的举国体制社会治理体系，具有整合党政军民学、东西南北中资源的能力，能够破解长江上游地区生态大保护中的重大矛盾问题。

以政域为治理单元推进长江上游生态大保护，充分发挥政府这支服务生态大保护主力军的重要力量，形成跨政域跨部门联合行动的攻坚合力，以"有形之手"化解市场失灵，推动长江上游生态大保护工作落地见效，对推进社会治理现代化具有重大理论意义和实践意义。建设是长江上游生态大保护形象的塑造者，治理则是长江上游生态大保护形象的维持者。改变过去"无法的礼治秩序"，使其踏上以自治、法治、德治为核心的"三治融合"路径❸，把好"精度""温度""数度"三个维度，在精度上做好生态保护制度供给，直击"痛点"、消除"痒点"，在温度上彰显政府治理能力和治理现代化的文明与善意，在速度上不仅需要"铁脚板"，还离不开"大数据"，提升政府建设治理长江上游的效率与能力，实现感知、分析、服务、指挥、监察"五位一体"，实现地上和地下、岸上和水里、陆地和海洋、城市和农村、固碳和中和"五个打通"，从而实现"三分靠建、七分靠治"的政域"建治结

❶ 文传浩，滕祥河.中国生态文明建设的重大理论问题探析［J］.改革，2019（11）：147-156.
❷ 费孝通.乡土中国［M］.上海：上海人民出版社，2007.
❸ 吴超峰，柯国笠，黄景煌.乡村"三治融合"和乡村微景观建设的结合——以晋江市安海镇新店村乡村营造之路为例［M］//洪辉煌.乡村善治与现代教育论文选刊.福州：海峡文艺出版社，2020.

合"模式。

2.流域同治：从"独善其身"到"统筹治理"

从表面上看生态危机是生态环境领域的危机，但实质上也反映了以流域为地理单元的公共治理制度危机，过去的"独善其身"做法难以为继。长江上游流域覆盖了青海、甘肃、西藏、四川、云南、陕西、重庆、贵州、湖北9个省市自治区❶，地域辽阔，地广人稀，绝大部分地区属于流域生态安全屏障区和水源涵养区，具有生物多样性宝库的功能。在全面建成小康社会之前，长江上游地区经济社会发展呈现出明显的不平衡不充分现象，不少地方政府仍然处于"吃饭财政"状态，处于求生存稳发展的阶段。在这种状态下，导致长江上游地区曾一度出现过度开发和无序利用，生态环境遭遇严重破坏，人与自然和谐共生面临极大挑战。虽然我国从20世纪90年代就提出生态保护和生态文明建设，但地方政府缺乏统筹治理的统一规划和指导纲要，这一状况直到党的十八大以来才有根本性转变。山水林田湖草是一个生命共同体，虽然流域是生态大保护的一个区域地理单元，却与整个生态系统内循环中的任何一个环节都紧密关联，牵一发而动全身，单一地区政府难以做到"独善其身"，大量涉及流域的事务需要流域覆盖地区政府间的协调运作，以此构建"共抓大保护、不搞大开发""协同推进大治理"的长效机制。

长江上游的干支流、左右岸、上下游共同组成了长江上游的流域生命线，共同形成了长江流域的生态安全屏障。基于此，实施全流域统筹治理是实现长江上游生态大保护的重要举措。如果不构建有效的全流域统筹治理制度，公共生态资源可能会出现无效供给和过度使用情况。❷通过全流域统筹治理，一是能够把单一化的流域治理模式统一到全流域"一盘棋"思想上来，形成长江上游生态"大保护"和"大治理"的系统性、整体性、协同性，构建起具有系统共治、立体共治、全域共治的理念和思维，健全政府、企业、公众协同共治的全流域大治理体系。❸二是能够建立起流域统筹、地方主导、纵横

❶ 文传浩，张智勇，曹心蕊.长江上游生态大保护的内涵、策略与路径 [J].区域经济评论，2021（1）：123-130.

❷ 吕志奎.加快建立协同推进全流域大治理的长效机制 [J].国家治理，2019（40）：45-48.

❸ 杜雯翠，江河.《长江经济带生态环境保护规划》内涵与实质分析 [J].环境保护，2017，45（17）：51-56.

协同、市场参与、有效激励、绩效问责的长江上游生态大保护综合治理框架，适度减轻长江上游生态大保护财政负担，增强长江上游生态大保护的资金供给。❶ 三是能够建立起跨越上下游、左右岸、干支流的生态补偿机制，按照统一规划、统一标准、统一监测、统一责任、统一防治措施的要求，有效破解流域生态资源的跨界性和外部性，激励保护行为，补偿收益受损方，共同推进长江上游流域生态大保护。四是能够构建激励与约束、权利与义务双向对称的流域同治机制，解决流域内在横纵向权力共治、责任整合及主体协调等运作逻辑❷，以提升全流域统筹治理的适应性、凝聚性、自主性和包容性。

3. 山域整治：从"山河破碎"到"生物多样"

世界所有重要河流的源头都在山岳，全球一半以上的人口依赖来自山岳地区的淡水资源维持日常生活，超过 15% 的世界人口以及约 50% 的陆地动植物生活在山岳地区，山域生态系统为人类的生存和发展提供着赖以生存的物质产品和生态产品，连绵的山岳馈赠给人类的不仅有震撼的美景，还有丰富的资源和物产，保护山岳是人与自然可持续发展目标的一个关键内容。我国山岳地区总面积为 663.6 万平方千米，占全国国土总面积的 69.1%，是维持我国自然生态系统完整性最重要的承载平台和地理单元，是多样性生态系统的宝库。长江上游所有重要河流的源头都在山岳地区，流域内的人们依赖来自山岳地区的淡水资源维持日常生产生活和世代繁衍生息。长江上游干支流发源于世界屋脊青藏高原、云贵高原、秦岭大巴山，穿越横断山、乌蒙山、大娄山、武陵山、巫山等，这些复杂的地势走向、地形地貌共同组成了长江上游流域复杂的山域生态系统，成为长江上游流域与其他流域的自然分水岭。山域生态系统的水源涵养能力和生态安全屏障能力的动态变迁，在一定程度上成为流域生态好坏的"晴雨表"。

在过去相对长的岁月里，长江上游山域生态系统被开发得千疮百孔，成为生态破坏的"污染天堂"，独特生物和文化遗产面临着灭绝的危险，可持续发展一度不堪重负。然而，长江上游山域生态系统不仅拥有种类繁多的多样性生物，也是作物遗传和林木遗传资源富集地。完整而拥有复原力的山域

---

❶　黄磊，吴传清. 外商投资、环境规制与长江经济带城市绿色发展效率［J］. 改革，2021（3）：94-110.

❷　詹国辉. 跨域水环境、河长制与整体性治理［J］. 学习与实践，2018（3）：66-74.

生态系统能够防止土壤侵蚀、固碳制氧、生态涵养等作用，而且对长江中下游地区起到抵御自然灾害和气候变化的缓冲作用。维护山域生态系统的生物多样性，一是必须使其从千疮百孔的矿山复绿到山水林田湖草生态保护修复，从严惩开山毁林行为到追求"一张生态蓝图管到底"，从淘汰落后产能到谋划发展"生态工业"，全方位致力推进长江上游山域整体生态修复、生态保护和生态发展事业，突出生物多样性主体功能区和生态屏障区需求。❶二是全面实施生物多样性和水土流失等跨流域生态问题治理，让山域生态系统回归本来的大自然面貌，实施跨域协作、山水联治，解决跨流域过渡带的灰色空间生态问题治理，减少"开山毁林"，保护山域"生物多样"。让山清水秀、林草环绕、碧湖青田、城美人和从理想变为现实，为我国国土空间生态文明建设全覆盖奠定流域的"脊梁"作用，为长江经济带建设提供更加坚实的生态屏障。

4. 跨域联治：从"单打独斗"到"协同作战"

长江上游由于流域面积广、涉及人口多、全局影响大，部分生态大保护事项的主体不好明确。长江上游的生态大保护工作一直没有统一的标准，每个行政单元各自为政，对山水林田湖草的保护时常"单打独斗、各自为政""头痛医头、脚痛医脚"，很难形成统一的治理框架、方案、目标和举措，缺失保护和治理的系统性、整体性、协同性、连续性。如此造成许多好举措难以推进，好政策难以落地，造成流域生态补偿中出现无数的"中梗阻"和"末梢堵塞"。如何实现长江上游流域范围内政府、企业、公众三大利益主体的"跨域对话"与"协同合作"，已经演变成为流域生态大保护、流域污染治理、流域协同作战绕不开的话题。长江上游生态大保护的核心问题是打破地域限制及部门分割造成的"壁垒"，破解"多头治水"体制导致的流域生态久治不安，摒弃过去"单打独斗"做法，从"协同作战"的视角出发，有区域性的胸怀和眼光，有区域性的政策和组织，有统一的规划和设计，树立起全流域一盘棋的思维，长江上游的生态大保护才会有更为广阔的发展视野和实现路径。

---

❶ 钟祥浩. 中国山地生态安全屏障保护与建设［J］. 山地学报，2008（1）：2-11.

习近平总书记指出，"不谋全局者，不足谋一域"❶。历史上长江上游地区各省市自治区之间就属于水乳交融、唇齿相依、守望相邻，已经在历史的长河中建立了深厚的毗邻感情和区域友谊。所以需要有一个跨域协调议事机构，模式为纵向协调，纵向指导，辅以相关的配套职能和政策。构建起统一的生态共建、环境共治、信息共享、机制共商、应急协同五大工程行动，实现跨域联治指导下的政域、流域、山域多个域度协同作战。一是在生态共建方面，充分考虑生态覆盖范围广、上下产业链长、涉及域度多等因素的协同；二是在环境共治方面，探索基于流域的多个域度实现顶层规划、同步治理、共同管护的统一；三是在信息共享方面，以山水林田湖草联防联控信息化平台为基础，开展流域生态大保护同步监测和数据共享；四是机制共商方面，推动长江上游生态大保护各种政策条规实现跨域联席会商，搭建起新的机制共商交流平台；五是在应急协同方面，定期联合开展流域生态大保护风险排查，建立起信息通报、措施应对、信息发布等跨域协同机制。从过去的"单打独斗"到建立"协同作战"，旨在发挥跨域联治的政治引领、组织引领、机制引领的优势，通过搭建"组织共建、痛点共治、资源共享"的跨区域生态大保护联合治理新格局，进一步打破区域壁垒，聚焦生态保护、生态治理、生态建设等领域的痛点、盲点、难点，形成长江上游生态大保护共建共治命运共同体，增强长江流域老百姓的获得感、幸福感和满意度。

5. 全域共治：从"孤军奋战"到"齐心协力"

长江上游生态大保护倘若要做到横向推进和纵向深入，就不可能离开经济、政治、文化、社会各方面的密切配合。在长江上游生态大保护中，如果没有上下游、左右岸、干支流的协同配合，各个环节的统筹规划，河流的生命将是割裂的。长江上游生态大保护每向前推进一步，既充满着纷繁复杂的矛盾，也增添了协力前行的喜悦。全流域生态系统的整体性与跨界性，决定了全流域治理无法依赖某一部门"孤军奋战"，而是需要中央、省、市、县、乡政府实现纵向协同，同一层面的各部门间实现横向联动，更需要政府、企业、公众等多元利益主体的共同参与，辅以独具中国特色的河长制、湖长制、林长制等制度，打通地域与地域之间、部门与部门之间的联系通道，实现联

---

❶ 习近平.习近平谈治国理政（第一卷）［M］.北京：外文出版社，2014.

控联防、无缝对接，提高常态沟通的频率和议事协调的效率，进一步强化长江上游全域共治推进生态大保护协作，在纵向治理上，将全域共治的制度延伸至省、市、县、乡镇四级；在横向治理上，形成上至下、不同层级、不同主体的常态化联席会议制度，为流域范围内的政府、企业、公众等多元利益主体提供了一个开放的对话平台，让这些多元利益主体在交流与碰撞中达成全域共治共识，形成合力。在理顺管理体制的基础上，加强各级政府主动干预，促进流域产业结构调整和转型升级，推动长江上游生态大保护实现全域共治的飞跃，进而打造出共建、共治、共享的全流域治理格局。❶

源自山域的涓涓溪流在山谷处汇聚成江河，促成江河的生命在不同的政域间流淌。从国家治理体系与治理能力现代化视角来说，全域共治是国家治理中政府间基于流域治理的纵向、横向关系的交汇点，是长江上游流域范围内各级地方政府和部门之间的各司其职和资源整合的行动纲领。长江上游生态大保护要实现全域共治，就需要破除基于行政区划受限的区域管理体制，逐步构建起全域共治模式。用"互联网＋""大数据＋""物联网＋"等现代高新技术赋能长江上游山水林田湖草全要素大治理，推进全流域政府、企业、公众多元利益主体的制度化、信息化、智能化建设进程，实现政府从"孤军奋战"向多元利益主体"齐心协力"转变，从而提升长江上游生态大保护的包容性、参与性、协作性和系统性。下好长江上游生态大保护这盘大棋，共抓共建共治共享是可持续性制胜的要诀法宝，流域生态补偿、健全河湖林长制、生物多样性保护等配套制度是实现可持续发展的保障，联合建立长江上游地区省际协商合作机制，使其成为长江上游地区生态大保护综合性、统领性、倡导性、促进性的法律法规。强化生态大保护工作与经济、政治、文化、社会建设同步部署、同步推进，共同致力基础设施互联互通、公共服务共建共享、生态环境联防联控、旅游宣传推广协作等，凝聚起共抓长江上游生态大保护的强大合力，助力省际交界区域生态环境提升。

---

❶ 朱远，陈建清.生态治理现代化的关键要素与实践逻辑——以福建木兰溪流域治理为例［J］.东南学术，2020（6）：17-23

（二）生产空间高质量发展机制

2019 年 4 月，习近平总书记在重庆考察时指出，重庆要更加注重从全局谋划一域、以一域服务全局，努力在推进新时代西部大开发中发挥支撑作用、在推进共建"一带一路"中发挥带动作用、在推进长江经济带绿色发展中发挥示范作用。为了贯彻落实这一要求，重庆亟须坚持按需生产的导向，以全产业链协调发展为主线，健全绿色产品需求、供应链增值、绿色产品加工、原材料供应保障、产业链协同发展"五大体系"，以实现高质量提升绿色产品加工转化率。

1. 加快扩大"三个规模"，健全绿色产品需求体系

一是千方百计扩大投资规模。用好"看得见的手"加大重庆生产空间领域的科技、人才、公共基础设施建设等投入，撬动社会资本扩大投资。强化"看不见的手"，对资产利润率较低的行业，实施一批建链补链项目，着重补上产业链短板；对资产利润率较高的行业，实施一批延链强链项目，实现投资质量、效益新突破。建立健全专项招商引资制度，制定绿色产品加工产业招商引资促进办法，精心策划项目、精准招商引资、精细优化服务。二是"五个加强"扩大国内需求规模。高标准建设大宗绿色产品交易中心、特色优势绿色产品及其加工产品价格形成中心和价格发布中心，健全批发市场、中间商、自产自销等产销对接模式。整合品牌和市场资源，采取品牌嫁接、资本运作、产业延伸等方式，拓宽销售渠道、完善销售网络，联合打造区域营销公共平台。推广龙头企业主导的"基地＋直销＋加工物流"、合作社主导的"合作社＋加工"的绿色产品直销模式，举办好农民丰收节、辣博会、品鉴会等活动。加快推进"中央厨房""互联网＋加工企业"等模式，完善"超市＋加工企业"对接模式，进一步推动"渝货出山"。健全重庆市产销对接平台，完善与外省城市群对接机制，积极参加中国绿色产品加工投资贸易洽谈会、外省农博会等活动。开展东西部协作和定点帮扶关于绿色产品加工的高质量合作，带动重庆优质特色加工产品风行天下。三是抢抓机遇扩大出口规模。通过提升发展能级，优化产品出口结构，创新创建绿色产品产业园，扩大"渝货出海"规模，以及积极参加或举办国际性绿色产品交易等活动。

2.加强产业增值增效手段，建立健全供应链增值体系

在推动区域公共品牌和企业自有品牌"双轮驱动"方面。一是强化区域公共品牌建设。挖掘生态环境和民族文化两大特色资源，用好国家支持脱贫地区区域公用品牌、产品品牌优先纳入我国农业品牌目录政策，大力培植区域公共品牌。构建绿色产品区域公用品牌使用保护管理办法，增强区域公用品牌的信誉度和影响力。充分发挥行业组织在区域公用品牌建设中的主体作用。二是建强一批企业自有品牌。探索完善"战略单品核变"品牌创建模式，努力打造企业单品品牌。完善农业品牌目录制度，强化企业品牌和区域公用品牌评选和发布。三是加大品牌宣传推介力度。坚持线上线下宣传并举，用好办绿色产品及其加工产品节会、打宣传广告、搞推介活动"老三样"，开发利用好新媒体宣传方式，高效利用脱贫地区农业品牌公益宣传渠道，突出健康、营养和美味的核心优势，做好宣传文章。

在提高绿色产品综合利用率方面。引导龙头企业加快生物、工程、环保、信息等技术集成应用，以单品培育带动重组打造重庆绿色产品精深加工的"联合舰队"。推广新型非热加工、高效分离、智能控制等先进技术，开发绿色健康的精深加工产品。创新超临界萃取、分子提取、生物发酵等技术，提取营养因子、功能成分和活性物质，开发功能性食品。按照"循环利用、全值利用、梯次利用"主攻方向，选择重点地区、特色品种和生产环节，创建一批绿色产品及其加工副产物综合利用示范县、园区和企业。鼓励中小企业建立副产物收集、运输和处理渠道，保障副产物有效供应。采取先进的提取、分离与制备技术，加快利用茶梗、茶渣生产茶多酚、咖啡碱、速溶茶等，利用火龙果、刺梨类残次果、皮、渣生产果酒、果胶、精油等，利用畜禽血骨、内脏生产血浆蛋白粉、蛋白骨粉、休闲食品等。

3.大力发展集群式产业链，健全现代绿色产品加工体系

在培育壮大产业新增长点带动产业集群化发展方面。需要加快绿色产品加工业"领头雁"的发展，形成市县乡联动的绿色产品加工业"新雁阵"。引导绿色产品加工产业集群向特色绿色产品优势区、绿色产品加工园区、物流节点、重点乡镇集聚布局，形成生产与加工、初加工与精深加工、产品与市场、企业与农户协调发展的格局。加强县乡村首位产业建设，创建一批绿色产品加工强县、农业产业强镇。一是大力引进与加快培育并举。狠抓产业链

关键环节和重点农业产业招商引资，引进一批农业产业化龙头企业。构建绿色产品深加工高成长企业培育工作方案，加强龙头企业认定和运行监测管理，积极创建农业产业化国家重点龙头企业。二是推动全产业链一体化。以绿色产品加工龙头企业为核心，支持向前端延伸带动农户建设原料基地，横向延伸带动中小企业协同发展，向后端延伸建设物流和销售网络。探索完善市场主体利益联结机制，加强蔬菜集团农业产业化联合体试点示范。三是加强建链强链延链补链。进一步梳理产业链全景图，按照"大项目—产业链—产业集群"模式，实施建链强链延链补链行动，以大项目促进产业集群化发展。四是提升园区产业集聚能力。按照"政策集成、要素积聚、企业集中"原则，加强园区基础设施和公共服务平台建设，引导资金、技术、人才等要素向园区集聚。鼓励园区建设绿色产品加工贸易集散中心，发展直销直供、电子商务等新型流通业态，创建一批市级绿色产品加工示范园区（基地）、国家级农村产业融合发展示范园。用好国家支持扶贫车间优惠政策，强化绿色产品加工扶贫产业园建设，加强脱贫县现代农业产业园、科技园、产业融合发展示范园建设。

在建强生产空间绿色发展"八大支撑体系"方面。一是建强金融支撑体系。积极探索全产业链金融模式，总结推广农银企产业共同体创新试点经验。加强上市培育与辅导，用好全面实行股票发行注册制政策。开发推广覆盖特色优势绿色产品的险种，对带动脱贫户发展的企业实行特惠保险费率。二是建强科技支撑体系。加大技改力度，大力推进企业技术创新，培育科技型绿色产品加工龙头企业，辅助建立中小企业战略联盟。健全"产学研用"协同创新体系，协同开展重大共性关键技术与装备研发，创建省级国家级重点实验室、研究中心、技术研发基地和试验示范基地。三是建强人才支撑体系。引育一批学科带头人和领军人才。完善鼓励科技人员开展实用技术研究、推广、服务的政策。加强职业学校与企业合作办学。四是建强信息支撑体系。加强信息基础设施建设，提升大数据在绿色产品加工全产业链应用水平。支持中小企业信息化建设，引导创业辅导、咨询服务等中介机构健康发展。五是建强质量安全支撑体系。根据"有标采标、无标创标、全程贯标"要求，制定和修订一批特色绿色产品加工行业标准，将绿色健康标准贯穿到全过程、各环节。加强宣传和推广，严格落实强制标准，鼓励采用先进标准。六是建强仓储物流支撑体系。优化区域性冷链物流骨干节点、物流基地、批发市场、商品集散中心布局，加强冷链物流骨干网建设，实施一批田头市场、仓储保鲜冷链物流工程，构建便捷智能的仓储物流体系。七是建强开放型经济支撑体系。引进国外先进理念、技术、人才和设备，扩大外商直接投资规模，推动产业链向高端延伸。积极发展外向型绿色产品加工业，设立绿色产品出口贸易加工专区。八是建强服务支撑体系。进一步推动"放管服"改革，转变政府职能，加快建设市场化、法治化、国际化营商环境，打造国际化"渝快办"营商环境品牌。按照"一网、一窗、一次办成"要求，建设高效便捷的政务服务平台。

4. 加强绿色产品供应管理，健全原材料供应保障体系

一是突出特色绿色产品优势区建设。坚持自然生态适宜、品牌有影响、产品有特色、产业有基础、生产规模大、市场有潜力、文化有积淀原则，筛选一批特色优势绿色产品，建设一批特色绿色产品优势区，集聚发展一批特色绿色产品产业带，为打造一批集中连片的绿色产品加工业产业集聚区奠定坚实基础。二是建设一批优质专用原料基地。鼓励加工企业向前端延伸产业链，支持加工企业实施小型农田水利建设、高标准农田建设等农业项目，切实改善原料基地生产条件。以绿色产品（食品）高成长性企业为试点示范，探索完善"龙头企业＋合作社＋基地＋农户""龙头企业＋专业大户""村集体＋公司＋农户"等经营模式，建设一批精准化、标准化、规模化、绿色化的定制茶园、定制药园、定制果园等专用原料基地。三是健全利益联结方式。进一步推进农村"三变"改革，大力推进利益联结机制创新，采取保底收益＋按股分红、超产收益分成、土地流转优先返聘和风险基金保障等多种利益联结模式，以推动农业产业化龙头企业与其他市场主体紧密连接。四是大力发展产地初加工。落实国家扶持产地初加工政策，加快适用技术推广和产地初加工项目落地，提升绿色产品优质、保量供应能力。鼓励农民合作社、专业大户和家庭农场新建和改扩建分级、保鲜、储藏、烘干、包装等设施设备，提高以蔬菜、水果、食用菌等为重点的生鲜绿色产品商品化处理率和入市品级，降低绿色产品产后损失率。

5. 加强跨域统筹配置资源，健全上下游产业协调发展体系

工业生产体系中的上下游产业是国民经济的重要组成部分，增强发展的

统筹性、整体性、协调性，解决发展不平衡不充分的问题，研究建立工业生产体系中上下游产业合作共赢长效机制，对于认真贯彻落实中央经济工作会议精神，推动工业生产体系中上下游产业高质量发展，具有重要意义，以此构建"和而不同、错位联动、全面统筹"的产业发展格局。

一是建立跨区域规划和项目环评会商机制。坚持生态优先、绿色发展理念，落实主体功能区战略和"多规合一"要求，根据区域资源环境承载力及未来发展潜力，准确把握保护与开发的关系，统筹划定"三区三线"，科学布局生态、农业、城镇、产业等各类空间。对评价范围跨省的主导产业包括石化、化工、火电、有色冶炼、钢铁、水泥、造纸等行业的产业园区规划，长江、嘉陵江、渠江、涪江等跨川渝两地的流域综合规划、水电开发规划，建立规划环境影响评价会商机制，川渝两地生态环境部门协助指导规划编制机关在规划环境影响报告书报送审查前组织完成会商；对区域大气环境质量具有显著远距离传输影响、水环境质量具有显著跨界影响的重大项目，按照公众参与相关规定充分征求受影响方公众的意见。

二是协调开展"三线一单"生态环境分区管控。共同探索构建区域"三线一单"生态环境管控体系。以成渝地区已建立的生态环境分区管控体系为基础，协调相邻区域、跨界流域的环境管控单元的管控类型和管控要求，制定区域"三线一单"的"一图一表"，建立成渝双城经济圈及周边地区"三线一单"生态环境分区管控体系。可以考虑在市级层面充分科学调配各类资源要素，以解决供给市场和需求市场间的不匹配困境，从而提升资源要素的供给效率。此外，还需要建立健全"政银企"在绿色发展领域的合作机制，加大产业金融、绿色金融、消费金融、普惠金融、惠农金融等领域支持力度，为绿色产业的发展提供金融支持。

三是推动构建跨区域的生态环境统一准入标准。由于同一流域的上下游存在一衣带水、山水相连的特征，大气、水、土壤环境之间会相互影响，虽然是不同的行政区域，但是属于一个不可分割的整体。优化沿江工业空间布局，协同加强重庆市跨界流域的生态空间管控，严格贯彻落实《中华人民共和国长江保护法》相关管控要求，优化沿江产业布局，协同推动沿江化工、造纸等行业产业结构调整。严控重污染企业和项目转入。协调产业园区生态环境准入要求，逐步推动构建跨区域的生态环境统一准入标准，严格煤电、石化、化工、有色金属冶炼、钢铁、建材等"两高"项目环境准入。稳步推进生态环境保护统一标准、统一监测、统一执法，逐步实现自动监测、实时监测、动态监测，从而加快构建形成区域内外分工合理、协作有序、上下游联动的产业协同发展格局，打造更具可持续发展的产业体系。

（三）生活空间高品质治理机制

根据《重庆市筑牢长江上游重要生态屏障"十四五"建设规划》，党的十九大以来，重庆市各级各地区加大了生态大保护和生态修复力度的措施，并取得了较为明显成绩。但是，一些长期影响长江经济带生态环境的深层次问题还没能得到根本性解决，其中黑臭水体因分布比较分散且污染物浓度高，一直是实施生态大保护的重要堵点。因此，重庆生活空间绿色发展示范的重点领域之一就是加强黑臭水体的治理和管理，给长江经济带以及全国黑臭水体的治理和管理带来示范，推动黑臭水体的管理治理。

1.深入推进河长制，推进生活空间水环境安全

重庆市对黑臭水体区域实施挂牌督办，纳入河长制专项考核，实施"销号"管理；加大工业企业监管力度，严查偷排偷放、数据造假等行为；加强区县、镇、村级工业园区整治，大力整治违规工厂，清理处置违法违规建设项目。推行河长制和湖长制，必须坚持以人民为中心的发展理念，满足人民群众对美好生态环境的新期望。生态环境就是民生，绿水青山就是幸福。治理和保护河湖环境，为人民群众提供优美生态环境产品，既是践行习近平总书记"绿水青山就是金山银山"理念的重要实践，也是坚持以人民为中心发展理念的生动体现，是民之所想、民之所盼。全面推行河长制是落实绿色发展理念，推进生态文明建设的内在要求，只有坚持"共抓大保护、不搞大开发"，坚持"生态优先、绿色发展"，才能实现江河湖泊功能的永续利用。

重庆市要以推行河长制为契机，坚持山水林田湖草综合治理、系统治理、源头治理，上下游、干支流、左右岸统筹谋划，坚持自然、系统修复，完善设施、丰富功能。在推进长江干支流生态治理中，始终把坚持打造"城市亲水公共活动的大舞台"作为着力点和落脚点，封闭沿线入河排污口，确保水体质量；丰富植被绿化，提升河湖环境质量；建设体育公园、人工沙滩、游船码头、盆景园等，增加公共设施，让百姓在享受"生态红利"的同时，收

获了满满的幸福感和获得感。推行河长制和湖长制，必须各级河长冲在前、干当先，调动全社会参与河湖治理积极性。高效利用水资源、系统修复水生态、综合治理水环境、科学防治水灾害，是全面推行河长制和湖长制的圆心，只有各级河长制和湖长制紧紧围绕这个圆心，坚持实干至上、行动至上，做到担当有为，奋勇争先，才能调动社会方方面面主动参与河湖治理。重庆在推进长江上游生态治理中要统筹水岸两治，抓具体、抓落地、抓落细，带动重庆市各级各部门积极投身到长江上游生态治理建设，使长江上游真正变成绿色发展的生态之江、城市转型的活力之江、造福人民的幸福之江。鼓励广大市民为重庆的绿色高质量发展出谋划策，主动参与，共同绘就"两条大江穿城过，缙云山下白鹭飞"的生态美景。

2. 创新治理模式，提升生活空间治理体系建设

黑臭水体治理及后续维护费用较高，可采取政府与社会资本合作模式，按照投资、建设、运营和移交的方式实施综合整治。采取项目补助方式支持长江流域生态保护修复重大项目实施，采取项目补助的方式支持生态安全缓冲区项目建设，采取适当比例的后奖补方式支持符合条件的区县组织建设"绿岛"项目，采取项目补助的方式支持符合条件的自然生态修复试验区建设，采取项目补助方式对符合条件的流域上游开展生态化农田改造、池塘养殖尾水生态化改造等试点项目，安排专项资金支持市级碳达峰碳中和试点示范建设，采取项目补助的方式适当支持具备生态效益和投资效益的项目开发建设，按照分档差别化奖补方式支持农村生活污水社会化治理，采取项目补助的方式支持推动三峡库区生态绿色一体化发展示范项目建设。此外，为了进一步创新生活空间的治理模式，可以加强资源统筹，着力促成"厂网河"一体的运作模式。❶在整合排水和供水相关资源、资产基础上，壮大企业规模，把主城区污水处理厂、排水管网、河道委托重庆市水务集团统一维护，全面提升了市场竞争力和专业化水平，为推进"厂网河"一体化、建设管理一体化奠定有力基础。

加快构建"厂网河"一体化长效生活空间治理模式，是以习近平生态文

---

❶ 翁文林，吕永鹏，唐晋力，等.长江大保护城镇污水处理新模式新机制实践与探索［J］.给水排水，2021，57（11）：48-53.

明思想为指导，以流域为基本建设单元，以维持江河湖泊生命健康为导向，坚持"一张蓝图绘到底"的理念，对工业园区、生活小区、污水处理厂、各类排水管网及设施、道路、河湖等涉水环节进行统筹规划，推进源头片区、市政管网、末端污水处理设施建设，制定了雨污分流改造施工、验收技术导则，将网格作为工程单元，一并实施网格内小区、市政管网建设改造，确保干一片、成一片，让设施成为有机闭合系统。同时，在提升工业园区、工业厂区、雨水管网、污水管网、河道治理的基础上，加强城乡道路环境中的空洞检测，从而实现城乡环境一体化系统管理，并在关键断面、排口安装水质在线监测系统，实现水质恶化、超标自动预警，推动水质反弹、超标精准治理、溯源治理，真正实现上下联动，全面排查，统一治理，长效运维，不留死角。落实常态化监管措施，引导企业、居民、政府工作人员进一步规范对生活空间的治理能力和治理水平。

3. 建立监督平台，树立生活空间公众参与意识

建立专门网站平台，发布工业、农业、生活污染源及污水处理厂等环境信息，发布断面水质监测数据、重点企业监管和污染源信息、重点流域断面水质状况等信息。建立黑臭水体整治微信公众号等平台，接受群众举报，收集意见建议，强化舆论引导，推动全社会参与治理和监督。第一，政府在推动城市黑臭水体治理公众参与的过程中，主要进行顶层设计和平台搭建工作，为社会参与治理工作提供制度和机制平台保障。具体包括：及时出台城市黑臭水体治理相关政策制度文件，为社会参与黑臭水体治理提供良好制度环境。具体来说，"水十条"[1] 将"强化公众参与和社会监督"列为水污染防治工作的重点内容之一，要求"依法公开环境信息、加强社会监督和构建全民行动格局"，并明确表示"支持民间环保机构、志愿者开展活动""推进环境公益诉讼"等；公众参与城市黑臭水体整治信息公开渠道，鼓励公众参与，接受社会监督，加强公众参与在城市黑臭水体整治评估中的作用，并将公众参与和监督作为长效监管机制的重要组成部分；形成"多元共治，形成合力""群众满意，成效可靠"的有利发展模式，并将"公众参与"列为保障措施。[2]第二，

---

[1] "水十条"指《水污染防治行动计划》。
[2] 王谦，郭红燕.城市黑臭水体治理公众参与现状及建议[J].环境与可持续发展，2019，44(1)：16-19.

积极建立城市黑臭水体治理公众参与平台和机制。一是建立城市黑臭水体治理信息发布平台。住房和城乡建设部与生态环境部联合建立了由信息报送、信息发布和公众参与三个子系统组成的城市黑臭水体整治监管平台，开通了信息报送系统和信息发布网站，有效串联社会公众、各级、各行业的信息化需求。二是建立公众参与微信公众号平台。推动改变公众参与城市生态环境治理过程中存在的不足，主要就是需要从制度建设、观念转变和能力提升等主要方面入手，加大对生态大保护活动的宣传、制度的宣讲、理念的提升等，从而提升公众参与生态环境治理的能力和治理的效果。❶

4. 强化生态修复，加强生活空间基础环境改善优化

科学设计水生动物生长模式，多层次、合理化投放水生动物，形成共生体系，并根据水质变化不断调整、配置水生动物种类、数量。建立生态风险应急预警机制，加强修复后的生态系统特别是水体特征参数的监测、调控，既保证物种的多样性，又严控外来物种入侵风险。一是以"联席制"为前提，在区域性水生态保护上齐心协力。在明确相统一的功能定位和全域规划的基础上，加强对重庆市水生态的管理，进一步建立完善共同保护、共同建设、共享利益的体制机制。加强区域间的合作和统筹协调，整合各方资源，建立联席会议制度，共商长江生态保护事宜，形成合力推进长江上游流域绿色发展生态保护主体功能区建设共识和行动。二是以"统筹兼顾"为根本，在系统共治上坚持使力。保护河湖库必须统筹兼顾、系统治理，全面加强河湖库生态修复，维护河湖库健康生命。实施农村河塘沟渠整治，采取清淤疏浚、生态沟渠整治、河渠连通等措施建设生态河塘，打造河畅水清、岸绿景美的"美丽乡村"。加快推进江湖库水系连通工程建设，增强河湖库连通性，提升河湖库水环境容量，努力增加植被、保持水土、涵养水源，建设"会呼吸的河道"，打造"坡稳、水清、岸绿、景美"的生态河流。依法保护自然河湖、湿地等小流域水源涵养空间，保护好小流域生态系统，建设生态清洁型小流域，着力构建小流域绿色生态廊道。三是以"大水网"为支撑，在统筹工程整治上不遗余力。按照"江连通、堤加固、港拓宽、排提升、水清洁"的要求，实施长江多条通道工程，破解长江上游的历史困局，借助重庆建设成渝

---

❶　朱作鑫.城市生态环境治理中的公众参与［J］.中国发展观察，2016（5）：33，49-51.

地区双城经济圈的发展契机，全面启动江湖库相连、港道加宽、大堤加固等工程，按照水生态样板工程和旅游标准化工程来打造，实现堤顶行车、湖港行船。妥善处理传统水文化与现代水文化的关系，适当注入巴渝文化、水文环境等元素，打造集安全性、人文性、观赏性、休闲性于一体的水利工程精品。恢复重建一批水码头、水乡集镇，发挥生态修复工程的经济、生态、社会效益。四是以"生态补偿"为关键，在促进多元化、市场化的长江上游生态保护长效化上竭尽全力。实施退田还湖、退耕还林、退滩还湿、退出一般性工业等举措，建立国家级水生态保护与修复的资金补偿项目库，补偿资金一年一定，列入当年财政预算，由各市、县（市、区）政府统筹安排使用，促进生态保护的机制化、长效化。

二、重庆生态大保护与经济高质量发展的协调推进机制

（一）产业置换与生态置换供求对接机制

构建以生态要素和生态产品为重点对象的生态市场交易体系，形成建设重庆生态大保护与经济高质量发展的供求对接机制。传统经济学理论往往忽略了生态资源、资本和技术等生态要素对区域经济可持续发展的重要作用。应建立健全自然资源资产产权制度，落实资源用途管制和有偿使用制度，实施资源总量管理和全面节约制度，以规制约束倒逼传统粗放发展方式转向资源节约、环境友好的生态绿色发展方式。通过出租、抵押、入股和转让等多种方式，对碳排放权、用能权、水权、林权等产权形式进行权能分割和再配置，满足生态供给和需求之间的衔接匹配，形成生态化资源、资本和技术等不同类型生态要素的直接和间接交易市场。按照"全域空间→生态资源→生态资产→生态资本→生态产品"的逻辑思路，依据不同地域空间的资源禀赋、要素条件差异进行分类指导，以政府主导、社会各界参与、市场化运作的方式，探索创新生态产品价值实现机制，塑造多元化、市场化的直接或间接生态产品市场交易模式。

（二）生态消费与多元经营需求驱动机制

构建以物质和非物质消费为主体内容的生态消费支持体系，形成建设重庆生态大保护与经济高质量发展的需求驱动引擎。区域性消费需求的偏好、方式、结构和内容等，将直接影响经济活动的投入、生产、加工等前端和中端过程。深入推动消费行为及活动向绿色化、生态化方向发展，是有效链接生产、生活和生态三者之间的关键纽带。应加大宣传践行适度消费、合理消费的价值取向及自觉行动，改变原有粗放浪费的传统消费观念与习惯，将"绿色＋""生态＋"思想融入消费领域的各方面各环节。在物质消费层面，积极倡导塑造节能、无废的简约模式，多使用清洁能源和无碳能源，少产生各类垃圾废弃物，引导带动企业和公众加快形成节约环保、绿色消费的生产生活方式，推动重庆逐步实现"无废城市→无废城乡→无废社会"的转化升级。随着新消费渠道和方式的日益多元化，以教育、艺术、媒介、娱乐、运动、健康、心理和旅游等为代表的非物质消费业态将进一步丰富和拓展，深入挖掘包括生态环境、历史文脉在内的生态消费新需求，将是重庆全域现代化生态经济发展的新动能与新增长点。

（三）生态补偿与利益驱动制度保障机制

构建以财政、税收、补偿为关键调节的生态政策支撑体系，形成建设重庆生态大保护与经济高质量发展的制度保障。构建"三线两单"（生态保护红线、环境质量底线、资源利用上线和环境准入负面清单、环境准入绿色正面清单）的环境管控体系，推进对绿色正面清单企业和产业市场化、多元化、刺激型的生态环境政策机制。根据森林、水域、草地、耕地等生态载体确定生态功能价值，考虑各地的生态重要性，以生态价值补偿为主体进行分配。应强化绿色正面清单产业的税收减免力度，加大对绿色正面清单企业和产业的技术研发工作、产品深加工、产品市场销售、集聚集群发展等方面的补助额度。充分发挥环境保护税等税种的杠杆作用，深化调整环境税的区域梯度化、污染物的差异化、纳税主体的精确化、税收利用高效化的税率标准，在负面清单产业和绿色正面清单产业之间设立增减挂钩的税收调节机制，逐渐增加负面清单企业和产业的税收，形成推动企业适度进入退出的长效调控机制。大力完善新时代公益性、混合性等多类别市场化、多元化的生态补偿机制，根据生态环境质量考核评价结果实施相应的资金奖惩，积极探索横向生态补偿机制，提高区域生态经济发展的"造血"和"输血"作用，为重庆建设全域现代化生态经济体系保驾护航。

（四）信息技术传递与多元主体参与机制

信息技术传递是现代化管理的基本要求。信息技术传递的广义含义是信息在媒介体之间的转移。❶严格地说，在生态大保护与经济高质量发展的两大系统之间，可以把所有生态与经济的信息处理都看作信息在组织内部的一种传递，或者说是信息在社会空间中物理位置上的一种移动。信息传送方式有单向传送、双向传送、半双向传送、多道传送等。对于重庆生态大保护与经济高质量发展的协调推进机制来说，也必须要坚持贯彻习近平生态文明思想，以发挥政府部门主导作用，积极发扬生态价值理念，逐步提高大众保护生态环境意识和爱护环境科学素养，积极鼓励公众投入参与生态环境社会治理。在主体结构层面，积极探索多元主体参与协同主体结构模式，发挥政府主导的同时，充分发挥社会多元力量的参与协同，构建以政府为引导，社会多元力量积极参与的主体结构。生态环境信息公开是推动大众参与治理重庆生态环境的关键举措，要加强对生态环境保护工作政策举措、大胆曝光环境违法典型案例，及时准确回应公众关心的问题，持续推动各类环保设施对大众开放，加强大众对生态环境保护工作的了解，从而获得理解、认可和支持，形成生态保护共同认识。紧密结合绿色低碳发展要求，积极开展绿色低碳发展宣传工作，做好重要政策、重点信息的二次开发解读，充分利用网络、报纸、杂志、电视、广播等多种媒体广泛宣传"绿色低碳全面行动计划"相关的政策、法律法规和条例以及生态文明建设的重要指示精神。

（五）区域联动与精准适配合作创新机制

健全流域的区域合作关系，进一步深化与周边各省合作机制，建立健全

---

❶ 张锐."载体"还是"本体"？——互联网意识形态属性研究［D］.北京：中共中央党校（国家行政学院），2019.

推进流域保护治理协作机制。加强流域统筹，推动各区（县）上下游、左右岸、干支流协调保护治理，形成区域协同的保护治理格局，完善联合监测和预警、突发环境事件应急联动、环境污染纠纷协调处理、工作会商和交流等机制，强化流域上下游信息共享、联动治水和联合执法。积极推动"河（湖）长＋检察长"协作机制建设。完善公检法和生态环境部门联动协调机制，严厉打击环境违法行为，促进流域水质持续改善。构建长江上游"云贵川渝"跨流域联动合作机制，推动政府、企业、高校、研究机构协同互动。以长江上游流域为核心，覆盖重庆市的"生态空间智能监控系统"，并建立"重庆市环境质量监控大数据平台"，实施污染防治大数据管理，环境信息迁移上云。促进资源要素合理配置，探索合作共赢新模式。建立多部门协商会商机制，把握好建设的步伐、节奏和程度，避免造成重复建设和资源闲置。在提前谋划建设的同时，还需要关注到生态新型基础建设过程中可能存在的系统性衔接匹配及风险问题，比如数据信息之间的对接交换问题、数据信息的共享安全问题等，需要未雨绸缪地强化各类标准体系建设，预防性地补好风险漏洞，发挥数据、信息等交换标准的规范引领作用。

三、重庆生态大保护与经济高质量发展的协调推进模式

（一）高效型生态农业经济模式

以主城为中心，以北碚、璧山、巴南为核心，全面推进绕城"农业公园"新业态，推进高效型生态农业经济模式。一是自然生态系统服务与生态景观有机结合，生态环境保护放在首要地位，保护规划范围内的湿地、林地、水环境、鸟类栖息、人文景观及城乡联通关键生态斑块。建立以生态用地、游憩用地及服务设施用地为载体的空间廊道体系。二是自然生态系统服务与智慧生产整合，坚持以互联网、物联网、区块链、大数据、智能化等现代创新技术为引导，建立以"智慧种植、农业物联网、智能机械、农产品大数据"为主体、"三产业融合"为典型特征的智慧型现代生态农业发展新格局，领头创造具有模范代表意义的现代化山地农业的"重庆模式"。三是自然生态系统服务与文化功能整合，坚持自然生态本底为主要依托，组合周边城市建设组

团功能，筹划多种多样的环城公园类型，如门户景观类公园、郊野游憩类公园、康体运动类公园、历史文化类公园。游憩服务类设施分布主要依靠郊野公园区域空间；养生休闲项目应综合利用绿道和农林产业用地，打造以森林氧吧和远足休闲区为核心的产业集群带。而运动康养产业的布局应将运动型绿色步道与强身健体线路有机结合。在统筹考虑养生休闲服务产业和都市农业的重点项目的基础上，逐渐发展成包括户外拓展基地、运动健身公园、文化遗址公园、历史研究中心等在内的综合型项目。

（二）低碳型生态工业经济模式

依托重庆在得天独厚的区位优势、技术优势、人才优势，引领智能制造产业，在万州、开州、涪陵等工业基础较好的地区开展"产业生态化、生态产业化试点"，推进低碳型生态工业经济模式。一是产品生产智能化，推动地区支柱产业智能生产模式升级，实现山区特色农林牧渔产品与智能制造对接，通过智能化技术推进农业产品加工和制造效率的提高，并借助大数据、物联网等技术拓宽销售渠道及范围，推动土特产品等"山货"出山。二是智能制造典范化，推动智能制造产业"进山"扎根，建立试点示范，在电子信息、轻工纺织、医药石化、汽车及零部件等重点行业中选择战略性支柱企业，建立智能制造示范试点车间、工厂建设，逐步淘汰山区污染落后产业。三是市场保障便利化，以重庆市 43 个市级特色工业园区为龙头，积极鼓励各区县开展企业智能制造设施改造升级，对示范项目给予更高的优惠补贴措施，推进边远山区生产模式升级，基于边远地区智能制造基础设施项目的融资需求，展开"融资、融物、融服务"一体化的智能制造金融服务工作，推动实体经济转型升级。

围绕减污降碳和推动高质量发展，一是加强政策引导。持续推进"双碳"相关研究，积极配合制定"双碳"政策，依照工业和信息化部发布的《产业发展与转移指导目录（2018 年本）》，持续推进"减污降碳"相关工作，推动相关政策出台落地实施。把指导目录运用好，创新发展模式，加快科学承接产业转移，形成各地优势互补、相互促进、协同发展的新格局。二是积极推动碳金融相关工作，加强气候投融资建设，向银行等金融机构和重点排放企业做好碳金融政策宣讲，发挥碳减排政策效用。推进绿色债券发展，根据国家发展和改革委员会关于企业境内外发行绿色债券的相关政策，积极引导符合条件的企业通过境内外资本市场发行绿色债券，拓宽绿色直接融资渠道。按期对市内已发行但仍处于存续期的绿色企业债券开展专项排查，抓好绿色企业债券风险防范，营造良好金融生态，同时，将组织推送绿色项目融资需求清单，帮助银行金融机构挖掘有效信贷需求。三是积极开展绿色低碳产业招商活动。聚焦建链延链补链强链，立足重庆的绝对优势和比较优势，积极开展新能源电池、绿色铝、绿色硅、生物制品、绿色食品加工等绿色低碳重点产业链招商活动，着力引进一批技术含量高、碳排放低、产业关联度大、带动作用明显、市场竞争力强、经济效益好，有利于促进产业集聚、形成产业链的龙头项目，促使东部资本、技术、信息、管理和市场优势与重庆绿色资源等优势结合，带动本地产业从管理到技术各个方面的转型升级，推动重庆产业绿色低碳转型和经济高质量发展。

（三）循环型生态服务业经济模式

依托丰富的森林资源，打造"上游绿色绿廊"，形成梯度化、差异化、新型化和生态化，集林上、林中、林下和（护）林员于一体和集观养、疗养、行养、食养、文养和住养等多业态融合统一协调发展的"四林经济"循环型生态服务业经济模式。在未来，一是以渝东北为中心，探索建立"三峡库区国家公园"，将三峡库区打造成我国乃至世界人与自然和谐共生的典范，展现库区绿色发展成果。二是以渝东南为中心，探索建立"生态康养标准示范区"。集中投资一批建设现代化森林生态康养产业的基础设施，坚持"资源利用集约化，品牌运营信息化、产服融合智能化"，通过高新技术将森林资源与康养产业有机融合。三是以渝西为中心，探索建立"江岸森林城市示范区"，推动渝西经济发达地区城市绿廊、绿岛建设，提高森林覆盖率，打造"城市中的森林、森林中的城市"。

四、本章小结

本章主要阐述重庆生态大保护与经济高质量发展的模式设计，从重庆市总体规划的"一区两群"协调发展格局的国土空间规划与"五位一体、联动协同"的总体建设框架——"三生空间"方面阐释了国土空间开发渗透推进逻辑；从生态产品供求对接机制、生态消费需求驱动机制、生态补偿制度保障机制、多元主体参与监督机制、区域联动创新机制等方面阐释了重庆生态大保护与经济高质量发展的协调推进机制；最后以高效型生态农业经济模式、低碳型生态工业经济模式、循环型生态服务业经济模式为引导，探索了重庆生态大保护与经济高质量发展的协调推进模式。

第八章　重庆生态大保护与经济高质量发展的路径探索

探索重庆生态大保护与经济高质量发展的实现路径，必须以习近平生态文明思想为指导，全面贯彻实施《中华人民共和国长江保护法》，深刻领会筑牢长江上游重要生态屏障的重大意义，准确认识长江上游重要生态屏障的主要功能，科学把握山水林田湖草是生命共同体的有机联系，坚持从全局谋划一域、以一域服务全局，协同实施山水林田湖草保护工程，全面落实好长江十年禁渔，完善体制和政策安排，加快建设山清水秀美丽之地，以生态环境高水平保护促进经济社会全面绿色转型，为奋力开启全面建设社会主义现代化国家新征程重庆篇章夯实绿色本底。

一、路径设计原则

（一）高质量发展的新目标——生态富民

实现生态富民，即在认识上以"绿水青山就是金山银山"理念为先导。一是以绿色发展理念为导向，以生态经济化、经济生态化为方向，以城乡一体化和区域协同合作为发展思路，不断改进约束性规定和市场化政策体系，使资源优势成为经济优势。二是以多元环境经济政策和增值生态资产、高端知识产业引进、转化机制建设等为线索，最终通过生态资产价值化和市场化转化通道，实现"两山"的融合与相互促进。三是利用当地生态良好的资源禀赋吸引项目和人才，实现以生态为重，向生态转型方向发展，切实开通

"两山"的转化通道，加强对风险的应对能力和可持续发展能力，切实形成生态富民的内生发展动力机制，推动乡村振兴战略目标的实现。

（二）高质量发展的总路径——绿色发展

绿色发展既是当今世界主要的发展潮流，也是指导我国今后发展的重要理念。加速推动经济战略发展调整，由过往的"生态赤字"转向"生态盈余"，统筹兼顾采取环境保护和经济发展的最优生态发展战略。一是在生产环节中，从源头乃至整个过程实现节能减排的目标，达到减量化、资源化和再利用的效果。二是在分配环节中，坚持市场导向，通过调节交换和分配使其在资源配置过程中发挥基础性作用。三是在交换环节中，加快"通道＋传输＋网络"流通结构的构建，促进资源交换向绿色低碳循环的方向前进，切实提升交换效率。四是在消费环节中，以多渠道、多形式宣传绿色、低碳消费理念，推进绿色生活方式和消费模式。

二、重庆生态大保护与经济高质量协调推进的逻辑进路

（一）更高质量，美好生活的向往

注重经济向高质量发展的转变。重庆经济的高质量发展，必须打破经济结构的低端锁，推动先进的信息技术在各行业中的应用，加快经济结构向信息化、服务化方向调整。在整个过程中，须合理把控供应与需求、投入与产出、政府与市场、公平与效率等关系。要科学使用资源和资本投资，使发展方式向人力资本的积累和革新方向发展，推动重庆经济实现高质量发展。

（二）更有效率，资源配置的优化

以创新手段驱动资源的有效配置。钢铁、汽车等传统制造业仍是重庆规模较大产业，需以科技创新、制度创新、管理创新为核心的综合创新，切实提高劳动生产率和全要素生产率，合理布局产业，提升资源利用效率，促进重庆制造业转型升级。重庆经济高质量发展的关键是创新能力的提高，通过创新来促进劳动生产率和全要素生产率的提质增效。

（三）更加公平，共同富裕的实现

关注社会民生，助力共同富裕。经济高质量发展的最终目标是公平分配发展成果，满足人类生存和发展的需要。因此，重庆经济的高质量发展须注重以人为本，通过科学的政策实施来减少收入分配差距，促进社会公平以及发展成果的共享，提高人们在经济高质量发展中的幸福感。

（四）更可持续，代际平衡的保障

健全基础设施建设，推动经济可持续发展。基础设施建设是重庆实现经济高质量发展、提升人民生活质量的基本条件。一方面，作为传统制造业基地，加强基础设施建设，可以大大提高重庆市大数据、人工智能等高科技产业的应用能力，加快传统产业向信息化转换和升级。另一方面，通过建立政府主导的教育资源共享平台，探索社会公共服务的私营资本开放等措施，缩小各领域资源分配的差距，实现各地区公共服务的发展、合作与均衡。通过加强区域公共服务共享，为重庆经济的高品质发展注入社会民生动力。

（五）更为安全，绿色屏障的需求

守护生态环境，共筑绿色屏障。高质量经济发展的实质是实现经济与环境的协调可持续发展。传统制造业对重庆的生态环境影响较大，且地处长江经济带上游生态脆弱地区，必须树立"共抓大保护，不搞大开发"的意识，加强生态环境保护，减少各产业和生活所造成的污染，加强生态保护市场机制建设，严格落实污染排放标准，严惩环境污染行为，使绿色元素注入重庆经济高质量发展之中。

三、重庆生态大保护与经济高质量协调发展的重点任务

（一）推进流域水污染统防统治

一是实施质量底线管理。制定并实施水环境质量底线，建立环境准入负面清单，建立以排污许可证制为核心的工业污染源环境管理体系，开展"一

证式管理"模式，建立全过程管理体系。二是优先保护良好水体。加强湖泊流域污染预防工作，因地制宜建设河滨湿地和缓冲区域，加强流动源环境风险防范。加强饮用水水源保护，推进饮用水水源保护区"一源一档"建设。三是加强重点领域、重点行业水污染防治。加大工业清洁生产和污染治理力度，推进传统制造业绿色改造，推进污染减排精细化管理。提升城镇生活污水处理水平，加快构建污水处理监测体系，加快监管信息共享。加强船舶港口污染控制，编制并实施防治船舶及其作业活动污染水域环境应急能力建设规划，港口、码头、装卸站须按要求完成船舶与港口污染物接收、转运和处置建设内容并正常运转。四是治理污染严重水体。采取多种措施，实施源头管控、综合治理，促进城市水体质量改善，合理布局雨水收集、调蓄和处理设施，实现雨水资源化利用，建立河流监测、保洁、清淤、运维等长效机制，合理调节河流生态流量，确保河流生态基流。

（二）统筹水资源开发利用与保护

一是严守水资源利用管理。推进重点领域节水，建立和落实用水总量控制、用水效率控制和限制纳污控制"三条红线"控制制度，提高工业用水重复利用率。合理确定城镇规模，落实以水定城、以水定地、以水定人，坚持水资源承载力作为城市建设规模、城镇人口规模的重要约束指标。调整产业结构，加大工业节水技术改造，降低单位产品取水量。统筹流域水资源开发利用。制订、完善流域水量分配方案，构建完整的流域水资源开发利用与保护制度体系，加强跨流域水资源开发利用与调度能力建设。二是严格水资源保护。保障枯水期基本生态水量需求，在流域设定的断面、生态敏感区断面、水利工程控制断面等核定生态流量，通过水资源合理调配、农村水电站生态设施改造等措施，制订生态补偿方案保障枯水期生态水量。根据重要江河湖泊水功能区水质达标要求，落实污染物达标排放措施，强化水功能区水质达标管理。三是全面解决工程性缺水问题。通过建立一批重点水利工程项目，按照"近期可利用、长远可持续"的原则，对缺乏自流水源或低扬程水源覆盖的区域，解决重点产业区（基地）和城镇近期用水需求。充分发挥大中型水电站、水库对水资源调蓄能力强的优势，实施长距离管道输水工程，构建区域供水管网，提高区域水资源综合调配能力。四是扎实推进流域协同治理。

以区域突出生态环境问题为导向，强化流域生态水资源的协同保护，实施生态环境分区管控，从联合巡查、应急联动、联合督察等方面，共同研究讨论跨界流域河流治理工作，提高应急联动能力，将跨区域、跨流域突出生态问题整改作为督察重点，打通"上下游""左右岸"行政区划壁垒，同步推进水资源开发利用与保护问题整改落实。

（三）加强生态保护与修复治理

一是严守生态保护红线。依据《重庆市生态保护红线划定方案》，明确生态保护红线的划定范围、面积和空间分布以及方案的实施要求，统筹考虑生态保护红线、永久基本农田、城镇开发边界三条控制线的相互关系，加强与永久基本农田、国家规划矿区、矿业权、国家矿产地范围的衔接，详细勘定生态保护红线边界，形成生态保护红线勘测定界图。建立监测网络和监管平台，加强生态保护与修复。二是强化生态系统服务功能保护。推动重大生态保护与修复工程优先在重点生态功能区实施，构建大尺度区域生态廊道，提高生态保护区域之间的连通性。持续保护和建设森林生态系统、湿地生态系统、草地生态系统的修复和保护。建立和完善湿地生态系统科研监测和宣传教育体系，开展湿地可持续利用示范工程和社区建设。三是加强生物多样性维护。强化自然保护地管理，逐步形成布局合理、类型齐全、面积适宜的自然保护地网络。加强珍稀濒危水生生物及极小种群的生境恢复和人工拯救。加强外来物种入侵监管，制定外来入侵物种防控管理办法，完善生物及其种质资源出入境检验检疫体系、规范行业性外来物种查验与管理。科学布设生物多样性监测网络，对典型重要的生态系统和物种进行长期观测。建立水生生态安全监测预警及评估体系，启动生物多样性保护区域地理信息系统建设，逐步实现生物物种资源保护与管理数据化和信息共享。四是加大水土流失与石漠化治理力度。坚持"预防为主，保护优先"，以小流域为单元，实施"山、水、林、田、路、村"综合防治，科学配置水土流失治理工程，优化生态修复物种结构和种植业耕作措施，基本建成与经济社会发展相适应的水土流失综合防治体系。

（四）切实改善城乡环境质量

按照"源头减量、过程管控、就近纳管、集中达标、分散利用、运行长效"的要求，坚持"问题、目标、责任、效果"四个导向，继续深化农村生活污水治理，切实改善城乡环境质量。一是加强规划引领，编制农村生活污水治理专章，重点推进聚居点生活污水处理设施建设和配套管网完善、设施技术改造和运行管理。采用污染治理与资源利用相结合、集中治理与分散治理相结合、工程措施与生态措施相结合的方式，牢牢把握"问题、目标、责任、效果"四个导向，继续深化农村生活污水治理。同时，结合改厕工作，推进农村生活污水"黑灰分离、粪污还田、源头减量"。二是推进重点区域土壤污染防治。严控涉重金属行业污染，严防矿产资源开发污染，制订并实施重点污染物特别排放限值实施方案。加强土壤重金属污染综合整治，推进农用地土壤环境保护与安全利用，强化建设用地用途管控，加强土壤环境监管能力建设。三是加强农业农村环境整治。实施乡村振兴计划，进一步丰富"四在农家·美丽乡村"内涵，加快建设农村环境基础设施。实施农村清洁河道行动，开展截污治污、水系连通、清淤疏浚、岸坡整治、河道保洁，建设生态型河渠塘坝，整乡整村推进农村河道综合治理。组织指导区县科学谋划农村生活污水治理项目，按程序要求申报纳入中央项目储备库，争取中央生态环境资金支持。积极协调发展改革、规划自然资源、农业农村等部门，统筹农村人居环境整治、山水林田湖草沙一体化保护和修复项目、农村改厕等专项资金，共同推进农村生活污水治理。大力开展农业面源污染综合治理，因地制宜推广稻鱼共生、猪沼果、林下经济等生态循环农业模式，加大绿色食品基地建设力度。四是加强农村污水处理和农村饮用水安全巩固提升。实施农村污水处理工程，加快建立和完善农村生活污水、垃圾处理设施的运行机制，确保稳定运行。持续推进集中式设施出水监测，督查督办运行负荷异常、水质不达标的设施，确保已建设施发挥效益。五是利用各种新闻媒体，开展多层次、多形式的生态文明主题宣传、教育、竞赛等活动，提高农民的环境保护意识，增强群众主人翁意识，主动参与社区和房前屋后绿化、美化、净化，打造绿色整洁人居环境。推动有条件地区设置村民环保监督员，以手机 App、微信公众号等形式，激励和引导村民积极参与监管。

（五）严格实施环境风险管控

一是严格环境风险源头防控。继续加强生态环境监测网络建设，建立健全流域水环境大数据应用系统，强化实时监测、污染防控、质量预报与风险预警。强化企业环境风险评估，开展环境风险隐患排查、风险源调查和评估，建立环境风险源档案和数据库，分类管理存在风险隐患的企业。强化产业园区环境风险管控。加快布局分散的企业向园区集中，按要求设置生态隔离带、建设防护工程。优化水污染高风险企业和码头布局。禁止在自然保护区、风景名胜区、产卵场等管控重点区域新建工业类和污染类项目。二是加强环境应急协调联动。加强环境应急预案编制与备案管理。在不同行业、不同领域积极开展预案评估，筛选一批环境应急预案并推广示范。健全跨部门、跨区域、跨流域监管与应急协调联动机制。以联合培训演练、签订应急联动协议等多种手段，加强公安、水务、交通运输、应急管理、生态环境等部门间的应急联动。推进跨行政区域、跨流域上下游环境应急联动机制建设，建立共同防范、互通信息、联合监测、协同处置的应急指挥体系。进一步健全政务数据共享协调机制，强化数据目录管理，推进大数据标准化建设，推动流域大数据共享开放，构建流域监管的数据管理长效机制。三是建立流域突发环境事件监控预警与应急平台，定期对重点监管企业和工业园区周边开展环境监测。强化环境应急队伍建设和物资储备，探索政府、企业、社会多元化环境应急保障力量共建模式。紧扣"一河一长、一河一策、一河一档"三条主线，完善"智慧河长"系统，不断增强水资源管理信息化、智慧化，切实为水资源刚性约束提供保障，加强政务信息交互与业务协同处理，提供河库信息查询、办公与巡河巡查、辅助决策等功能，为筑牢长江上游重要生态屏障提供精细化、智能化支撑。四是遏制重点领域重大环境风险。坚持人与自然和谐共生理念，自然恢复为主、自然恢复和人工修复相结合，大力实施湿地保护修复，通过退化湿地修复、增殖放流、湿地有害生物防治、水禽栖息地生境恢复和修复、富营养化综合治理等措施，提升湿地生态功能。确保集中式饮用水水源环境安全，采取有效措施遏制城镇化、工业化过程对饮用水水源地的环境影响。实施有毒有害物质全过程监管，对高风险放射源实施实时监控。

（六）构建生态环境大保护机制

一是健全生态环境协同保护机制。依照长江经济带生态环境保护要求的限制、禁止、淘汰类产业目录，加强对高耗水、高污染、高排放工业项目新增产能的协同控制。研究建立规划环评会商机制，将流域上下游地区意见作为相关地区重大开发利用规划环评编制和审查的重要参考依据，推进省际间环境信息共享。二是建设统一的生态环境监测网络。加强生态环境监测多部门协作，统一布局、规划建设覆盖环境质量、重点污染源、生态状况的生态环境监测网络。加强自然保护区、重点生态功能区、生态保护红线等重要区域生态环境状况定期监测与评估。三是建立健全生态补偿与保护长效机制。按照国家、省统一部署，参与长江经济带共同出资建立长江环境保护治理基金、长江湿地保护基金，发挥政府资金撬动作用，吸引社会资本投入，实现市场化运作、滚动增值。积极创新环保融资方式，建立融资信息平台。鼓励发展生态环境保护投资基金。四是健全生态保护补偿机制。积极争取中央、省级资金支持重点生态功能区、生态保护红线、森林、湿地等生态保护补偿力度，严格贯彻落实重点生态功能区生态环境质量监测评价与考核，提高国家、省纵向生态补偿资金绩效。建立健全流域上下游水环境生态补偿机制。五是强化绿色发展与高质量发展的环境管理。定期开展资源环境承载能力评估，设置预警控制线和响应线，对用水总量、污染物排放超过或接近承载能力的地区，实行预警提醒和限制性措施。编制空间规划应先进行资源环境承载能力评价和国土空间开发适宜性评价，落实规划环评刚性约束。抓紧制定产业准入负面清单，明确空间准入和环境准入的清单式管理要求。六是推进绿色发展示范引领，支持开展绿色制造示范，鼓励企业进行改造提升，促进企业绿色化生产。推进绿色消费，引导公众向勤俭节约、绿色低碳、文明健康的生活方式转变。探索出一条生态优先、绿色发展新路子。

四、重庆生态大保护与经济高质量协调发展的具体路径

为了能更好地阐释清楚重庆生态大保护与经济高质量协调发展的具体路径，这里重点从生态农业视角去阐释生态大保护与经济高质量协调发展的基

础之路，从生态工业视角去阐释生态大保护与经济高质量协调发展的主导之路，从生态旅游视角去阐释生态大保护与经济高质量协调发展的富民之路。需要说明的是，这几条具体的案例路径，并非推动重庆生态大保护与经济高质量协调发展的固定路径，而是需要结合具体情况进行因地制宜的动态更新变化的路径。

（一）基础之路：生态农业之路

1. 完善生态农业现代化相关制度，提高生态保护意识

农业现代化是实现乡村振兴的重要路径之一。将现代管理技术应用于生态农业管理，提高生态农业相关监管部门的工作协调能力。由于生态农业中间环节多，行业交叉业务多，在建立生态农业管理制度之前，要根据不同种类的生态农业，根据农产品的特点进行分类和分级，进行相关监管部门的监督和管理。建议由政府主管部门牵头组织，从有关企事业单位选拔具备生态农业发展知识的专业技术人员，不仅要制定全方位推进农业现代化的顶层制度设计，而且要能够推动实现"大生态""大农业"政策的有效协调。与此同时，积极开展环保法律法规和政策宣传宣讲，进一步唤醒广大人民群众对生态农业现代化的认识，增强参与环保的积极性和主动性，引导推动社会多元主体共建共治生态环境。

2. 加强人才培养与技术革新，普及生态农业知识

人才是推动任何事业前进的基石，特别是在推进中国式现代化建设进程中，技术日新月异，需要有充分的人才储备来推动技术与社会并肩前进。在重庆，要实现生态大保护与经济高质量发展的双重目标，无疑需要一支既了解现代农业技术，又熟悉地方实际情况的人才队伍。生态农业作为现代农业的重要组成部分，代表了农业未来的方向。传统农业的升级与转型不仅仅是技术上的升级，更是对环境、对未来生活方式的深度思考。它对人才的依赖和要求，不仅仅是在数量上，更是在质量上。这也意味着，仅仅依靠数量的增加是不够的，我们需要有质量上的保证。为此，要建立完整的现代农业人才培养体系，这个体系应当涵盖从基础理论研究到现场应用的全过程。一方面，我们应当加强在学校和研究机构中的理论培训。这意味着，应当有更多与生态农业直接相关的专业和课程，培养学生的基础知识和理论素养。另一

方面，对于已经在农业一线工作的农民，更应当建立完善的继续教育体系。通过定期的培训和学习，使他们能够迅速掌握新的农业技术和知识，提高农业的生产效率和生态效益。此外，普及生态农业知识也是一项至关重要的工作。农民是我国农业生产的主体，他们的观念和行为直接影响到农业的生产方式和效果。因此，要通过各种渠道，如电视、广播、网络等，大力推广生态农业的优点，让更多的农民了解和认同生态农业，从而更加主动地转变生产方式，推动农业的绿色发展。总的来说，人才和技术是推动生态农业发展的双轮驱动，必须在这两个方面做足文章，确保生态农业在我国得到健康、持续的发展。

3. 优化农业现代化发展的环节，促进产业协调发展

第一，提高对生态清洁生产的支持力度。对于不断加强技术创新的农业生产主体，不仅要为他们提供必要的技术支持，加大对生态清洁生产的宣传和推广力度，而且要从根本上提高农民对生态清洁生产的认识，要对企业购买生态清洁设备进行补贴。第二，建立健全现代化绿色物流运输体系。充分发挥政府整体规划能力，合理规划农村物流网络布局，不仅要进一步完善以山区为特征的农村物流基础设施建设，实现乡乡连接、城乡道路对接，而且要完善山区绿色物流运输工具，满足农村物流"最后一公里"需求。第三，要尽快提高农村绿色物流运输技术水平，增加物流企业冷链物流运输能力，减少绿色物流技术不足造成的农产品损失，增加绿色物流企业和农民的收入。第四，促进"农业＋"现代化产业协调发展。应围绕现代农业建设，以工业化为经济支撑，以信息化为科技助推，以城镇化为空间依托，加快农业现代化在推进乡村振兴中的作用和功能。

（二）主导之路：生态工业之路

1. 全链条推进工业产业生态化发展

一是从企业层面。以云计算、物联网等信息技术再造传统产业，实现信息化与工业化深度融合。积极应用节能低耗技术，鼓励利用绿色技术实现清洁生产，全面实施煤炭减量替代，推动传统产业低碳化改造升级，突出绿色制造，把生态优势转化为发展优势，以生态优势为产业品牌赋能，提升产业绿色发展上限，实现清洁生产全过程并向生态工业迈进。二是从产业链层面。

加快淘汰落后产能、压减高耗能、高污染、产能过剩的企业，促进整个产业链向生态化转变。对已经有技术、有市场、有基础的高端装备制造产业，加大培育扶持力度，按照"建链、强链、延链、补链"思路，推进全产业链发展。通过技术创新打通产业链延伸中关键节点，完善产业链条，提高资源的综合利用性。三是从产业结构调整层面。淘汰产能落后和对环境破坏力强的产业，对有市场潜力的传统支柱产业实施生态化改造，加快高新技术和战略性新兴制造业发展；依托重庆自然生态优势，促进生态产业化，大力发展文化旅游、大健康、养老等新兴产业，提高产业层次。四是从产业布局优化层面。重庆正处于工业化、城镇化中期，集"大城市、大农村、大山区、大库区"于一体，发展的要求与资源环境矛盾日益显现，需要以循环低碳发展理念为指导，引导相互关联的生产要素，产业链、价值链上下游相关企业向园区集中，提升产业园区和产业集聚的综合水平。

2. 全方位推进生态产业工业化发展

一是把生态优势变为产业优势。重庆市地貌复杂且类型多样，立足于区域生态资源优势，用产业发展规律推动生态资源的科学合理开发，推动特色果、菜、茶、中药、畜禽、水产等高效产业进行产业化发展；以生态优势为推进器，引导农村一二三产业融合，促进生态资源要素的产业化整合、开发、组织和配置，把生态优势转化为经济优势，推动实现生态与产业双轮驱动，为经济、生产的多样化提供了广阔空间。二是推动生态产业的业态、商业模式创新。提高废弃物资源化利用、产业化升级、产业链延伸和闭环经济建设。随着国内大力鼓励和支持发展可再生能源，生物质能发电已形成非常成熟的产业，成为一些国家重要的发电和供热方式，可以将丰富的生物质资源，以及大量的农业废弃物（秸秆、畜禽粪便）进行科学有序处理，作为能源利用的生物质资源进行开发利用。三是大力发展生态循环农业。凝聚发展循环经济的共识和力量，以资源高效和循环利用为核心，以提高资源产出率和减少废物排放为目标，以畜禽粪污、农作物秸秆、废弃农膜等为重点，发展壮大资源循环利用产业，推广稻田综合种养、猪沼园等生态循环农业，综合施策推进资源化利用，形成绿色经济体系、绿色发展方式和绿色消费模式，筑牢经济社会发展的绿色基底。

（三）富民之路：生态旅游之路

生态旅游必须以良好的生态环境作为先决条件。在持续推进绿色文旅融合区域协调发展的同时，更要关注人与自然的和谐共生，扎实践行"绿水青山就是金山银山"的发展理念，围绕以"农"兴"旅"、以"旅"促"农"的思路，构建文旅融合的生态保护机制，在经济转型过程中有序推进绿色文旅融合发展。

1. 重视农业生态旅游富民产品的开发

一方面，重视多层次农业生态旅游产品的开发模式。农业生态旅游秉承生态保护理念，坚持生态可持续发展的原则，将生态文明建设贯穿到农业生态旅游的规划、开发、管理、服务全过程，通过对农业资源的合理规划和科学利用，将旅游行业和生态农业融合发展成为集农产品种植、旅游、度假、休闲、会议、居住、购物、体验风土民情为一体的多层次产品构架，努力为游客提供高质量的吃、住、玩、购服务，推动农业生态旅游迸发出前所未有的活力。另一方面，打造全链条农旅融合发展助力农民增收致富。进一步加快农业生态旅游特色产业发展，有效打造农业生态旅游"全链条"产业融合发展，通过健全流通体系、强化宣传促销、强化品牌效应、提升优品增值、优化产业结构等措施，念好"生态经"、激活"绿色细胞"，积极构建多层次、多样化的农业生态旅游产品"产＋销"一体化发展全链条，以农业性、生态型和趣味性等特色激发游客的消费意愿，不断推动重庆农业生态旅游产品促农增收迈上新台阶，取得新成效。

2. 建立健全农业生态旅游的富民机制

2020 年 6 月，习近平总书记在宁夏考察时强调，"发展现代特色农业和文化旅游业，必须贯彻以人民为中心的发展思想，突出农民主体地位，把保障农民利益放在第一位"。一方面，建立健全农业生态旅游的利益联结机制。依托农业生态旅游资源，通过成立合作社、农户入股旅游公司、土地流转、带动就业、培训引领等方式带动农民参与旅游经营，积极探索建立科学合理的利益联结机制，积累了丰富经验，形成了多种多样的利益联结模式，尤其在发展乡村旅游的过程中，逐步理顺了政府部门、村集体、企业以及农户的关系，有效盘活了乡村资源、激发内生动力，让美丽乡村真正"美"到农民心里，"美"得更加持久。另一方面，激发农业生态旅游的富民长效动能。可以通过提升农民的主人翁意识，提高参与意愿，引导农民利用资源产生效益；提高农民的组织化程度，提高技能技术，引导农民合作共赢；在产业链条的各个环节创设机会，提高农民参与能力；完善风险防范机制，建立健全纠纷仲裁机制，引入保险保障机制，提高化解利益冲突和抗风险能力。源源不断地把农业生态旅游发展红利输送到农户，激发当地村民的创业热情和致富渠道。

五、本章小结

本章主要以"绿水青山就是金山银山"理念为指导，在经济高质量发展的前提下，探索能更好地阐释清楚重庆生态大保护与经济高质量协调发展的具体路径。对"三生空间"的绿色化、生态化路径进行探索，寻求更高质量更有效率、更加公平、更可持续、更为安全的发展路径。从生态农业视角去阐释生态大保护与经济高质量协调发展的基础之路，从生态工业视角去阐释生态大保护与经济高质量协调发展的主导之路，从生态旅游视角去阐释生态大保护与经济高质量协调发展的富民之路。目的是希望把生态优势转化为经济优势，通过经济优势来反哺生态优势，从而提高人类经济与生态福祉、促进社会公平、降低生态稀缺与环境风险的经济体系，更是有质量、有效益且拥有包容性与普惠性的经济发展路径。

第九章　重庆生态大保护与经济高质量发展的对策建议

本章围绕重庆生态大保护与经济高质量发展的现状分析和协调情况，以及协调机制和协调路径，重点是构建从微观层面、中观层面和宏观层面探索构建重庆生态大保护与经济高质量发展的协同策略，最后基于习近平生态文明思想，提出重庆生态大保护与经济高质量发展的长效机制和对策建议。

一、重庆生态大保护与经济高质量发展的协同策略

（一）微观层面：驱动微观主体绿色转型

要进一步理顺重庆生产空间绿色发展的提升路径，就需要从民众、家庭、企业这三个微观主体出发，找出生产空间绿色发展的影响因素，切实推进影响因素的绿色转型，从而实现重庆生产空间的绿色发展。

1. 提高民众对绿色发展理念的认识

群众是历史的创造者，人民是真正的英雄。实践表明，坚定不移走群众路线是我们党成功领导人民的核心。坚持党的领导、依靠人民群众是取得一切胜利的根本原因。要想在重庆生产空间实现绿色发展，推行的策略还是得回到群众当中去，回到广大的重庆人民身上。这就需要我们想出方法，提高民众对绿色发展理念的认识。从重庆生产空间群众参与绿色发展的实践经验和现状来说，这些群众对绿色发展的认识度不够高，主要表现为"不知道什么是绿色发展理念""对绿色发展了解不深入""认为绿色发展是国家与政府

的事情，与自己无关"三大情形。

　　首先，就是要解决部分民众不知道何为发展理念的问题。各地需要加大宣传力度，以多样化的形式进行宣传。加强生态环境保护领域的社会组织管理，引导生态环境保护领域社会组织健康有序发展。除了传统的纸媒，我们还可以积极利用新媒体这一具有大容量、实时性和交互性的传播形态，充分利用数字技术、网络技术、移动通信技术等先进科学技术，将绿色发展理念以更多元化的形式让更多人知晓、了解，并利用大数据技术对传播结果进行追踪、统计。根据统计结果，进行分析，寻找传播漏洞，将绿色发展观念传入重庆生产空间的千家万户，努力实现人人知晓。

　　其次，就是要解决重庆生产空间民众对绿色发展了解不深入的问题。要让民众知道绿色发展是以效率、和谐、持续为目标的经济增长和社会发展方式，而不是仅有减少二氧化碳排放这一方面。2017年，党的十九大报告明确指出：加快建立绿色生产和消费的法律制度和政策导向，建立健全绿色低碳循环发展的经济体系。党的十八大以来，习近平总书记高度重视对生态文明的建设，不断从顶层设计上修正了从理念转变到发展方式的变革❶，提出了新时代绿色发展理念的"八大观"，分别是"生态兴则文明兴"的历史观、"坚持人与自然和谐共生"的自然观、"绿水青山就是金山银山"发展观、"良好生态环境是最普惠的民生福祉"的民生观、"山水林田湖草是生命共同体"的系统观、"用最严格制度最严密法治保护生态环境"的法治观、建设美丽中国全民行动"的共治观和"共谋全球生态文明建设"的全球观❷。这八大观念是对新时期下绿色发展理念的具体化，可以作为重庆生产空间民众观念上的指向标。在进行宣传时，应将这八大观作为主要内容，努力实现民众对绿色发展理念的深入了解。

　　最后，要努力提高民众在绿色发展中的主观能动性。这就需要我们分解复杂的绿色发展理念，让老百姓能够轻松地理解纷繁复杂的理论，或者说让化繁从简的理论能够进入群众心中，或者说让绿色发展理念潜移默化地渗入群众的思想中，以至于能够在老百姓的心中构建起一个健全的生态观，把科

---

❶　文传浩，张智勇，赵柄鉴.长江上游生态大保护"五域五治"创新模式初探［J］.学习与实践，2022（7）：54-64.

❷　中共中央宣传部理论局.新中国发展面对面［M］.北京：学习出版社，人民出版社，2019：92-96.

学的生态观转化成老百姓的精神追求，从而让老百姓自然而然且主动地将绿色发展思维运用到真正生产生活的实践活动中。历史与现实中的许多实践表明，人民群众才是贯彻落实绿色治理的根本力量，是生态大保护中的主要群体，是中国特色社会主义可持续发展道路上的行动主体。把志愿者的精神、热情、专长和实施林长制、建设生态文明有机结合起来，通过向全社会招募志愿者担任民间义务监督员，组建省、市、县、乡、村五级志愿服务主体队伍，引导和动员社会公众通过志愿服务的方式参与到山水林田湖草等生态资源的保护中，增强全民生态大保护意识。

2. 引导家庭生活方式向绿色消费转型

习近平指出："倡导简约适度、绿色低碳的生活方式，反对奢侈浪费和不合理消费，开展创建节约型机关、绿色家庭、绿色学校、绿色社区和绿色出行等行动。"❶ "绿色消费包括三个层次，引导消费者简约适度消费，倡导消费者选择环境友好型产品，在消费时关注相关废弃物的处置。"❷在引导家庭生活方式向绿色消费转型时，我们应注意将重庆生产空间的实际情况和绿色消费的三个层次相结合，具体应努力做到以下三点。

其一，引导消费者简约适度消费，做好家庭规划。随着工业全球化的浪潮的到来，民众对各类产品的需求越来越大，对生活质量的要求越来越高，互联网上信息技术的发展使人们能够轻松、快速满足对商品的需求，网购、快递、外卖等新兴产业的兴起也在促使着民众进行消费。我国这些年在改革开放等一系列有利于经济社会发展的重大决策的积极作用下，物质生产资料正在稳步增加，经济发展水平向良好态势发展，2019年，我国人均国民总收入（GNI）进一步上升至10 410美元，首次突破1万美元大关，高于中等偏上收入国家9074美元的平均水平，这些对于重庆生产空间的发展也有积极作用。然而，近些年，有的年轻人却受到了消费至上主义的消极影响，过分追求名牌、高精尖科技产品等和自身实际需求、经济能力严重不符的产品，这就造成了对社会生产资料、自然资源的浪费。因此，一个家庭需要树立正确的消费观念，在消费之前做好规划，分清楚必需品和非必需品，做到量入为

❶ 习近平.决胜全面建成小康社会　夺取新时代中国特色社会主义伟大胜利——在中国共产党第十九次全国代表大会上的报告［M］.北京：人民出版社，2017.

❷ 何立峰.建设现代化经济体系［M］.北京：人民出版社，党建读物出版社，2019：141.

出，适度消费，避免盲从，理性消费，保护环境，绿色消费，勤俭节约，艰苦奋斗。

其二，倡导消费者选择环境友好型产品，加大环境友好型产品宣传力度，对此类产品进行醒目标识，引导消费者消费。此外，政府需要促进环境友好型产品的认证体系建设，加强对此类绿色产品的宣传，提高其知名度。政府可以从加大对购买此类产品的优惠政策开始，来提高民众对环境友好型产品的信任度，并举行一系列促进公民对环境友好型产品进行消费的活动，从而使得民众更加积极地进行绿色消费。

其三，在消费时关注相关废弃物的处理，做好重庆生产空间的垃圾分类工作。在逐步实行绿色发展进程中，重庆生产空间应向农村居民进行垃圾分类的普及，提高民众环保意识，不断改善农村景观。有关政府部门应派遣相关人员深入各民族地区，根据其实际地理位置和状况，协助各民族地区建设美丽宜居的村庄。绿色的生活方式能有效增加民众生活的安全感和舒适感，增添人民福祉，因此我们更应早日将重庆生产空间的垃圾分类工作提上日常。

3.促进企业生产方式向绿色生产转型

习近平总书记多次强调，"绿水青山就是金山银山"，"坚定不移走生态优先、绿色发展之路"。他用高瞻远瞩、统揽全局的思维指明了重庆生态大保护建设和绿色转型发展的前进方向和路径策略。实现生产方式的绿色化就是实现整个生产过程（产品的设计、产品的生产开发、产品的包装，到产品的分销）的绿色化，具体的做法包括尽量避免使用有害原料、减少生产过程中材料和能源浪费、降低废弃物排放等。推进重庆企业在生产方式上向绿色低碳转型升级，是实现重庆生态保护的具体策略，也是经济高质量发展的重要途径。

（二）中观层面：推进产业行业绿色转型

从中观层面来看，要推进产业行业绿色转型，就需要推动传统产业优化升级、加快绿色新兴产业发展、构建绿色服务业发展体系。

1.推动传统产业优化升级

在过去传统产业一直是重庆市经济的重要支柱，在新的历史时期，传统产业的发展模式与现代发展理念有一定的出入，但我们不能因此抛弃传统产业，而应积极推动传统产业进行优化升级，使传统产业在新时期焕发新的生机。

在推动产业优化升级的过程中，我们须注意根据具体的产业行业结构布局及实际情况进行合理调整，避免"一刀切"，在发展的同时保留产业特色，尽可能将产业特色与地方特色结合起来。

2002年至今，我国由粗放型经济向集约型经济发展，高排放量污染严重的环境问题突出，生态环境治理开始发力。重庆也紧跟国家发展方向，增加对清洁能源工业的投资，减少对非再生能源产业的投资。仅2015—2016年，重庆市对石油加工七年交易投资就从7.47亿元降到了5.07亿元，与之做对比的是，重庆对石油企业和天然气开采业的投资从1.40亿元增加到了15.99亿元。这些数据都充分表明了重庆市对新能源开发的信心和力度，也表现了重庆市对传统产业进行绿色改造的决心。

面对日益激烈的全球化竞争和技术进步的步履，重庆市作为我国内陆重要的老工业基地，亟须加速产业转型升级，以保持其经济增长的持续性和竞争力。一是加强创新能力。重庆应继续投资于创新平台建设，支持创新企业发展，和科技成果的转化。鼓励公私合作模式，建立多元化的研发机构，以促进产业技术升级和新技术的应用。二是人才培养与引进。人才是产业升级的关键。应优化本地人才培养体系，并通过优厚的待遇和环境吸引外部高端人才。为"卡脖子"技术和创新型团队量身打造的激励方案将极大地加快产业升级的步伐。三是拓展发展空间。为了满足产业升级的需要，应优先提供新增建设用地和新型基础设施，如5G和物联网，为产业提供更广阔的发展空间。四是优化营商环境。简化行政审批程序，实施"放管服"改革，为企业创造一个更为宽松和高效的营商环境，从而吸引更多的投资和项目。五是支持产业绿色转型。注重可持续发展，鼓励企业采用环保技术和材料，促进绿色制造。同时，应大力支持高新技术产业和绿色服务产业，为产业转型提供动力。六是强化金融支持。金融是产业升级的重要杠杆。应调整金融政策，鼓励金融机构对转型升级的产业和示范区提供特定的贷款和投资支持。总之，面对新的发展机遇和挑战，重庆市需要全面深化改革，积极结合先进的数字信息技术，加快传统产业技术升级、设备更新、数字化和绿色低碳改造，提升能源资源，节约集约利用效率，从而加快传统产业绿色化升级改造的步伐，以构建一个更加开放、创新、高效、绿色的经济体系，为实现高质量发展打下坚实基础。

2. 加快绿色新兴产业发展

绿色是多彩重庆发展的底色。近年来重庆市工业牢牢守住生产与发展两条底线，不仅加大了现代化绿色新兴产业的投资建设力度，而且一直持续不断地推进传统工业产业转型升级和提速增效，逐步使传统产业走上绿色发展之路，推动着重庆绿色制造水平不断提升，既守住了重庆生产空间的绿水青山，也发展了金山银山。在新时期重庆生产空间仍要坚持加快绿色新兴产业的发展，继续按照"产业生态化，生产产业化"的要求，全力推动工业产业绿色发展，把绿色作为标尺，在让产业绿色化的同时，也将绿色转化为财富，从而逐步加快绿色产业发展壮大。

作为国家生态文明试验区，重庆在坚持生态优先的前提下，以百姓富、生态美为目标，发展绿色产业，释放"生态红利"。如在重庆生产空间，农户们种植的具有重庆特色的、营养价值高的水果，可以将其发展为生态特色食品产业。部分具有药用价值的食品，还可发展为健康医药产业，这些都可以作为重庆生态优势的重要产业进行扶持，从而促进重庆新兴产业的向前发展。

3. 构建绿色服务业发展体系

2018 年，重庆市印发了《重庆市现代服务业发展计划（2019—2022年）》，在服务半径延伸、服务功能提升和内部结构优化等方面取得新进展，实现服务半径由面向区域向面向全国转变、服务功能由服务业示范城市向国家级现代服务经济中心转变、内部结构由劳动力和资源密集型向资本和知识密集型转变。服务业增加值突破 1.4 万亿元，在全国的占比进一步提升，年均增长 7% 左右，高于重庆市生产总值增速，服务业增加值占重庆市生产总值的比重达 54% 左右。规模以上服务业营业收入超过 6000 亿元，年均增长14% 左右。这充分反映出重庆市服务业体制机制改革取得重大突破了发展环境，全面优化开放水平，全面提升发展质量，全面提高市场主体竞争力，全面增强现代服务经济体系，初步形成服务业占地区生产总值比重超过 50% 的局面。近两年，重庆生产空间的服务业已经有了较大发展。未来几年，重庆生产空间，需着重把力量放在构建绿色服务业发展体系上。重庆生产空间可通过营造公平竞争环境、提高监管机构的能力和监管人员的素质、推出清单管理、降低企业的制度性交易成本等一系列举措，加快解决重庆市服务业在体制机制上的问题，从而完善行业管理体制。

（三）宏观层面：深化制度体系绿色转型

我国制度中的一个较为突出优势，就是人民民主专政将人民的利益和国家的利益相统一，确保民主可以真正地落到实处。发展绿色经济既符合人民的利益，也符合国家的利益，在这一现实情况下，我们更应深化我国制度体系，突出优势，尽早实现绿色转型。

1. 创新绿色发展的法律法规

党的十九大报告将推进绿色发展作为"美丽中国建设"的首要任务。同时，在强调推进绿色发展时，提出要"加快建立绿色生产和消费的法律制度和政策导向"。因此，重庆生产空间也需要统筹推动法律法规的立改废释工作，修订现有法律法规以适应绿色发展要求的同时，制定适应本地的新的法律及规章制度，以进一步完善重庆生产空间绿色生产和消费的法规政策体系。

2. 完善绿色发展的非正式制度

非正式制度是一定地区的人们在长期的生产生活实践中逐渐形成，并为这一群体共同遵守的习俗习惯、伦理道德、价值观念、文化传统和意识形态，具有自发性、非强制性、广泛性、持续性的特点，为推进经济社会发展提供一定的价值导向和道德支撑。❶ 由于非正式制度是基层民众约定俗成的，因此这一制度往往会在民众中具有极高的威信力。要完善绿色发展的非正式制度，首先，就需要加强民众对绿色发展的了解，我们可以通过加强对绿色发展理念的宣传等方式，促进民众将绿色发展理念作为一种新的生活时尚看待，从而巩固原有的绿色发展的非正式制度。其次，要发挥好重庆生产空间中绿色发展非正式制度做得较好的部分地区，使其发挥"领头羊"的作用，分享成功经验，带动其他地区共同成长。最后，相关政府须为完善绿色发展非正式制度提供必要的客观条件，让民众在自行实践绿色发展理念时没有后顾之忧。

---

❶ 宁拓，李青，梁龙舟，等.西双版纳生态文明制度建设中的非正式制度研究［J］.云南农业大学学报（社会科学），2020，14（2）：24-28，35.

3. 建立健全适应中国式现代化的绿色发展机制

面对新时代的绿色发展挑战，结合中国特色的现代化追求，重庆需要构建一个完善的绿色发展机制以促进人与自然的和谐共生，既是当前的迫切需要，也是实现长远可持续发展的关键。首先，加速产业的绿色转型。重庆的工业基础较为雄厚，特别是在汽车、化工、电子等领域，要推进技术创新，引导这些产业走向环保、低碳的路径。如此，不仅可以保证资源的高效利用，同时也能减少污染物排放，降低人为因素对自然环境的破坏。其次，完善绿色财政政策体系。要确保财政、税收与金融政策能相互补充，助力绿色发展。例如，可以考虑为绿色产业提供税收减免，为环境友好技术研发提供资金，以及鼓励金融领域推出绿色信贷产品。再次，积极优化完善市区与农村之间的生态补偿机制。由于生态服务的供需双方往往不在一个地域，因此，跨区域的补偿机制显得尤为重要。这不仅能调动各方保护生态的积极性，还能确保农村地区从中受益，进而形成绿色生活模式。最后，绿色发展的核心还是人。要强化重庆市民的绿色意识。通过教育、宣传和媒体报道，使更多市民认识到绿色发展的必要性，并真正付诸实践。总而言之，为了实现真正的绿色发展和人与自然的和谐共生，不仅需要深化制度机制，更需要在各个层面上进行全面的创新和转型，确保绿色发展既有深度，又有广度，既有高度，又有温度。让重庆的绿水青山转化为金山银山，有助于实现中国式现代化的美好蓝图。

二、重庆生态大保护与经济高质量协调发展的对策建议

（一）以习近平生态文明思想引领重庆建成"山清水秀美丽之地"

1. 优化调整产业结构

虽然重庆市人均国内生产总值和人口密度居西部地区首位，但由于其位于三峡库区的核心位置，成为长江上游生态安全屏障的最后防线，因此优化和调整其产业结构显得尤为关键。在推进社会主义现代化建设的过程中，需要促使传统产业逐渐向更为生态、低碳、绿色、高效、清洁的方向转型升级，确保产业的集群化、信息化、生态化三者同步发展。在农业方面，要大力发展生态循环农业，建设高标准农田，实现经济效益、社会效益和生态效益的

最大化。重庆山脉居多，易发生水土流失，要因地制宜，通过发展植树造林、林下经济，实施易于保持水土的农业措施，防止水土流失。在产业方面，加快低碳低耗技术、循环利用技术、清洁能源等科技在各产业中的应用。全面推进绿色制造，运用物联网、大数据、人工智能等新技术，推动传统产业高端化、智能化、绿色化，推行绿色产业链、绿色供应链、产品全生命周期绿色管理。推进绿色化与工业、农业、服务业深度融合发展。在旅游方面，制定旅游景区生态环境保护技术指南，助推生态旅游发展。依托重庆丰富的旅游资源和丰富的自然人文景观，建设都市、三峡、武陵三大特色突出、功能互补、联动发展的旅游经济带，推动渝东南文旅融合发展示范区建设，支持石柱土家族自治县、秀山土家族苗族自治县、酉阳土家族苗族自治县、彭水苗族土家族自治县创建"绿水青山就是金山银山"实践创新基地或国家生态文明建设示范县。大力发展绿色服务业，把发展特色效益旅游作为重点任务，促进商贸物流、餐饮、交通运输等行业绿色转型，积极发展生态旅游业，促进区域协调发展。

2. 集约利用资源能源

重庆生态文明建设必须走开源与节流并重、城市布局集中的节能城市之路。节约集约化资源需从多方面并重，从农业节水方面，科学规划农业生产布局，根据各农作物对水的需求度来合理分配用水，严守耕地红线，扩大高标准农田建设，加强土地管理与保护，增大清洁可再生资源的使用力度，淘汰高耗能高污染产业和生产工具，推进农业绿色化。在政府监管方面，完善资源节约相关法律体制机制，优化节能评价标准，运用生态环境保护政策措施驱动产业结构调整升级，强化对产业资源合理利用的监管力度，促进资源节约集约利用，开展资源循环利用示范基地建设，提高资源利用率。在企业发展方面，开展工业园区清洁生产试点，实现能源梯级利用、水资源循环利用、废物交换利用、土地集约利用，推行企业循环式生产、园区循环化改造、产业循环式组合。支持资源再生利用重大示范工程和循环经济示范园区建设。培育一批绿色工厂、绿色园区，打造静脉产业园区和资源循环利用基地，构建绿色工业体系，提高存量企业资源环境绩效。在居民绿色出行方面，持续加大技术创新力度和资源投入，加大使用清洁能源的交通工具的研发力度，强化上中下游产业链节能减排，构建"绿色供应链、绿色原材料"的绿色采购体系，研究探索新能源汽车及动力电池等核心零部件碳足迹，倡导绿色出行，推广乘坐公共交通，助力交通运输行业节能减排，选取绿色包装材料，减少产品的过度包装，推进生活绿色化。

3. 保护全域生态环境

按照"建设美丽中国"的国家发展战略，加强和优化重庆区域生态保护和建设，在城区内保护生态，加大城市公园建设，增加公园绿地面积和绿色植被种植率，提高建成区绿化覆盖率，维护城市中河流和湖泊的生态环境，严控生态污染。在城区外保护生态，合理规划居民居住场所，提高绿色植被覆盖率，严格把控生活垃圾与生活污水的排放。大力推广环保宣传，讲授环保知识，提升环保意识，把重庆建设成集约高效生产空间、宜居宜业生活空间、环境优美生态空间于一体的美丽家园。实施以重点河湖保护治理、城镇污水垃圾处理、化工产业污染治理、农业面源污染治理、船舶污染治理、尾矿库治理、入河排污口整改提升、固体废物污染治理、规范和限制矿产开采、小水电清理整改为重点的生态环境污染治理工程；实施以长江流域两岸绿化、长江流域岸线保护、水土流失综合治理、森林草原保护和修复、重点湿地保护与恢复、矿山生态治理修复为重点的生态环境保护修复工程；结合重庆市产业布局及发展现状，积极推进工业产业绿色转型升级、特色生态农业、生态文化旅游、矿产资源综合利用、创建"两山"实践创新基地等绿色发展重点任务，激发产业发展活力，推动经济高质量发展；建立健全齐抓共管工作机制，系统推进长江大保护。

4. 深化生态体制改革

完善生态文明相关法律体系，制定生态保护、补偿与赔偿的相关制度，各地根据当地情况完善生态文明建设标准体系。加大地方资金对生态环境的投入力度，创新生态环境监管机制和生态环境补偿方式，完善生态补偿机制，增强对污染生态环境、资源违法占用行为的惩处力度，加大对环境修复监管力度和投入资金，完善环境维护与保护的相关制度。强化生态环境法律实施，追究环境破坏者责任并依法追究其所需承担的民事和刑事责任。鼓励和引导有关社会组织和公民依法提起环境公益诉讼，维护社会公共利益。不断深化生态文明体制改革，着力完善生态文明制度体系，在已有生态文明体制改革文件的基础上，持续聚焦高水平保护抓改革，完善生态大保护体制机制，筑牢长江上游重要生态屏障；聚焦高质量发展抓改革，不断优化经济发展结构，加快建设山清水秀美丽之地，为经济赋"绿"，助力实现低碳发展；聚焦高品质生活抓改革，实施国土绿化提升，助力乡村生态振兴，深化生态环保督察制度，促进人与自然和谐共生的现代化。

（二）构筑重庆生态大保护与经济高质量协调发展的长效机制

1. 生活空间宜居适度共享机制

首先，生活空间是动态活动的空间或场所，强调以居住地为中心相对的活动空间，包括居住、购物消费、休闲等活动形成的空间，突出生活空间的社会性与文化性。❶ 因此，生活空间宜居适度涉及居住空间、消费空间、休闲空间的方方面面。居住空间通过对生活细节、生活方式的绿色引导，来改善生活空间的宜居性。第一，提高节约意识。减少无效照明，减少用电设备的备用能耗，提倡家庭节水节电，鼓励消费者选择节水节能电器、高效照明产品、绿色家居建材等绿色产品，鼓励企业提供和消费者选择可重复使用、耐用和可维修的产品。第二，促进垃圾回收和分类。在社区、公共场所等地开展垃圾分类的宣传活动，提高消费者垃圾分类的环保意识，促进消费者了解各类垃圾对环境所造成的危害，宣传垃圾分类对于环境保护的意义，提倡消费者积极参与垃圾分类。第三，倡导绿色生活方式。加强宣传教育引导，增强全社会绿色低碳意识，倡导简约、适度、绿色低碳生活方式，反对铺张浪费和不合理消费，推动全社会自觉行动起来，共同建设人与自然和谐共处的现代化。

其次，消费空间通过转变日常出行、服务消费模式，来改善生活空间的宜居性。第一，推动绿色出行。鼓励居民选择步行、自行车、公共交通等低碳出行方式，加强新能源汽车的推广，鼓励各类物流交通类选用新能源、清洁能源汽车代替之前耗能高、排放大的车辆。第二，推行绿色旅游。制定并发布绿色旅游消费公约和消费指南，鼓励旅游饭店、景区应用绿色可降解等环保材料，禁止过度包装，开发绿色环保旅游产品，减少资源消耗和环境污

---

❶ 江曼琦，刘勇."三生空间"内涵与空间范围的辨析［J］.城市发展研究，2020，27（4）：43-48，61.

染。第三，重点发展绿色生态服务业。加快低碳环保设备的研发和应用，提高资源利用效率和循环利用能力，实现整个过程零污染。

最后，休闲空间通过对市内各区域的休闲设施和可用资源实现高效绿色使用，来改善生活空间的宜居性。一是加强区域内乡镇之间要素的协同发展，优化要素空间配置，提升区域内平衡发展。各个区域之间的协调发展，区位联动、跨界整合、多产业融合，协同推进休闲空间和谐发展，促进区域内资源的使用效率。二是积极探索休闲生态融合模式，在创新和拓展休闲农业业态、丰富游客体验的基础上，兼顾生态环境的承载能力与自我恢复机制，追求生态资源与休闲体验的融合共生发展模式。三是积极开发生态休闲项目。结合当地特色加快应用高效节能绿色环保技术装备，积极引入环保产业、低耗产业与休闲设施建设融合，淘汰高消耗、高污染的落后产能，助力绿色化前进进程。

2. 生产空间集约高效共建机制

产业生态化和生态产业化是生态文明新时代产业发展的必然选择，符合"绿水青山"与"金山银山"相互转化的需要，从生态产业化和产业生态化两方面出发，来促进生产空间集约高效发展。对于生态产业化的集约高效发展，一是在投入方面，生态学强调有效利用现有资源和要素，由高耗向低碳循环方向转变；二是在生产过程中，提倡中间产品和废弃物的循环利用，尽量减少废弃物，实现排放物的清洁；三是在产出过程中，要求生产或提供的产品或服务应以无污染为产出标准；四是在投入产出的全过程中，追求在投入、生产和产出的不同环节之间构建生态价值链，形成低成本、高效率的特点。

产业生态化要求企业实现集约高效发展，对于企业主要生产活动需达到"绿色、循环、低碳"的产业发展要求，根据生态系统的自然规律，合理改造企业生产活动，使其既能降低资源消耗又能减少环境污染。按照国家能耗标准，淘汰高能耗高污染落后产业，以先进信息技术改造落后生产方式，打造生态、节能、低碳、环保等新兴产业。推进产业结构调整，促进产业转型升级，推广资源节约型生产技术，充分利用资源，减少环境污染，使产业向绿色、循环、可持续方向发展，达到社会、经济、自然协调均衡发展。

3. 生态空间山清水秀共治机制

经济发展与生态环境之间的冲突之所以越来越激烈，根本原因在于长期以来传统发展方式存在缺陷。因此,有必要加快实现生态空间山清水秀共治机制。

一是尽力改变传统生态环境治理的思路和理念。在新时代新征程背景下,要始终坚持习近平生态文明思想这一指导原则,以"人与自然和谐共生"为出发点和落脚点,推动从根本上转变传统"先污染后治理"的理念。第一,实现从数字减排到以生态环境质量改善为纲的转变,切实转变传统工业化思维下对生态环境的过度干预,切实提高并释放自然生态环境的自我修复能力。第二,从多部门分头治理向统筹协调下的综合治理转变。目前,重庆不少地区的生态环境问题依然是由多部门分工负责的,发改、生态、水利、林业、环保、财政、农业等部门均参与到不同的治理工作,基本上属于一个部门只负责一个方面的问题。然而,生态环境问题往往是相互关联着的,而多部门分头治理,相互间缺乏协调与合作,难以形成合力,综合效果不佳。所以需要切实强化治理举措,实现从浓度控制到总量控制的转变,从末端治理到全过程管理和风险防控的转变,从单纯考虑生态环境治理到与节能减排、优化国土空间格局、产业结构调整等结合起来转变,实现统一协调下的综合治理,进一步提高协调治理成效。

二是优化完善生态环境保护的共治制度体系。生态空间是一个复杂的系统性问题,涉及部门多、领域广,生态环境治理的制度体系是治理行动得以开展的基础,在推进生态保护制度化、科学化、规范化、程序化、观念化建设的同时,既要关注生态保护与污染防治的相关政策法规和制度机制等方面的共性内容,也要体现各自发展阶段不同所表现出来的重点领域;同时还应照顾到各部门在生态环境治理体系中所处的位置和地位以及协调各方面利益等诉求。第一,明确执法机关的责任,进一步细化程序性规定,权力和责任明确,分工明确,形成一种人人参与、人人关心和支持环境保护事业的良好氛围。第二,生态空间山清水秀共治机制建设过程中需要政府强化管理、企业推动实施、社会共同参与。所以有必要加强行政执法与司法的联系,行政执法、行政管理、司法部门相互衔接,协同处置。第三,需要通过广泛的宣传教育,增强全社会保护生态意识,健全对环境破坏企业法人及责任人追究责任机制,要承担责任,必须予以处罚。第四,继续加强对服务和消费领域环境问题的纠正力度,加强立法,凝聚各方力量共同推进解决生态空间污染问题，为人民群众创造健康有序的消费环境和服务市场。第五，建立高效的生态环境监测监督体系。加强职能部门行使环境职权的立法规定，协调职能部门和地方政府之间的关系，避免因管理权不明确而影响环境职权行使和环境治理的效果。积极建立更加独立有效的环境监督系统，组成多层次、大范围的监视监督体系，使环境监测更加客观、规范、公开。

4. 生态大保护共建共治共享机制

（1）认知—导入机制。

这一机制是地方政府生态保护建设的制度化运行的前提和基础。它要解决的主要问题是，政策、竞争、合作、发展等内部因素以及生态状况、公众需求、社会监督等外部因素如何进入地方政府的治理意识，并将其落实到生态治理实践中。在宏观层面上，地方政府的观念转变、职能调整、制度设置和决策实施应充分体现上级和中央政府的政策精神，在竞争与合作中追求绿色协同之路，从而实现科学有序的循环低碳发展模式。在微观层面，须引起地方政府主要领导和有关部门主要负责人的高度重视，了解生态保护和建设的一般规律以及认识和行动误区，才能更好地实现生态文明建设。深化社会宣传，提升公民生态文明意识。认真组织开展"6·5"环境日、"4·15"全民国家安全教育日、"5·22"生物多样性日等重要时间节点的宣传教育活动，指导各级生态环境部门开展一系列主题鲜明、形式多样、内容丰富的生态环境宣传活动，向社会广泛传播习近平生态文明思想和生态大保护的工作成效。

（2）整合—应用机制。

司法行政系统是生态大保护有效施行的重要组成力量，与生态环境行政主管部门形成相互支持、相互补充的良性互动局面，可以为生态环境保护工作做出重要的贡献。完善顶层设计，健全配套机制，由生态环境、工业和信息化、自然资源、农业农村、水利、林业等部门和各级地方政府共同建立生态环境管理网格，强化部门协作，推动生态环境监管关口前移，探索形成集中管辖、归口审理、诉前禁令、证据保全、专家陪审、公众参与等一系列具有环境司法鲜明特色的应用制度，把服务保障绿色发展大局作为环境司法工作的重中之重。生态环境须始终高度重视并积极配合支持司法机关充分发挥职能作用，进一步强化与环境资源行政主管部门、检察机关的协调联动，努力形成推动生态大保护工作的强大合力，全面推进生态文明建设。内外部因素的整合与应用是地方政府生态保护与建设制度化驱动运行的要求和目标。当地方政府生态保护和建设的制度化驱动因素作为一个整体运行时，政策要求和评估压力会促进地方政府之间的良性竞争与合作。外部要素的整合和应用，是指生态环境、建设和发展状况应得到公众的认可和重视，并引发广泛的公众需求，通过公民个人的参与和监督，有效满足公众的生态需求。

（3）保障—更新机制。

生态大保护作为一个面向应用的制度化过程，它离不开基本保障和及时更新。一方面，从保障角度，这一制度化过程，作为一个应用导向的模式，需确保其基本操作的稳固和连续性。为此，重庆市级政府可以通过制度设计和政策安排，将驱动因素认知引入和整合应用，从而确保制度化驱动的稳健运行。这一过程中，公众参与决策体系、需求表达体系、监督反馈体系以及人财物力保障体系都扮演了重要角色。另一方面，更新机制关注制度的持续完善和时效性。其目的在于针对各级地方政府的生态大保护实践，以及制度须服务于经济社会发展的需求，从而深入挖掘和拓展其驱动因素，进一步丰富因素来源，确保制度化驱动的力量持续并有效。与此同时，保障—更新机制也旨在优化内部和外部驱动因素的结合，进一步增强其在实践中的协同作用。

坚持问题导向、目标导向，围绕"建机制、打基础、重宣传、强引导"，加强工作协调、形成工作合力，多措并举，以环境污染责任保险为抓手，切实提升企业环境风险防范能力和水平，降低风险隐患，保障库区环境安全。强化制度顶层设计，将环境污染责任保险融入生态环境保护工作各个方面。强化左右联动、上下协作，合力推动环境污染责任保险工作不断深入。在横向联动上，建立市级生态环境、银保监、人民银行等部门、单位沟通协作机制，定期共享基础数据、不定期开展工作交流、及时互通信息，部门协作基础不断夯实。在纵向调动上，将环境污染责任保险有关工作分解落实到市、区两级相关部门和单位，明确责任机构和人员，定期、不定期调度工作推进情况，确保工作稳步推进。进一步加强环境信用评价信息共享，突出评价结果运用，将评价结果作为安排财政涉企补助资金的重要因素，支持深入推动环境污染责任保险工作。此外，鼓励金融机构加大对投保企业的信贷支持力度。

5. 经济高质量协调发展的权责体系

（1）优化政府的权责。

在环境合作治理体系中，应以政府为主导角色，企业和市场为辅，共同治理环境。政府应为布局者，首先在法律层面合理布局，完善环境相关法律政策体系，建立各部门联合的法律监督机制，创建共同治理的体制框架。政府也应为引领者，政府出面组织各部门开展环境共治活动，引导社会力量积极参与环境治理活动。政府还应为培育者，搭建环境共治合作交流平台，为环境保护组织等提供资金和人员上的支持。

（2）明确企业的权责。

企业应主动承担环境保护责任且主动加入环境保护活动之中。从被动监管到主动参与的转变，以可持续发展理念为主导，科学规划生产、运输、储存等布局，优化整合产业链，推动绿色、低碳技术融入生产活动的每一个环节，达到经济利益与环境利益最大程度融合，宣传企业环保理念，塑造优秀企业形象。从管制到自制的转变，在政府监管的情况下，完成政府所设定的环境标准，并不断推进自我提升，改善生产工具与生产环境，逐渐减少环境污染，实现自制的自我革新，提升环境和社会效益。从被动守法向主动守法转变，企业应加强环保意识，明确环保法律边界，承担环境保护责任，积极推进环境友好社会实现。

（3）完善公众的权责。

作为环境治理的第三方力量，公众参与对环境保护行动有着重要作用。公众参与能促进环境保护科学化、全面化的决策形成，且能抑制社会和企业在环境保护中的违法行为发生。公众参与还能促进自身不断改进，通过多次实践，能更加熟悉环保技能和环保知识，更能在周边推广环保理念，使更多人加入环境治理中，主动承担环境治理义务，成为环境保护的现代公民。

（三）不断提升全社会对绿色发展的科学认识和行动自觉

1. 加强污染治理规划引领，因地制宜梯次推进农村环境改善

结合农村实际，不断改善农村人居环境。按照"问题导向、规划先行，因地制宜、分类指导，小步稳走、梯次推进"的思路，主动作为、持续发力、久久为功、善作善成，加快推进农村生活污水治理，逐步补齐短板，着力为乡村振兴贡献生态环保力量。科学统筹推进农村生活污水治理，规划编制中注重坚持以下基本原则：一是因地制宜，分类指导。结合村庄规划、水环境功能区划和农村改厕等工作，综合考虑农村经济社会状况、生活污水产排规律、环境容量、村民意愿等因素，因地制宜确定治理目标、技术模式。一般以分散治理模式和无（微）动力处理工艺为主。条件允许或对污水排放有严格要求的地区，可建设集中污水处理设施；对于人口较少、暂不具备建设农村污水处理设施的地区，可结合卫生改厕等工作将粪污进行资源化利用，生活污水乱排乱放得到有效管控。二是突出重点、梯次推进。坚持问题导向，以逐步消除农村黑臭水体和生活污水横流为重点，改善农村生态环境，综合考虑现阶段经济发展条件、财政投入能力、农民接受程度等，尽力而为、量力而行，合理确定年度农村生活污水治理目标任务，梯次推进，确保农村生活污水治理取得实效。三是建管并重，长效运营。坚持政府主导，加强部门资源和力量整合，共同推进农村生活污水处理设施建设；坚持建管并重、注重实效、便于监管的原则，采取财政补助、村集体负担、村民适当缴费或出工出力等方式建立长效管护机制，鼓励农村生活污水治理建管打捆推进和第三方专业化管护，确保农村生活污水治理设施建成一个、运行一个、见效一个。四是生态为本，绿色发展。牢固树立绿色发展理念，结合农田灌溉回用、生态保护修复、环境景观建设等，推进水资源循环利用，实现农村生活污水治理与生态农业发展、农村生态文明建设有机衔接。五是加强土壤管控修复，打好净土保卫战。加强土壤污染防治能力建设，增强土壤污染防治支撑保障，推进设立省级土壤污染防治基金，拓宽土壤污染修复资金渠道，稳定资金来源，保证土壤污染修复持续发展。探索建立多样化的污染土壤修复效果评价方法，针对不同的修复技术，进一步完善污染土壤修复效果的评价体系。鼓励修复从业单位加强土壤污染修复装备研发，力争在土壤修复关键技术装备上有突破，形成具有自主知识产权土壤污染修复技术装备。

2. 强化生态保护联防联控，借力"两山""两化"巩固脱贫攻坚成果

近年来，重庆市与周边省份生态环境部门签订了《川渝地区大气污染联合防治协议书》《共同推进长江上游生态环境保护合作协议》《深化川渝地区大气污染联合防治协议》《渝西川东部分区县签订"7+2"区县区域大气污染防治联防联控合作协议》《跨区域大气污染防治联防联控框架协议》《大气污染联防联控工作协议》《生态环境保护框架合作协议》等一系列生态大保护的相关协议，在落实国家重大部署、协调制定政策措施、联合开展重大项目、共同推进重大工程、信息共享、预警预报、环评会商和联合执法、推动统一标准、共同解决突出问题、强化科研分析等方面开展广泛合作，为跨省域的生态大保护工作进行了有效探索，促进多地生态环境得到了共同改善。接下来，还可以继续坚持方向不变、力度不减，突出精准治污、科学治污、依法治污，持续深入推进成渝地区大气污染联防联控联动联治工作。一是积极共同争取国家支持。加强多边大气污染联防联控的科学研究合作与交流，围绕空气质量共同改善目标，对标国际和国内先进水平，突出当期成渝地区秋冬季 PM2.5、夏秋季臭氧协同治理研究，突出中长期空气质量改善目标及实施路线图研究，制订分阶段大气污染防治计划。联合包装科研、治理和能力建设项目，积极策划跨区域联防联控联治重大项目策划和储备，联合争取国家相关专项支持。二是积极完善协作机制。探索建立由多个相关方参加的联席会议制度，通报区域大气污染联防联控工作进展，交流和总结工作经验，商定重大事项，统筹协调解决区域内大气污染防治工作中的重大问题。严格落实《成渝双城经济圈规划纲要》《渝黔合作先行示范区建设实施方案》等双边合作机制，持续推进重点区域空气质量改善、污染防治及重点治理项目。建立跨省市空气质量信息交换平台，集成区域内各地环境空气质量监测、机动车监管等信息，促进区域环境信息共享。三是积极协同防治污染。推进双边重大项目布局一体化，规划建设特别是位于大气污染传输通道的大气污染物排放的重大项目要征求对方意见，根据需要参加科研论证、环评等。协同实施交通源、工业源、生活源、扬尘源综合治理，重点推进交界区域钢铁、水泥、玻璃、化工、火电等重点源逐步治理。建立机动车协同监管机制，共享检验和执法信息，推进联合执法检查。持续推动水泥、烧结砖瓦等重点行业企业错峰生产，加大交界区域"散乱污"企业整治力度。四是积极推进标准统一。系统梳理和评估不同地区现行大气污染物排放标准差异，针对突出问题和重点行业，制订修订计划，持续推进大气污染物排放标准的制修订。加快推进地方标准的修订完善，突出排放量大、传输远、影响大的钢铁、水泥、火电、玻璃等重点行业加快推进。五是积极推动联合执法。突出夏秋季臭氧污染和冬春季 PM2.5 污染防控，加强两地联合执法检查，强化交界区域和传输通道重点行业、重点污染源和"散乱污"企业执法力度。开展执法交流，形成区域统一规范。加强执法监测，对发现环境违法行为进行汇总并移送，及时查处违法排污、超标超证排污等环境违法问题。六是积极加强宣传引导。通过网络长图、微博微信、进小区发放告知书、面对面开展宣传讲解等群众喜闻乐见的方式，宣传大气污染的危害、产生的源头和原因、相关的法律法规、治理技术及标准要求、成渝双城经济圈大气污染联防联控等，提升人民群众生态环境保护意识，自觉履行环保义务，践行低碳生活方式，从源头减少污染。七是明确部分区县生态功能定位。在"共同富裕"理念的指引和要求下，加强省际毗邻地区商贸物流、重要生态特色农业、红色旅游、生态旅游和休闲度假康养等项目的合作与建设，促进省际毗邻地区充分发挥其区位和生态优势，推进产业生态化、生态产业化。八是强调重点生态功能区转移支付。将跨省流域所在区县限制（禁止）开发区域面积、森林覆盖率、空气质量达标率、污染减排率、水质达标率等生态环保指标作为资金分配因素，体现省际毗邻地区区县生态贡献的价值补偿，确保这些相对落后地区不因承担生态功能区责任而降低公共服务供给水准，坚定其绿色发展的信心与底气。

3. 引导社会组织发挥优势，积极助力生态与经济协调发展

不断完善生态环境志愿服务阵地，促进社会组织和公众共同参与的现代环境治理体系健康发展，进而助力生态与经济协调发展。一是把生态环境志愿服务纳入重庆市志愿服务工作的重要内容，作为推进重庆市志愿服务新高地建设的有力举措。建立健全志愿服务工作协调小组及其办事机构工作规则，专门负责指导推动各级生态环境部门做好志愿服务、指导推动生态环境保护志愿服务队伍和组织建设工作，并要求相关单位相互配合，密切合作，不断增强公众主体意识和责任意识，逐步实现"要我环保"到"我要环保"的转变，推动形成生态环境志愿服务大格局。一是建立生态环境志愿服务协同工作机制。加强跨部门的交流沟通，逐步建立由生态环境部门与精神文明建设指导委员会办公室牵头，民政、教育、团委、妇联、自然资源、水利等相关单位参与的生态环境志愿服务协同工作机制。根据重庆市生态环境工作实际和志愿服务需求，联合制定生态环境志愿服务专项工作推进方案，明确合作内容和方式，重点围绕项目培育、队伍建设、平台管理等方面开展合作，共同推动生态环境志愿服务工作规范有序开展。二是拓展生态环境志愿服务项

目品牌影响力。围绕当前生态文明建设和生态大保护的重点任务，立足群众对生态环境志愿服务的需求，大力挖掘、策划和培育生态环境志愿服务项目。对于重点项目给予重点指导和扶持，打造主题鲜明、贴近群众、成效显著、社会影响力大的品牌项目。三是创新打造生态大保护志愿服务平台。整合现有基层公共服务平台资源，充分发挥对外开放设施、生态环境宣传教育基地、生态环境科普基地、志愿服务站及各种公共文化设施的作用，充分考虑志愿服务注册招募、供需对接、培训激励等管理服务内容，形成电视端、移动端、网络端多维度志愿服务宣传矩阵，为生态环境志愿服务提供场所，为公众参与生态环保等各类志愿服务提供便利。四是提升生态环境志愿服务专业化水平。统筹组织各地各相关部门分级分类成立生态环保类志愿服务组织和志愿服务队伍，统筹动员各方资源力量积极参与，利用信息网络和高校协会等资源平台开展形式多样、内容丰富的生态环境志愿服务，全方位、多角度增强重庆市生态环境志愿服务专业化服务能力。五是建立健全生态大保护志愿服务培训体系。依托生态环境保护专业力量，结合生态环境志愿服务工作需求设计培训课程，开展志愿者岗前基础培训、项目知识技能专项培训、志愿者骨干管理培训等，不断扩大培训覆盖面，提升志愿服务规范化、专业化水平。

4. 完善生态保护执法司法，守好发展和生态两条底线

按照精准治污、科学治污、依法治污的要求，坚持问题导向、层层压实责任、强化工作措施；进一步发挥新闻媒体的舆论引导和监督作用，强化警示教育，督促各地生态环境部门认真落实生态环境违法行为举报奖励制度，建立专项整治台账，加强调度研判和督导检查，不断推进生态环境保护执法司法协作工作。一是加强生态环境执法能力建设。生态环境保护执法重点在基层、难点也在基层。现在大部分地区，文件发了、牌子挂了、印章换了，改革的"前半篇文章"基本到位了，但还需要做好组织体系调整运行"后半篇文章"，确保运行机制、能力建设、法治保障全面到位，实现"真垂管""真综合"，夯实基层执法基础。二是加强执法和监测的改革协同。根据改革的总体要求，县级环境监测机构主要职责就是执法监测，建立执法和监测机构联合行动、联合培训等机制，依据执法需求制订执法监测计划，并将执法监测经费纳入执法工作预算。按照绿色发展的要求，大力推进传统产业的技术改造，推进清洁生产，引导鼓励开展绿色企业示范创建。生态环境监

测中心要加强对所在地执法工作的支持，与属地生态环境执法机构建立联动工作机制，为统一组织的专项执法检查、重大案件查处提供坚强的监测技术支持。三是加大会商督办力度。召开好联席会议，对重大、典型、复杂生态环境违法案件进行会商督办，加大案件查办力度，通过联合衔接机制、联席会议制度、联络员制度、重大案件会商督办制度、信息共享机制、案件移送机制、紧急案件联合调查机制和打击环境污染犯罪奖惩机制等机制制度。各级生态环境部门通过与同级公安、检察机关、法院对辖区内重大、典型生态环境违法案件实施联合挂牌督办，并及时组织开展联合督查，对按期完成整改目标任务的及时进行摘牌，对整改工作不力或者整改达不到要求的依法进行严厉查处和启动追责问责机制，切实解决一批重大、典型环境违法问题。

5. 健全"双碳"体制机制，加快推进经济绿色低碳发展

优化细化管控体系、市场体系、支撑体系"三大体系"。对标对表抓好考核，强化节能减排降碳约束性指标综合管理，有效发挥考核"指挥棒"对降碳的统筹作用。重庆市作为全国7个地方试点碳市场之一，稳步推进碳排放权交易，充分发挥市场机制对碳减排的引导作用。推进低碳城市、低碳园区、低碳社区和气候适应型城市建设。持续推进减污降碳有机融合，挖掘园区碳减排潜力。学好用好"两山论"（即绿水青山就是金山银山理念），走深走实"两化路"（即产业生态化和生态产业化的发展之路），打通生态产品价值实现路径。加快推动气候投融资发展试点，有效拉动和撬动社会资本，发挥环境经济政策对绿色低碳发展的引导作用，为企业争取到低息贷款或形式多样的金融产品支持节能减排和绿色发展。切实提高政治站位，积极主动作为，全面促进经济社会绿色转型，以更大的决心和更有力的举措做好碳达峰碳中和工作。一是着力优化产业、能源、交通三大结构，全面促进经济社会高质量发展。产业方面：做强战略性新兴产业，壮大数字产业，培育绿色产业链，淘汰落后工业产能，推动高耗能、高排放制造业转型升级，在建筑领域推广使用低碳节能新材料、新工艺和可再生能源建筑，加快现有建筑节能改造，提高绿色建筑占比。能源方面：加快小水电清理，科学开发水、风、光、地热等能源资源，加大清洁能源保供力度，协调三峡电增量入渝，发展分布式储能，建设智慧能源。交通方面：优化交通运输结构，提高铁水联运占比，加强机动车油耗管理，推广清洁能源车，提升轨道、公交出行分担率。

二是着力完善财税、市场、金融三大政策，激活绿色低碳转型动能。财税方面：推动设立碳中和专项资金，研究制定脱碳电价优惠措施。核算碳足迹，推广碳标签，应对碳边境调节税影响。市场方面：参与全国碳市场联建联维，探索组建环境资源交易平台，统筹碳排放权、用能权、排污权和用水权交易。金融方面：扎实开展国家应对气候变化投融资试点，推动设立气候基金。三是着力增强创新、碳汇、基础三大能力，强化碳达峰、碳中和要素保障。创新方面：发展碳中和产业，推动储能、碳捕集利用与封存等技术研发应用，创建广阳岛等一批零碳示范区。碳汇方面：强化国土空间规划和用途管控，以"两岸青山·千里林带"工程为重点开展国土绿化、森林抚育，依托三峡库区消落带湿地资源，提升碳汇增量。基础方面：健全法规标准体系，提升统计监测能力，加强机构队伍建设，加强督查考核，强化宣传引导。

三、本章小结

本章重点是提出重庆生态大保护与经济高质量发展的对策建议，所以努力尝试在习近平生态文明思想的引领下，在"绿水青山就是金山银山"理念的指导下，以"产业生态化、生态产业化"为主体，以经济高质量发展为目标，从微观层面、中观层面和宏观层面探索构建重庆生态大保护与经济高质量发展的协同策略和对策建议。倡导以绿色发展理念为先导，将生态文明教育融入国民教育和各类工作生活培训之中，普及生态文明和环境保护知识，推广绿色生产、绿色消费、绿色出行，让绿色融入生活、生产、生态的每个步骤。探索生态环境修复工作，提高建成区绿化覆盖率，推进山水林田湖草的保护和修复，实施重要生态工程建设，维护生态环境稳定。推进绿色惠民实施工程，从"三生空间"出发，以三产融合为主导，探索绿色、低碳等新兴产业路径，合理利用生态资源，提高资源利用效率，切实达到生态富民效果。建言完善生态文明法律体制机制，建立科学生态文明评价方法，量化绿色发展指标体系，提高绿色发展比重，建立适当评价和奖惩制度，努力把重庆建设成为"山清水秀美丽之地"。

第十章 结论与展望

一、研究结论

本着"共抓大保护、不搞大开发"发展要求，从生产空间、生活空间、生态空间"三生空间"和全方位、全地域、全产业、全链条、全要素、全过程"六全"维度去构建生态大保护可持续机制，以期能准确把握重庆市生态大保护的阶段性特征，及时优化调整经济发展模式、策略、机制和重点，为重庆实现生态大保护与经济高质量发展探索理论逻辑和实现路径。本书有助于重庆强化"上游意识"，担起"上游责任"，体现"上游水平"，示范长江经济带生态优先、绿色发展为导向的高质量发展新路子；同时为推动重庆"十四五"期间的经济高质量发展提供价值参考。

本书主要内容有：一是系统阐释生态大保护的理论基础和经济高质量发展的内涵。梳理和解析生态大保护与经济高质量发展协调推进的理论逻辑。本书以新时代习近平生态文明思想为理论指导，优美的生态环境既是经济高质量发展的应有之义，也是实现经济高质量发展的重要支撑与推动力。认为生态大保护和经济高质量发展在时序上高度耦合，加强其耦合关系的研究不仅可以定量反映重庆生态大保护与经济高质量发展相互作用、相互依存的耦合程度，还可以根据耦合状态的变化采取相应措施进行调控。二是以生产空间、生态空间、生活空间"三生空间"作为研究载体，对国家、重庆市的"生态大保护"政策体系进行可持续性综合评价。然后从重庆市生态本底、绿色经济、绿色生活、环保政策等方面分析了重庆市经济高质量发展变化，从而了解到重庆市经济发展基础条件、现实困难、发展重点等现状。三是按照国家战略从主体功能区、国土空间规划、"三生空间"的渗透推进逻辑，聚焦生产空间、生活空间、生态空间"三生空间"，并对重庆"三生空间"进行科学识别，并在此基础上提出相应的实现路径及对策建议。

本书主要观点有：一是在"三生空间"的识别上，城区范围内生产空间比率是最高的，为32.91%，呈零散分布；其次是生活空间，比率为23.11%，集中分布于中心城区的中西部地区；生态空间比率最低，为5.64%。非城区范围内生态空间比率是最高的，为53.88%；其次是生产空间，比率为43.13%；最后为生活空间，比率为0.30%。生态空间分布范围较广，比较集中分布在重庆市的东部地区。二是重庆有相对较好的生态本底，但由于过去相对一段时间内的过度开发和保护不力，以至今天需要更大力度和投入进行大保护。三是在绿色生活方面，绿色出行越来越多，人均公共绿地面积逐渐增加，反映了重庆市整体绿色生活意识的加强和绿色生活水平的提高。四是在绿色政策上，环境基础设施投资、环境卫生投资的增加，反映了政府对环境问题的重视，也为实现经济绿色、人们绿色生活提供了有力保障。

本书的主要创新点有：一是尝试根据重庆生态大保护与经济高质量发展耦合关系，探索了它们相互间的作用关系、依存度和耦合度，从而提出统筹管理与因地制宜相结合的协调发展策略。二是从生态经济学、经济地理学、发展经济学视角，结合 ArcGIS 空间分析和判别技术，充分利用调研资料及数据，科学识别了重庆生态大保护与经济高质量发展时空演变格局。三是通过构建系统协调耦合度模型，在定量评价和分析的基础上，尝试揭示重庆生态大保护与经济高质量发展协调发展的时间和区域变化特征。四是为进一步有效推进重庆生态大保护与经济高质量发展协调探索路径和方向。生态大保护和经济高质量发展能够倒逼经济向更加清洁、节约的方式转变，从而有效提升经济发展的质量。本书分析了重庆生态大保护与经济发展实践及面临的问题矛盾，根据重庆生态大保护与经济高质量发展耦合关系，提出统筹管理与因地制宜相结合的协调发展策略，为"十四五"期间重庆生态大保护与经济高质量发展提供基本思路与实现路径。五是基于多学科视角的研究方法。在经济高速发展背景下，生态大保护问题越来越受到关注，已有的研究多偏重单一学科的分析评价，本书通过从生态经济学、经济地理学、可持续发展经济学相结合的角度，结合现代 ArcGIS 空间分析和判别技术，充分利用调研资料及数据，深入解读生态大保护与经济高质量发展的协调耦合关系及其时空演变格局，更加客观、全面地研究了重庆生态大保护与经济高质量发展的交互共生关系。六是系统协调耦合度模型的构建。本书通过构建系统协调耦合度模型，将多因素综合作用效果与情景变化的关联分析，实现可调控的量化分析，利用系统耦合协调度评价模型对重庆市生态大保护系统和经济高质量发展系统的耦合度、耦合协调度进行定量评价和分析，揭示重庆生态大保护与经济高质量发展协调发展的时间和区域变化特征，为"十四五"重庆生态大保护与经济高质量发展协调推进提供科学依据和实现路径。

对于重庆生态大保护与经济高质量协调发展的具体路径。一是强化生态农业的基础之路。农业现代化是实现乡村振兴的重要路径之一。应将现代管理技术应用到生态农业管理当中，提高生态农业相关监管部门的工作协调能力。需要完善生态农业产业化相关制度，增强生态意识，加强市场监管；重视人才的培养和技术的创新，普及生态农业知识；优化生态农业产业化发展的各个环节，促进协调发展。二是做强生态工业的主导之路。工业生态建设需要以政府政策法规为指导，通过出台工业生态转型配套优惠政策，建立生态补偿体系，对使用清洁生产技术改造的工业企业给予财政上或税收上优惠等经济补偿，从制度设计上推动工业向生态化转型。需要出台工业生态化配套政策，推进工业生态化关键技术创新与系统集成，建立健全以生态为导向的发展规划体系，环境污染治理的公众参与制度。三是提高生态旅游的富民之路。在持续推进绿色文旅融合区域协调发展的同时，更要关注人与自然的和谐共生，坚持"绿水青山就是金山银山"的发展理念，构建文旅融合的生态保护机制，在经济转型过程中有序推进绿色文旅融合。需要重视开发农业生态旅游产品，加强农业生态旅游产品宣传力度，健全农业生态旅游产品服务设施，完善农业生态旅游管理机制。

对于重庆生态大保护与经济高质量协调发展的对策建议。一是以习近平生态文明思想引领重庆建成"山清水秀美丽之地"。需要调整优化产业结构，节约集约利用资源能源，保护生态环境，深化生态文明体制改革，推动整体经济向生态、低碳、绿色、高效、清洁的产业结构转型升级，实现集群化、信息化、生态化同步发展。二是构筑重庆生态大保护与经济高质量协调发展的长效机制。建立健全生活空间宜居适度共享机制、生产空间集约高效共建机制、生态空间山清水秀共治机制，推动产业生态化和生态产业化，实施一、二、三产业生态化升级，实现新旧动能转换，促进产业绿色、循环、可持续发展。三是不断提升全社会对绿色发展的科学认识和行动自觉。切实树立绿色发展理念，全力开展生态功能提升活动，切实促进绿色惠民，激活富民产业，完善绿色评价机制，制定量化、可操作的绿色发展指标体系，提高绿色发展指标的比重。四是积极贯彻落实"绿水青山就是金山银山"理念，加强与长江流域国土空间规划的衔接，实施国土空间分区、分类用途管制。结合重庆市的生态本底、生态功能、生态需求，联动上中下游生态毗邻地区，构建以长江、嘉陵江、乌江、大巴山、巫山、武陵山、大娄山为主体，以平行山岭、次级河流、生态廊道为主脉，以重要独立山体、大中型湖库以及各类自然保护地为补充的复合型、立体化、网络化生态安全格局，为重庆经济高质量发展寻求更高质量、更有效率、更加公平、更可持续、更为安全的发展路径。

二、研究展望

本书在多学科融合探究视角下深入探讨了重庆的生态大保护与经济高质量发展的交互关系，不仅为重庆未来的高质量发展与生态大保护提供了新的视角，而且为类似地区的生态经济发展提供了借鉴。然而，研究之路永无尽头，我们也意识到以下几点不足和挑战：首先，虽然本书针对重庆生态大保护与经济高质量发展构建了一套精准且综合的耦合协调测度指标体系，同时采用离差模型原理进一步提高其精准度，但仍然发现某些评价细节上的不全面之遗憾，这需要后续研究进一步填补。这也说明，与其试图寻找完美的评价体系，不如持续地进行迭代，不断地完善。其次，学术界在高质量发展和生态保护水平的度量方面还存在差异，未形成统一的评价标准。本书在构建重庆生态大保护与经济高质量发展指标体系时，虽努力确保其科学性、客观性、全面性等，但仍然发现某些指标的不足或遗漏，这也是后续研究者需要关注和探索的领域。再次，"三生空间"的分类体系构建虽借鉴了多方的研究方法，但我们认为仍有深化和细化的空间。最后，本书的理论和观点需要更多的实践检验与时日沉淀，对于其深入解读与实践应用，仍然有大量的研究空间待开展。特别是对于生态空间和生活空间之间的互动和融合，需要进一步研究，以解决城市发展中的生态和经济的潜在矛盾，并制定出更加具体和可实施性的政策建议。

本书尽管在学术上做出了一些探索，但面对全球变化和地区内部的复杂动态，随着技术、数据分析及管理模式的进一步革新，这样的研究永远不会完结，研究总会有其局限性与不足，还须继续加强跨学科和跨领域的合作，结合前沿的数据科学和模型技术，进一步深化理论研究、丰富实践应用，助推重庆市乃至其他地区实现生态与经济的和谐共进，提供更加宏观和微观的视角，以便更好地解决 21 世纪的生态和经济挑战。我们认为，未来研究的方向可以进一步拓展以下几个方面：随着技术的演进，我们期望引入大数据、人工智能和遥感技术以对重庆的生态经济关系进行更细致的解读；吸纳社会学、心理学和文化研究等学科的视角，帮助我们更加深入了解重庆市在生态大保护与经济高质量发展之间的行为和观念；针对重庆的长期生态与经济发展趋势，进行深入的研究并尝试预测其未来走势；与国际上相似的城市或地区进行比较和合作，从中寻找经验与教训；深入探索重庆各区县的地理、经济和文化差异，提出更有针对性的策略；更多地听取民众的声音，了解他们对生态大保护和经济高质量发展的看法；以及对本书提出的策略进行跟踪研究，根据实际效果进行完善，不断优化生态大保护和经济高质量发展的协调发展之路。

参考文献

［1］ 王海燕.论世界银行衡量可持续发展的最新指标体系［J］.中国人口·资源与环境，1996（1）：43-48.

［2］ 张鹏，程瑜，梁强，等.宏观经济形势与财政调控：从短期到中长期的分析认识［J］.经济研究参考，2012（61）：3-50.

［3］ 倉阪秀史.環境政策論［M］.东京：信山社，2014.

［4］ 操小娟，龙新梅.从地方分治到协同共治：流域治理的经验及思考——以湘渝黔交界地区清水江水污染治理为例［J］.广西社会科学，2019（12）：54-58.

［5］ 曹凤中，国冬梅.可持续发展城市判定指标体系［J］.中国环境科学，1998，18（5）：463-467.

［6］ 曹根榕，顾朝林，张乔扬.基于POI数据的中心城区"三生空间"识别及格局分析——以上海市中心城区为例［J］.城市规划学刊，2019（2）：44-53.

［7］ 曹根榕，顾朝林，张乔扬.基于POI数据的中心城区"三生空间"识别及格局分析——以上海市中心城区为例［J］.城市规划学刊，2019（2）：44-53.

［8］ 曹政，任绍斌.POI数据视角下武汉市中心城区"三生空间"现状识别及格局分析［M］//中国城市规划学会.面向高质量发展的空间治理——2020中国城市规划年会论文集.北京：中国建筑工业出版社，2021：974-984.

［9］ 曾刚，石庆玲，王丰龙.长江经济带城市生态保护能力格局与提升策略

初探［J］.华中师范大学学报（自然科学版），2020，54（4）：503-510.

［10］曾文.转型期城市居民生活空间研究——以南京市为例［D］.南京：南京师范大学，2015.

［11］陈进，李青云.长江流域水环境综合治理的技术支撑体系探讨［J］.人民长江，2011，42（2）：94-97.

［12］陈婧，史培军.土地利用功能分类探讨［J］.北京师范大学学报（自然科学版），2005（5）：536-540.

［13］陈俊.习近平新时代生态文明思想的主要内容、逻辑结构与现实意义［J］.思想政治教育研究，2019，35（4）：14-21.

［14］陈坤.长江流域跨界水污染防治协商机制的构建探讨［J］.安徽农业科学，2011，39（11）：6643-6646.

［15］陈敏尔.沿着习近平总书记指引的方向坚定前行 推动高质量发展 创造高品质生活 奋力书写重庆全面建设社会主义现代化新篇章——在中国共产党重庆市第六次代表大会上的报告［J］.当代党员，2022（12）：4-17.

［16］程莉，文传浩.乡村"三生"绿色发展困局与优化策略［J］.改革与战略，2021，37（1）：82-89.

［17］褚俊英，王浩，周祖昊，等.流域综合治理方案制定的基本理论及技术框架［J］.水资源保护，2020，36（1）：18-24.

［18］崔家兴，顾江，孙建伟，等.湖北省三生空间格局演化特征分析［J］.中国土地科学，2018，32（8）：67-73.

［19］邓红兵，陈春娣，刘昕，等.区域生态用地的概念及分类［J］.生态学报，2009，29（3）：1519-1524.

［20］翟坤周.生态文明融入新型城镇化的空间整合与技术路径［J］.求实，2016（6）：47-57.

［21］董思宜，杨熙，王秀兰，等.永定河流域生态环境质量评价［J］.中国人口·资源与环境，2013，（2）：348-351.

［22］董雅文，周雯，周岚，等.城市化地区生态防护研究———以江苏省、南京市为例［J］.现代城市研究，1999（2）：6-8，10.

[23] 杜雯翠，江河.《长江经济带生态环境保护规划》内涵与实质分析［J］. 环境保护，2017，45（17）：51-56.

[24] 段学军，王晓龙，徐昔保，等.长江岸线生态保护的重大问题及对策建议［J］.长江流域资源与环境，2019，28（11）：2641-2648.

[25] 费孝通.乡土中国［M］.上海：上海人民出版社，2007.

[26] 封志明，李鹏.承载力概念的源起与发展：基于资源环境视角的讨论［J］.自然资源学报，2018，33（9）：1475-1489.

[27] 冯健，柴宏博.定性地理信息系统在城市社会空间研究中的应用［J］.地理科学进展，2016，35（12）：1447-1458.

[28] 高彦春，王晗，龙笛.白洋淀流域水文条件变化和面临的生态环境问题［J］.资源科学，2009，31（9）：1506-1513.

[29] 葛丽婷.协同治理视角下流域跨界水污染防治模式的构建——以引滦入津工程水污染防治为例［J］.中国农村水利水电，2018（2）：60-63.

[30] 耿娜娜，邵秀英.黄河流域生态环境—旅游产业—城镇化耦合协调研究［J］.经济问题，2022（3）：13-19.

[31] 顾阳.长江经济带发展战略全面破题［N］.经济日报，2016-12-30（4）.

[32] 关于印发《国家环境保护"十五"计划》的通知［J］.中华人民共和国国务院公报，2002（30）：32-45.

[33] 国家发展改革委经济研究所课题组.推动经济高质量发展研究［J］.宏观经济研究，2019（2）：5-17，91.

[34] 国务院关于依托黄金水道推动长江经济带发展的指导意见［J］.中国水运，2014（10）：15-20.

[35] 郝欣，秦书生.复合生态系统的复杂性与可持续发展［J］.系统辩证学学报，2003（10）：23-26.

[36] 何立峰.建设现代化经济体系［M］.北京：人民出版社，党建读物出版社，2019：141.

[37] 贺高祥，李爽，文传浩.构建"四域四治"的立体生态治理体系［N］.中国环境报，2020-11-20（3）.

[38] 洪银兴，刘伟，高培勇，等."习近平新时代中国特色社会主义经济思想"笔谈［J］.中国社会科学，2018（9）：4-73，204-205.

［39］胡静，段雨鹏.流域跨界污染纠纷怎么调处？［J］.环境经济，2015（7）：25.

［40］胡莎莎.开放式城市公园绿地边缘空间研究［D］.合肥：合肥工业大学，2013.

［41］胡元林.高原湖泊流域可持续发展理论及评价模型研究［D］.昆明：昆明理工大学，2010.

［42］黄安，许月卿，卢龙辉，等."生产—生活—生态"空间识别与优化研究进展［J］.地理科学进展，2020，39（3）：503-518.

［43］黄磊，吴传清，文传浩.三峡库区环境—经济—社会复合生态系统耦合协调发展研究［J］.西部论坛，2017，27（4）：83-92.

［44］黄磊，吴传清.外商投资、环境规制与长江经济带城市绿色发展效率［J］.改革，2021（3）：94-110.

［45］黄钦，杨波，龚熊波，等.基于POI数据的长沙市旅游景点空间格局分析［J］.湖南师范大学自然科学学报，2021，44（5）：40-49.

［46］黄真理，王毅，张丛林，等.长江上游生态保护与经济发展综合改革方略研究［J］.湖泊科学，2017，29（2）：257-265.

［47］贾晓婷，雷军，武荣伟，等.基于POI的城市休闲空间格局分析——以乌鲁木齐市为例［J］.干旱区地理，2019，42（4）：943-952.

［48］江曼琦，刘勇."三生"空间内涵与空间范围的辨析［J］.城市发展研究，2020，27（4）：43-48，61.

［49］蒋毓琪，陈珂.流域生态补偿研究综述［J］.生态经济，2016，32（4）：175-180.

［50］金碚.关于"高质量发展"的经济学研究［J］.中国工业经济，2018（4）：5-18.

［51］金星星，陆玉麒，林金煌，等.闽三角城市群生产—生活—生态时空格局演化与功能测度［J］.生态学报，2018，38（12）：4286-4295.

［52］金毓.绿色生产与绿色消费的耦合协调发展研究——以长三角区域为例［J］.商业经济研究，2021（2）：42-45.

［53］克利斯蒂娜·科顿.伦敦雾［M］.张春晓，译.北京：中信出版社，2017.

［54］孔冬艳，陈会广，吴孔森.中国"三生空间"演变特征、生态环境效应及其影响因素［J］.自然资源学报，2021，36（5）：1116-1135.

［55］蓝永超，丁永建，刘进琪，等.全球气候变暖情景下黑河山区流域水资源的变化［J］.中国沙漠，2005（6）：71-76.

［56］李伯华，曾灿，窦银娣，等.基于"三生"空间的传统村落人居环境演变及驱动机制——以湖南江永县兰溪村为例［J］.地理科学进展，2018，37（5）：677-687.

［57］李昌峰，张娈英，赵广川，等.基于演化博弈理论的流域生态补偿研究——以太湖流域为例［J］.中国人口·资源与环境，2014，24（1）：171-176.

［58］李广东，方创琳.城市生态—生产—生活空间功能定量识别与分析［J］.地理学报，2016（1）：49-65.

［59］李汉卿.协同治理理论探析［J］.理论月刊，2014，385（1）：138-142.

［60］李环.流域管理中的公众参与机制探讨［J］.环境科学与管理，2006（5）：4-6.

［61］李科，毛德华，李健，等.湘江流域"三生"空间时空演变及格局分析［J］.湖南师范大学自然科学学报，2020，43（2）：9-19.

［62］李明华，陈真亮，文黎照.生态文明与中国环境政策的转型［J］.浙江社会科学，2008（11）：82-86，128.

［63］李明薇，郧雨旱，陈伟强，等.河南省"三生空间"分类与时空格局分析［J］.中国农业资源与区划，2018，39（9）：13-20.

［64］李鸣.生态文明与绿色幸福社会［J］.改革与开放，2017（13）：65-66.

［65］李奇伟.流域综合管理法治的历史逻辑与现实启示［J］.华侨大学学报（哲学社会科学版），2019（3）：92-101.

［66］李思悦，刘文治，顾胜，等.南水北调中线水源地汉江上游流域主要生态环境问题及对策［J］.长江流域资源与环境，2009，18（3）：275-280.

［67］李晓西，刘一萌，宋涛.人类绿色发展指数的测算［J］.中国社会科

学，2014（6）：69-95.

［68］李笑春，曹叶军，叶立国.生态系统管理研究综述［J］.内蒙古大学
学报（哲学社会科学版），2009，41（4）：87-93.

［69］李迎生.中国社会政策改革创新的价值基础——社会公平与社会政策
［J］.社会科学，2019（3）：76-88.

［70］梁平.区域协同治理的现实张力与司法应对——以京津冀为例［J］.
江西社会科学，2020，40（3）：168-175.

［71］廖李红，戴文远，陈娟，等.平潭岛快速城市化进程中三生空间冲突
分析［J］.资源科学，2017，39（10）：1823-1833.

［72］林琼，程莉，文传浩.长江上游地区乡村生活空间生态化水平测度及
区域差异研究［J］.重庆文理学院学报（社会科学版），2021，40（5）：
12-22.

［73］林伊琳，赵俊三，张萌，等.滇中城市群国土空间格局识别与时空演
化特征分析［J］.农业机械学报，2019，50（8）：176-191.

［74］刘昳晗，向帆，廖俊凯，等.基于POI零售业空间分布格局实证分析
［J］.商业经济研究，2020（8）：35-39.

［75］刘继来，刘彦随，李裕瑞.中国"三生空间"分类评价与时空格局分
析［J］.地理学报，2017，72（7）：1290-1304.

［76］刘星光，葛慧蓉，赵四东.生态文明背景下水岸线"三生空间"规划
探索——以珠海市水岸线保护利用规划为例［J］.规划师，2016，32
（2）：142-145.

［77］刘志彪.强化实体经济 推动高质量发展［J］.产业经济评论，2018
（2）：5-9.

［78］刘志峰，王斌，马颖忆，等.长江经济带人口与经济耦合的区域差异
研究［J］.宏观经济管理，2018（6）：50-57.

［79］柳梅英，包安明，陈曦，等.近30年玛纳斯河流域土地利用/覆被变
化对植被碳储量的影响［J］.自然资源学报，2010，25（6）：926-
938.

［80］龙凤，高树婷，葛察忠，等.基于逻辑框架法的水排污收费政策成功
度评估［J］.中国人口·资源与环境，2011，21（2）：405-408.

［81］龙花楼，刘永强，李婷婷，等.生态用地分类初步研究［J］.生态环境学报，2015，24（1）：1-7.

［82］卢洪友，等.外国环境公共治理：理论、制度与模式［M］.北京：中国社会科学出版社，2014：184-186.

［83］鲁学军，周成虎，张洪岩，等.地理空间的尺度—结构分析模式探索［J］.地理科学进展，2004，23（2）：107-114.

［84］罗海江.我国环境监测信息化建设发展方向及建议［J］.环境保护，2015，43（20）：30-35.

［85］吕志奎.加快建立协同推进全流域大治理的长效机制［J］.国家治理，2019（40）：45-48.

［86］吕忠梅.水污染的流域控制立法研究［J］.法商研究，2005（5）：97-105.

［87］马建华.对表对标 理清思路 做好工作 为推动长江经济带高质量发展提供坚实的水利支撑与保障［J］.长江技术经济，2021，5（2）：1-11.

［88］马茹，王宏伟.中国区域人才资本与经济高质量发展耦合关系研究［J］.华东经济管理，2021，35（4）：1-10.

［89］毛汉英.山东省可持续发展指标体系初步研究［J］.地理研究，1996，15（4）：16-23.

［90］苗瑞丹，代俊远.共享发展的理论内涵与实践路径探究［J］.思想教育研究，2017（3）：94-98.

［91］南川秀树，等.日本环境问题：改善与经验［M］.北京：社会科学文献出版社，2017.

［92］宁国良，杨晓军.生态功能区政府绩效差异化考评的模式构建［J］.湖湘论坛，2018，31（6）：133-141.

［93］宁拓，李青，梁龙舟，等.西双版纳生态文明制度建设中的非正式制度研究，云南农业大学学报（社会科学），2020，14（2）：24-28，35.

［94］欧阳志云，郑华，岳平.建立我国生态补偿机制的思路与措施［J］.生态学报，2013，33（3）：686-692.

［95］彭本利，李爱年.流域生态环境协同治理的困境与对策［J］.中州学

刊，2019（9）：93-97.

［96］乔家君.改进的熵值法在河南省可持续发展能力评估中的应用［J］.资源科学，2004（1）：113-119.

［97］秦放鸣，唐娟.经济高质量发展：理论阐释及实现路径［J］.西北大学学报（哲学社会科学版），2020，50（3）：138-143.

［98］丘水林，靳乐山.整体性治理：流域生态环境善治的新旨向——以河长制改革为视角［J］.经济体制改革，2020（3）：18-23.

［99］曲超.生态补偿绩效评价研究［D］.北京：中国社会科学院大学，2020.

［100］冉光和，徐继龙，于法稳.政府主导型的长江流域生态补偿机制研究［J］.生态经济（学术版），2009（2）：372-374，381.

［101］人民日报社论.牢牢把握高质量发展这个根本要求［N］.人民日报，2017-12-21（1）.

［102］任保平，李禹墨.新时代我国高质量发展评判体系的构建及其转型路径［J］.陕西师范大学学报（哲社版），2018（3）：105-113.

［103］荣兆梓.中国特色社会主义政治经济学纲要——以平等劳动及其生产力为主线［J］.中国浦东干部学院学报，2017，11（4）：16-45，73.

［104］茹少峰，魏博阳.新时代中国经济高质量发展的潜在增长率变化的生产率解释及其短期预测［J］.西北大学学报（哲学社会科学版），2018，48（4）：17-26.

［105］沙勇.科学把握人口发展与经济高质量发展的内涵关系［J］.人口与社会，2019，35（1）：23-29.

［106］深圳市生态环境局.深圳经济特区生态环境保护条例［R/OL］.（2021-07-08）［2022-11-02］.http：//www.sz.gov.cn/cn/xxgk/zfxxgj/zcfg/szsfg/content/post_8943139.html.

［107］沈敏.现代化经济体系的双擎驱动：技术创新和制度创新［J］.财经科学，2018（8）：56-67.

［108］沈潇.山地乡村"三生空间"发展水平及优化策略研究［D］.武汉：华中科技大学，2017.

［109］盛志前.国家级新区功能提升与 TOD 实施之间互动关系研究——以重庆两江新区为例［C］//中国科学技术协会，中华人民共和国交通运输部，中国工程院.2019 世界交通运输大会论文集（上）.［出版者不详］，2019：678-679.

［110］世界环境与发展委员会.我们共同的未来［M］.王之佳，等译.长春：吉林人民出版社，1997.

［111］宋国君，马中，姜妮.环境政策评估及对中国环境保护的意义［J］.环境保护，2003（12）：34-37，57.

［112］孙豪，桂河清，杨冬.中国省域经济高质量发展的测度与评价［J］.浙江社会科学，2020（8）：4-14，155.

［113］孙继琼.黄河流域生态保护与高质量发展的耦合协调：评价与趋势［J］.财经科学，2021（3）：106-118.

［114］孙雯雯.我国流域管理中公众参与机制的创新［C］//环境法治与建设和谐社会——2007 年全国环境资源法学研讨会（年会）论文集（第四册）.［出版者不详］，2007：100-104.

［115］唐良智.重庆市人民政府工作报告［N］.重庆日报，2021-01-28（001）.

［116］陶国根.协同治理：推进生态文明建设的路径选择［J］.中国发展观察，2014（2）：30-32.

［117］滕祥河，文传浩.政府生态环境治理意志向度词频的引致效应研究［J］.软科学，2018，32（6）：34-38..

［118］田泽升，程莉，文传浩.城市生活空间生态化评价指标体系构建及水平测度研究——以长江上游地区为例［J］.重庆第二师范学院学报，2021，34（5）：24-29.

［119］万科，刘耀彬，黄新建.基于投入产出模型的高技术制造业产业链区域间协同研究——以鄂湘赣新一代信息技术产业协同为视角［J］.运筹与管理，2019，28（5）：190-199.

［120］万政文.在推进长江经济带绿色发展中发挥示范作用的奉节担当［J］.重庆行政，2019，20（4）：79-82.

［121］王斌来，蒋云龙，刘新吾.在发挥"三个作用"上展现更大作为［N］.

人民日报海外版，2022-06-18（1）.

［122］王甫园，王开泳，陈田，等.城市生态空间研究进展与展望［J］.地理科学进展，2017，36（2）：207-208.

［123］王甫园，王开泳.城市化地区生态空间可持续利用的科学内涵［J］.地理研究，2018，37（10）：1899-1914.

［124］王金南，刘倩，齐霁，等.加快建立生态环境损害赔偿制度体系［J］.环境保护，2016，44（2）：26-29.

［125］王坤岩，赵万明.加快生态一体化建设 推动京津冀协同发展［J］.求知，2019（7）：14-17.

［126］王立，王兴中，城市生活空间质量观下的社区体系规划原理［J］.现代城市研究，2011（9）：62-71.

［127］王丽萍.中国环境技术创新政策体系研究［J］.理论月刊，2013（12）：176-179.

［128］王谦，郭红燕.城市黑臭水体治理公众参与现状及建议［J］.环境与可持续发展，2019，44（1）：16-19.

［129］王群勇，陆凤芝.环境规制能否助推中国经济高质量发展？——基于省际面板数据的实证检验［J］.郑州大学学报（哲学社会科学版），2018.51（6）：64-70.

［130］王如松.资源、环境与产业转型的复合生态管理［J］.系统工程理论与实践，2003（2）：125-138.

［131］王尚华，梁熙，吕洪荣.一个生态优先绿色发展的典型案例［N］.闽西日报，2020-12-15.

［132］王晓毅.再造生存空间：乡村振兴与环境治理［J］.北京师范大学学报（社会科学版），2018（6）：124-130.

［133］王永昌，尹江燕.论经济高质量发展的基本内涵及趋向［J］.浙江学刊，2019（1）：91-95.

［134］王勇，罗保宝，申爱君.跨界流域治理中地方府际协作机制研究——以菇溪河为例［J］.学理论，2017（10）：24-26.

［135］王育宝，陆扬，王玮华.经济高质量发展与生态环境保护协调耦合研究新进展［J］.北京工业大学学报（社会科学版），2019，19（5）：

84-94.

[136] 魏伟,石培基,魏晓旭,等.中国陆地经济与生态环境协调发展的空间演变[J].生态学报,2018,38(8):2636-2648.

[137] 文传浩,林彩云.长江经济带生态大保护政策:演变、特征与战略探索[J].河北经贸大学学报,2021,42(5):70-77.

[138] 文传浩,滕祥河.中国生态文明建设的重大理论问题探析[J].改革,2019(11):147-156.

[139] 文传浩,张智勇,曹心蕊.长江上游生态大保护的内涵、策略与路径[J].区域经济评论,2021(1):123-130.

[140] 文传浩,张智勇,赵柄鉴.长江上游生态大保护"五域五治"创新模式初探[J].学习与实践,2022(7):54-64.

[141] 翁文林,吕永鹏,唐晋力,等.长江大保护城镇污水处理新模式新机制实践与探索[J].给水排水,2021,57(11):48-53.

[142] 吴超峰,柯国笠,黄景煌.乡村"三治融合"和乡村微景观建设的结合——以晋江市安海镇新店村乡村营造之路为例[M]//洪辉煌.乡村善治与现代教育论文选刊.福州:海峡文艺出版社,2020.

[143] 吴传清,黄磊.长江经济带绿色发展的难点与推进路径研究[J].南开学报(哲学社会科学版),2017(3):50-61.

[144] 吴迪.煤矿区国土资源利用规划协调度评价研究[D].徐州:中国矿业大学,2014.

[145] 吴乐,靳乐山.贫困地区不同方式生态补偿减贫效果研究——以云南省两贫困县为例[J].农村经济,2019(10):70-77.

[146] 习近平.继往开来,开启全球应对气候变化新征程——在气候雄心峰会上的讲话[J].中华人民共和国国务院公报,2020(35):7.

[147] 习近平.决胜全面建成小康社会 夺取新时代中国特色社会主义伟大胜利——在中国共产党第十九次全国代表大会上的报告[J].党建,2017(11):15-34.

[148] 习近平.决胜全面建成小康社会夺取新时代中国特色社会主义伟大胜利——在中国共产党第十九次全国代表大会上的报告[M].北京:人民出版社,2017.

［149］习近平.深入理解新发展理念［J］.求是，2019（10）：1-6.

［150］习近平.习近平谈治国理政（第1卷）［M］.北京，外文出版社，2014.

［151］中共中央文献研究室.习近平关于社会主义生态文明建设论述摘编［M］.北京：中央文献出版社，2017：69.

［152］习近平在中共中央政治局第三十六次集体学习时强调 深入分析推进碳达峰碳中和工作面临的形势任务 扎扎实实把党中央决策部署落到实处［J］.旗帜，2022（2）：9-10.

［153］肖华堂，薛蕾.我国农业绿色发展水平与效率耦合协调性研究［J］.农村经济，2021（3）：128-134.

［154］肖华堂，薛蕾.我国农业绿色发展水平与效率耦合协调性研究［J］.农村经济，2021（3）：128-134.

［155］谢攀，龚敏.中国高质量供给体系：技术动因、制约因素与实现途径［J］.中国高校社会科学，2020（4）：90-97，159.

［156］邢华，邢普耀.大气污染纵向嵌入式治理的政策工具选择——以京津冀大气污染综合治理攻坚行动为例［J］.中国特色社会主义研究，2018（3）：77-84.

［157］熊晓波，梁剑辉，董仁才，等.参与式方法在小流域治理中的应用［J］.中国水土保持科学，2009，7（3）：108-113.

［158］徐常萍.环境规制对制造业产业结构升级的影响及机制研究［D］.南京：东南大学，2016.

［159］许娟.长江经济带协同发展下的湖南经济高质量发展路径探讨［J］.湖南行政学院学报，2020（2）：114-122.

［160］许源源，尹莜凡.流域治理中的社会组织：角色定位与行动原则［J］.天府新论，2013（6）：86-89.

［161］严圣禾，王斯敏，张胜.步履不停全力建设中国特色社会主义先行示范区［N］.光明日报，2021-10-15.

［162］颜若雯.重庆计划用5年时间治理老旧管网病害［N］.重庆日报，2021-03-31.

［163］杨帆，张珺，王翔.构建绿色低碳循环发展经济体系 加快经济社会发

展全面绿色转型［N］.重庆日报，2022-04-23（1）.

［164］杨海乐，陈家宽.集合生态系统研究15年回顾与展望［J］.生态学报，2018，38（13）：4537-4555.

［165］杨开忠，单菁菁，彭文英，等.加快推进流域的生态文明建设［J］.今日国土，2020（8）：29-30.

［166］杨开忠，董亚宁.黄河流域生态保护和高质量发展制约因素与对策——基于"要素—空间—时间"三维分析框架［J］.水利学报，2020，51（9）：1038-1047.

［167］杨丽，孙之淳.基于熵值法的西部新型城镇化发展水平测评［J］.经济问题，2015（3）：115-119.

［168］杨丽雯，何秉宇，张力猛.基于ESV对塔里木河流域生态环境问题成因的重新认识［J］.干旱区资源与环境，2004（5）：24-28.

［169］姚士谋，管驰明，王书国，等.我国城市化发展的新特点及其区域空间建设策略［J］.地球科学进展，2007（3）：271-280.

［170］易志斌，马晓明.论流域跨界水污染的府际合作治理机制［J］.社会科学，2009（3）：20-25，187.

［171］尹怀斌，刘剑虹."两山"理念的伦理价值及其实践维度［J］.浙江社会科学，2018（7）：82-88，158.

［172］于莉，宋安安，郑宇，等."三生用地"分类及其空间格局分析——以昌黎县为例［J］.中国农业资源与区划，2017，38（2）：89-96.

［173］袁莉，申靖.从生态系统管理到复合生态系统管理的演进［J］.湖南工业大学学报（社会科学版），2012，17（6）：26-30.

［174］袁晓玲，李彩娟，李朝鹏.中国经济高质量发展研究现状、困惑与展望［J］.西安交通大学学报（社会科学版），2019，39（6）：30-38.

［175］袁旭梅，韩文秀.复合系统的协调与可持续发展［J］.中国人口·资源与环境，1998（2）：51-55.

［176］原智远.基于田园城市理论的城市群土地利用优化研究［D］.北京：中国地质大学（北京），2017.

［177］詹国辉.跨域水环境、河长制与整体性治理［J］.学习与实践，2018（3）：66-74.

［178］张迪，嵇晓燕，宫正宇，等.滇池流域水环境综合管理技术支撑平台构建研究［J］.中国环境监测，2016，32（6）：118-122.

［179］张红凤，周峰，杨慧，等.环境保护与经济发展双赢的规制绩效实证分析［J］.经济研究，2009（3）：14-26，67.

［180］张红旗，许尔琪，朱会义.中国"三生用地"分类及其空间格局［J］.资源科学，2015，37（7）：1332-1338.

［181］张家瑞，王金南，曾维华，等.滇池流域水污染防治收费政策实施绩效评估［J］.中国环境科学，2015，35（2）：634-640.

［182］张家瑞，杨逢乐，曾维华，等.滇池流域水污染防治财政投资政策绩效评估［J］.环境科学学报，2015，35（2）：596-601.

［183］张杰.结构性经济潜在增长率：理论重构、总体判断与改革方向［J］.南京大学学报（哲学·人文科学·社会科学），2020，57（3）：38-55，158.

［184］张锐."载体"还是"本体"？——互联网意识形态属性研究［D］.北京：中共中央党校，2019.

［185］张伟伟.基于循环经济的城市生态系统健康评价研究［D］.兰州：兰州大学，2011.

［186］张文明，张孝德.生态资源资本化：一个框架性阐述［J］.改革，2019（1）：122-131.

［187］张学文，叶元煦.黑龙江省区域可持续发展评价研究［J］.中国软科学，2002，（5）：84-88.

［188］张远，张明，王西琴.中国流域水污染防治规划问题与对策研究［J］.环境污染与防治，2007（11）：870-875.

［189］章光日.信息时代人类生活空间图式研究［J］.城市规划，2005（10）：29-36.

［190］赵多，卢剑波，阆怀.浙江省生态环境可持续发展评价指标体系的建立［J］.环境污染与防治，2003，25（6）：380-382.

［191］赵宏波，魏甲晨，孙东琪，等.基于随机森林模型的"生产—生活—生态"空间识别及时空演变分析——以郑州市为例［J］.地理研究，2021，40（4）：945-957.

［192］郑百龙，翁伯琦，周琼.台湾"三生"农业发展历程及其借鉴［J］.
中国农业科技导报，2006（4）：67-71.

［193］郑晓，郑垂勇，冯云飞.基于生态文明的流域治理模式与路径研究
［J］.南京社会科学，2014（4）：75-79，101.

［194］中共中央 国务院印发《黄河流域生态保护和高质量发展规划纲要》
［J］.中华人民共和国国务院公报，2021（30）：15-35.

［195］中共中央办公厅 国务院办公厅印发《关于全面推行河长制的意见》
［J］.中华人民共和国国务院公报，2017（1）：14-16.

［196］中共中央宣传部理论局.新中国发展面对面［M］.北京：学习出版社，
人民出版社，2019：92-96.

［197］中共重庆市委关于制定重庆市国民经济和社会发展第十四个五年
规划和二〇三五年远景目标的建议［N］.重庆日报，2020-12-03
（1）.

［198］孙学工，郭春丽，李清彬.科学把握经济高质量发展的内涵、特点和
路径［N］.经济日报，2019-09-17.

［199］中国科学院可持续发展研究组.1999中国可持续发展战略报告［M］.
北京：科学出版社，1999.

［200］钟根清，魏秀慧，厉剑弘.丽水市全域旅游发展规划［N］.丽水日报，
2018-11-19.

［201］钟祥浩.中国山地生态安全屏障保护与建设［J］.山地学报，2008（1）：
2-11.

［202］重庆市人民政府关于2020年度国有自然资源资产管理情况的专项
报告——2021年11月23日在市五届人大常委会第二十九次会议上
［EB/OL］.（2022-04-27）［2022-06-15］. https://www.cqrd.gov.cn/
article?id=282067210793029.

［203］重庆市生态环境局.重庆市水生态环境保护"十四五"规划（2021—
2025年）［EB/OL］.（2022-01-27）［2022-02-20］. http://www.cq.gov.
cn/zwgk/zfxxgkml/szfwj/qtgw/202202/t20220208_10375209.html.

［204］周柏春，孔凡瑜.公共政策理论与实务［M］.北京：新华出版社，
2014：284.

［205］周久贺.新时代经济高质量发展的基本内涵、主要特征与实现路径——基于广西的分析［J］.南宁师范大学学报（哲学社会科学版），2020，41（4）：82-95.

［206］周尚意，柴彦威.城市日常生活中的地理学——评《中国城市生活空间结构研究》［J］.经济地理，2006（5）：896.

［207］周鑫.中国共产党领导生态文明建设的理论品格与光辉成就［J］.新视野，2021（4）：16-21.

［208］朱利华."生态大我"与生态批评的构建［D］.北京：北京大学，2013.

［209］朱远，陈建清.生态治理现代化的关键要素与实践逻辑——以福建木兰溪流域治理为例［J］.东南学术，2020（6）：17-23

［210］朱媛媛，余斌，曾菊新，等.国家限制开发区"生产—生活—生态"空间的优化：以湖北省五峰县为例［J］.经济地理，2015，35（4）：26-32.

［211］朱子云.中国经济增长的动力转换与政策选择［J］.数量经济技术经济研究，2017，34（3）：3-20.

［212］朱作鑫.城市生态环境治理中的公众参与［J］.中国发展观察，2016（5）：33，49-51.

［213］邹志红，孙靖南，任广平.模糊评价因子的熵权法赋权及其在水质评价中的应用［J］.环境科学学报，2005（4）：552-556.

［214］《2030年可持续发展议程》各项可持续发展目标和具体目标全球指标框架［R/OL］.（2017-07-06）［2021-10-28］. https：//unstats.un.org/sdgs/indicators/Global%20Indicator%20Framework%20after%202023%20refinement_Chi.pdf.

［215］AMBEC S, BARLA P. A theoretical foundation of the Porter hypothesis［J］. Economics Letters, 2002, 75（3）: 355-60.

［216］BARRO R. Quantity and Quality of Economic Growth［J］. Journal Economía Chilena（The Chilean Economy）, 2002,（5）: 17-36.

［217］BAUMOL W J, OATES W E. Theory of environmental policy［M］. Cambridge：Cambridge University Press, 1988.

[218] BAYRAKAL S. The U.S. Pollution Prevention Act: A policy implementation analysis [J]. The Social Science Journal, 2006, 43 (1): 127-145.

[219] BOULDING K E. The economics of the coming spaceship earth [M] // Environmental Quality in a Growing Economy. Baltimore: Johns Hopkins University Press, 1966: 3-14.

[220] BURNETT M L. The Pollution Prevention Act of 1990: A Policy Whose Time Has Come or Symbolic Legislation? [J]. Environ Manage. 1998, 22 (2): 213-224.

[221] COASE R H. The problem of social cost [J]. Journal of Law and Economics, 1960, 56 (4): 1-44.

[222] COBB G, HALSTEAD C, ROWE T.The Genuine Progress Indicator: Summary of Data and Methodology [M]. San Francisco: The Genuine Progress, 1995.

[223] DALY H E, COBB J B. For the Common Good: Redirecting the Economy towards the Community, the Environment and a Sustainable Future [M] .Boston: Beacon Press, 1989.

[224] EHRMAN MONIKA. Application of Natural Resources Property Theory to Hidden Resources [J]. International Journal of the Commons, 2020, 14 (1): 627-637.

[225] ESTES R J, MORGAN J S. World Social Welfare Analysis: a Theoretical Model [J]. International Social Work, 1976, 19 (2): 29-41.

[226] FAIRBROTHER A. Federal environmental legislation in the U.S. for protection of wildlife and regulation of environmental contaminants [J]. Ecotoxicology. 2009, 18 (7): 784-790.

[227] GRIMAUD A, ROUGE L. Pollution non-renewable resources, innovation and growth: welfare and environmental policy [J]. Resource and Energy Economics, 2005, 27 (2): 109-129.

[228] HAKEN H. Visions of synergetics [J]. Journal of the Franklin Institute, 1997, 334 (5): 759-792.

[229] Liu Pei zhe. Sustainable Development Theory and China's Agenda 21 [M].
Beijing: China Meteorological Press, 2001.

[230] Martin V. Melosi. Pollution and Reform in American Cities, 1870–1930
[M]. Austin: University of Texas Press, 1980: 87.

[231] MONTFORT M, RENE T, SAMPAWENDE J A T. A Quality of Growth
Index for Developing Countries: A Proposal [J]. Social Indicators
Research, 2017, 134 (2): 675-710.

[232] MORRIS D. Measuring the Condition of the World's Poor: The Physical
Quality of Life Index [M]. New York: Pergamon Press, 1979.

[233] NORDHAUS W D, TOBIN J. Is Growth Obsolete? The Measurement of
Economic and Social Performance [M]. London: Cambridge University
Press, 1973.

[234] NORGAARD R R. Economic indivators of resource scarcity: a critical
essay [J]. Journal of Environment Economics and Management, 1990,
19 (1): 19-25.

[235] PARK E P, WATSON B E. Introduction to the Science of Sociology.
Chicago: The University of Chicago Press, 1970, 13 (2): 1–12.

[236] PARK R E. Sociology and the Social Sciences [J]. The American Journal
of Sociology, 1921, 26 (4): 401–424.

[237] PETER THORSHEIM. Acid Rain and the Rise of the Environmental
Chemist in Nineteenth-Century Britain: The Life and Work of Robert
Angus Smith by Peter Reed, and: The River Pollution Dilemma in
Victorian England: Nuisance Law versus Economic Efficiency by Leslie
Rosenthal (review) [J]. Victorian Studies, 2016, 58 (4): 226

[238] PORTER M E. Towards a dynamic theory of strategy [J]. Strat Mgmt J,
1991, 12 (2): 95-117.

[239] REES W E. The ecology of sustainable development [J]. Ecologist,
1990, 20 (1): 18-23.

[240] REES W, WACKERNAGEL M. Urban ecological footprints: Why cities
cannot be sustainable—And why they are a key to sustainability [J].

Environmental Impact Assessment Review, 1996, 16（4）: 223-248.

［241］ SCHMIDT-TRAUB G, KROLL C, TEKSOZ K, et al. National baselines for the Sustainable Development Goals assessed in the SDG Index and Dashboards［J］. Nature Geoscience, 2017, 10（8）: 547-555.

［242］ SUGIYAMA M, FUJIMORI S, WADA K, et al. Japan's long-term climate mitigation policy: Multi-model assessment and sectoral challenges［J］. Energy, 2019, 167（1）: 1120-1131.

［243］ TAYLOR C M, POLLARD S J, ANGUS A J, ROCKS S A. Better by design: rethinking interventions for better environmental regulation. Sci Total Environ. 2013 Mar 1; 447: 488-499.

［244］ THOMAS V, DAILAMI M, DHARESHWAR A. Thequality of growth ［M］.New York: Oxford University Press, 2000: 102-125.

［245］ VOGLER J, STEPHAN H R. The European Union in global environmental governance: Leadership in the making?［J］. International Environmental Agreements: Politics, Law and Economics, 2007, 7（4）: 389-413.

［246］ WACKERNAGEL M, YOUNT J D. The Ecological Footprint: an Indicator of Progress Toward Regional Sustainability［J］. Environmental Monitoring and Assessment, 1998, 51（1）: 511-529.

［247］ WACKERNAGEL M, REES W. Our Ecological Footprint: Reducing Human Impact on the Earth［M］.Gabriola Island: New Society Publishers, 1996.

［248］ Wang Z, Yang L, Yin J, et al. Assessment and prediction of environmental sustainability in China based on a modified ecological footprint model［J］. Resources, Conservation and Recycling, 2018, 132（5）: 301-313.

［249］ WOODIN S J. Environmental Effects of Air Pollution in Britain［J］. Journal of Applied Ecology, 1989, 26（3）: 749-761.

后 记

　　人与自然的关系是人类社会最基本的关系，人类在自然中生活、生产和发展，必然面临着如何处理好高质量发展和高水平保护的关系问题。本书通过深入剖析重庆市在生态大保护与经济高质量发展方面的互动关系与实践路径。不仅构建了重庆生态大保护与经济高质量发展的指标体系，对二者的发展水平和耦合协调情况进行了全面度测，还从微观、中观、宏观三个层面出发，提出了切实可行的对策建议。这些研究成果不仅有助于丰富流域经济的理论体系，更为重庆市乃至其他地区守好生态与发展两条底线提供了参考与指导，实现了学术价值与实践意义的双重贡献。但限于能力和精力原因，对未能深度调研和系统实证深感愧疚。

　　能从事学术研究是我持久追求的梦想，也是我辗转多个地方后踏入重庆这片热土攻读博士的重要动力。在键盘上敲出后记二字之时，心中掠过从课题申报到如今拙作完成之日的一幕幕过往画卷，泛起无数困惑与疑虑，更多是吾辈对生态大保护与经济高质量发展模式所面临重重困境的沉重心情。但仔细想想，也不必为之如此难过，因为有党和国家为民服务的初心使命和坚强领导，相信这些困惑与疑虑都会在发展中得以逐步解决。

　　在本书的撰写过程中，我拟定写作大纲并承担统稿和多次修订校稿工作，主要撰写了第一、二、七、八、九、十章以及前言和后记等；崔海洋教授细化和丰富了写作大纲，参与撰写了第二、十章；文传浩教授多次听取撰写推进情况的汇报，给予本书许多富有建设性的真知灼见和具体指导。在本书第三、四、五、六章的撰写过程中，梁甜撰写了重庆生态大保护和经济高质量发展的空间识别；林琼撰写了重庆生态大保护和经济高质量发展的现状分析研究；张联君撰写了推动生态保护与经济高质量协调发展的国内外典型案例研究；周昕乐撰写了重庆生态大保护与经济高质量发展的模式设计研究；田泽升撰写了重庆生态大保护与经济高质量发展的路径探索研究；王政对实证部分进行了修订和校稿。在此向他们表示衷心的感谢和真诚的敬意。同时，感谢我的博士同学于晓东、陈容、周映伶、王婧婧和硕士师妹童婷等在万州实地调研上提供的帮助。感谢长江上游流域复合生态管理创新团队的老师和同学们为本书提供的撰写辅助和技术支撑。

回顾踏上从事科研这条路以来的经历，得到诸多良师益友的点拨和扶持。首先，感谢恩师——重庆市区域经济学会会长、云南大学经济学院文传浩教授将我收入门下，使我得以继续攻读区域经济学专业博士学位，由衷感谢恩师平常的耐心指导和鼎力帮助。其次，感谢贵州省社会科学院提供的广阔平台，让我可以潜心从事科研工作。在本书出版之际，感谢贵州大学东盟研究院为本书出版提供的资助；感谢知识产权出版社王辉同志等在出版过程中提供的大力支持和热情帮助。借此机会在此一并致以诚挚的谢意！也借此向所有帮助和支持过的老师、同事和家人致以诚挚的谢意，感激之情溢于言表，感恩之心常挂心间。在本书撰写过程中，除已列举的主要参考文献外，还吸收了专家、媒体、网站的一些观点和数据资料，因限于篇幅，不能一一列举，在此表示诚挚的谢意。此外，由于本书书稿撰写时间延续较长，不当之处，祈请方家不吝赐教。

张智勇

2023 年 11 月 20 日